U0142379

資料結構
使用Visual C#

| 數位新知 著 |

五南圖書出版公司 印行

序

　　隨著科技的日新月異，零與壹匯聚的資訊長河，資料浩瀚如星漢。好的程式就像一道色、香、味皆有的料理。「結構嚴謹，表達完善」組成程式的不二法門。「結構」泛指資料結構，通常是爲了解決某些特定問題而提出，最簡單就是告訴電腦如何儲存、組織這些資料。「表達」則是演算法的運用，所以資料結構和演算法是撰寫程式兩大基石。本書以資料結構爲主，探討它們的相關知識。另一個要角就是C#程式語言，在2000年由微軟公開發布，以集成開發環境爲介面，期待取代Java，在.NET 框架上才能執行。它繼承了C和C++強大功能，而複雜的指標就被屏除在外了，同樣地它也是物件導向程式語言的成員，配合.NET框架所提供類別程式庫。

　　所以，資料結構的學習之旅，就以C#程式語言爲第一步。隨著資料結構的腳步，從線性的一維陣列，擴展到平面的二維，再到立體的三維陣列。而陣列位址的計算，矩陣的相加、相乘和轉置也是我們應該熟知。

　　隨著章節脈絡，單向的鏈結串列上場，以鏈結方式指向下一個節點，而雙向鏈結串列則能左、右則能雙向鏈結。有了它們，才能以堆疊和佇列爲實做對象。進一步應用堆疊，把運算式以前序、中序、後序呈現。由河內塔問題到老鼠走迷宮來看待遞迴。先進先出的佇列，如何處理雙佇列和優先權。

　　從線性資料結構跨一步到非線性結構，認識樹而以二元樹的走訪來展開資料的搜尋。由線而面，圖形由深而廣（DFS）或者是由廣而深（BFS）的追蹤，找出最短路徑才能解決問題。

　　為了提高學習興趣，每個章節會佐以大量的圖像解說，在思考問題的當下，未進入程式碼實作之前，配合虛擬碼來呈現資料結構的處理。同樣地，面對問題解決問題，每個章節皆有課後習題，讓自己在學習之外，檢測自己的是否有更多的了解。

　　雖然本書校稿過程力求無誤，唯恐有疏漏，還望各位先進不吝指教！

目錄

第九章　條理分明有排序 403

第十章　眾裡找它談搜尋 473

第一章

認識Visual C#

★學習導引★

➤ 認識Visual Studio工作環境

➤ 定義方法，首先了解方法中形式參數要如何傳遞！
傳「值」表示以數值為傳遞對象，傳「址」則以記
憶體位址為傳遞對象，所以要有方法參數ref、out和
params

1.1 使用Visual Studio 2017

　　本書以Visual Studio 2017（後續內文以VS 2017簡稱）來編寫程式碼，它提供整合性的開發環境，能撰寫、編譯、除錯和測試、部署應用程式，也支援了跨平台行動裝置的開發。它概分三種版本，其中的Enterprise、Professional版本提供60天試用期；要注意的地方是「免費下載」和「免費試用」不太相同，免費試用會有試用期限。相關版本列示如下：

➢ Visual Studio Enterprise 2017：企業版，適用於企業組織團隊開發。

➢ Visual Studio Professional 2017：專業版，適用於小型團隊的專業開發人員。

➢ Visual Studio Community 2017：社群版，後續內文以Community 2017表示。它是一個完全免費，功能完整的IDE軟體；適合初學者，也是本書採用的版本。

1.1.1 Visual Studio操作介面

　　VS 2017是一套具有整合式開發環境（Integrated Development Environment，簡稱IDE）的軟體。它具有程式碼編輯器，協助程式的撰寫、除錯和執行；進行檔案的管理，部署專案並發布；將相關工具整合在同一個環境下，便利於開發人員的使用。本書的專案範本會以主控台應用程式為主，下圖認識它的操作介面。

Visual Studio 2017工作環境

VS 2017的操作介概分三個部分，上半部由標題列、功能表列和工具列組成。視窗中間是「主要視窗空間」；左、右兩側是工具視窗。相關視窗簡介如下：

(1) 標題列：標題列位於視窗最上方，左側顯示專案或方案名稱，右側有三個按鈕可以控制視窗的大小和狀態。

(2) 功能表列：提供VS 2017所需的相關指令。

(3) 工具列：提供圖示按鈕，在Windows Forms專案會顯示「版面配置」工具列。如何得知？執行「檢視／工具列」指令就能看到相關工具列，有勾選者就會顯示於視窗上方。

(4) 索引標籤：位於主要視窗上方的索引標籤用來切換不同的工作區。

(5) 工具箱：提供Windows Forms控制項。

(6) 方案總管：管理方案和專案。

(7) 屬性視窗：概分屬性和事件兩種。

VS 2017工作環境中，右側視窗有方案總管和屬性視窗。先認識位於視窗右上角的方案總管視窗。

方案總管視窗

　　透過上圖可以知道方案「Sample01」下有兩個專案，分別是CH0101
和CH0102。展開（◢表示展開，▷表示折疊或縮合）CH0101專案可以看
到：

➢ Program.cs：預設的C#程式檔案，副檔名為「*.cs」。換句話說，以
　 C#程式語言所撰寫的副檔名必須是「CS」。

　　那麼方案和專案有什麼不同？如果透過檔案總管查看，在
「Sample01」資料夾下，方案的副檔名是「*.sln」，它包含兩個專案子
資料夾「CH0101」和「CH0102」，專案的副檔名是「*.csproj」。

專案　　　　　方案

　　位於VS 2017工作環境中間的主要視窗區域會依專案範本之不同而有
所變化。專案為主控台應用程式，會直接進入程式碼編輯區。

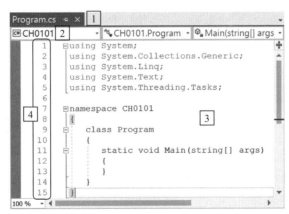

程式碼編輯區

依據前圖所列，簡單介紹程式碼編輯區的工作環境：

(1) 索引標籤：存放C#程式的預設檔案名稱「Program.cs」；若未變更設定值，新加入的索引標籤會停留在「主要視窗區域」左側。

(2) 下拉選單：提供其他已建置專案的選擇，顯示目前的專案名稱為「CH0101」。

(3) 程式碼編輯器：建立主控台應用程式之後，會產生相關的程式碼。

(4) 行號：隨程式碼所產生的行號，方便於後續討論程式碼。

1.1.2 建立專案

以主控台程式來產生專案，只會以文字輸出結果。

新建「CH0101.csproj」專案

Step 1. 啟動VS 2017進入其啟始頁，點選新增專案處的「建立新專案」，進入其交談窗。

Step 2. 新增一個主控台專案。①展開「Visual C#」範本；②滑鼠單擊「Windows Desktop」；③主控台應用程式（.NET Framework)；④專案名稱「CH0101」；⑤可以改變儲存位置；⑥按「確定」鈕完成設定。

Step 3. 完成主控台應用程式專案的建立，直接展開程式碼編輯器，並自動加入部分程式碼。

　　如何關閉專案？依據方案、專案和檔案這三者之間的關係來看待「關閉」指令。執行「檔案／關閉」指令，關閉目前正在使用的檔案，現階段而言，它會關閉「Program.cs」檔案。若執行「檔案／關閉方案」指令，會關閉目前所開啟的方案，並不會關閉Visual Studio 2017操作環境。

　　若要關閉VS 2017，請執行「檔案／結束」指令，或者按Visual Studio 2017右上角的「X」（結束）鈕。

　　要開啟專案有二種作法。

(1) 啟動VS 2017軟體後，從起始頁處「最近」區塊中開啟專案，就能直接開啟Sample01方案。

CHAPTER

1

單擊滑鼠左鍵

(2)使用功能表；執行「檔案／開啟／專案|方案」指令。

Tips

大家一定很好奇，明明沒有建立方案，為什麼會看到方案名稱，這是
VS 2017以方案來管理專案，即使沒有建立方案，但它會隨專案名稱
來產生方案。此外，建立專案時也會產生相同名稱的資料夾存放其相
關資源。

1.1.3 我的主控台程式

有了專案當然可以開始寫程式。從何處開始撰寫？主控台應用程式
會從Main()主程式的程式區段開始。Main()本身是一個方法，也是Visual
C#應用程式的進入點（Entry Point）。

```
static void Main(string[] args)
{
    //程式敘述;
}
```

◈ Main()方法須在類別或結構中宣告。

◈ 關鍵字「void」表示不需有回傳值，括號的string[] args是命令列引數，可在執行時輸入引數傳遞。

Tips

撰寫程式碼時，會用不同形式的括號，簡介如下：

- ( )：就是「括號」，放在方法或函式名稱後面，可選擇性加入參數。
- { }：稱「大括號」，用來表達某個區段，如Main()主程式區段。
- [ ]：方括號，宣告陣列會使用它，表達陣列的維度。
- < >：角括號，使用泛型會看到它。

CHAPTER

1

範例「CH0101.csproj / Program.cs」

Step 1. 使用「using static」敘述匯入靜態類別Console；此處保留原有的System名稱空間，另外匯入Console靜態類別。

```
1    using System;
2    using System.Collections.Generic;
3    using System.Linq;
4    using System.Text;
5    using System.Threading.Tasks;
6    using static System.Console;  //匯入靜態類別
```

Step 2. 在Main()主程式中加上一行敘述。

CHAPTER

1

```
 8    □namespace CH0101
 9     {
10    □    class Program
11         {
12    □        static void Main(string[] args)
13             {
14                 WriteLine("第一個Visual C#程式");|
15             }
16         }
17     }
18
```

Step 3. 建置、執行：執行「偵錯 / 啟動但不偵錯」指令或按【Ctrl + F5】鍵：存檔後直接建置。

那麼直接按【F5】鍵或者按【Ctrl + F5】鍵有何不同？可以嘗試按【F5】鍵，雖然會彈出主控台視窗，尚未看清楚就一閃而過。為了讓畫面暫停，可以在主程式Main()末端加入一行敘述：

```
static void Main(string[] args)
{
    WriteLine("第一個Visual C#程式");
    ReadKey();
}
```

ReadKey()方法是Console類別用來讀取使用者輸入的任意字元。執行程式時使用者未按下任意字元之前，畫面會暫停直到按下按鍵為止。

1.1.4 程式碼加上註解

　　爲了提高程式的維護及閱讀效果，在程式碼裡加入註解（Comment）文字，Visual C#使用「//」來形成單行註解；或者利用「/*」開始註解文字，「*/」結束註解文字，形成多行註解。形成註解的文字編輯器會以綠色呈現，編譯時Complier會忽略這些註解文字。

程式碼的單行與多行註解

1.2 C#程式語言結構

　　VS 2017的工作環境以方案爲主，管理一或多個專案；每一個專案可能有一個或多個組件（Assembly），由一支或多支程式撰寫編譯所成。那麼主控台應用程式還隱藏了哪些祕密？一起來挖掘！

1.2.1 程式撰寫風格

　　一般來說程式敘述可能是類別（Class），也有可能是結構（Structure）、模組（Module）等。無論是哪一種，它們皆是一行又一行的程式「敘述」（statement，或稱陳述式、語句）。先從主控台應用程式談起，它包括：

主控台應用程式結構

➢ 匯入的名稱空間（Namespace）和自訂的名稱空間。

➢ 類別（Class）：以類別來區隔不同的作用，使用關鍵字「class」為開頭。

➢ 主程式Main()：為Visual C#主控台應用程式或視窗應用程式的進入點。應用程式啟動時，Main()方法是第一個被叫用的方法。

　　每一行的「敘述」中，可能包含了方法（Method）、識別字（identifier，程式碼編輯器呈黑色字體）、關鍵字（keyword，程式碼編輯器為藍色字體）和其他的字元和符號，例如：

```
WriteLine("第一個C#程式");
```

◆ WriteLine()為方法，欲顯示的字串要以雙引號「""」括住。

◆ 完成的敘述要以半形分號「;」來表達「我已經講完話了」。

　　為了讓不同的敘述有所區隔，依據關鍵字的適用範圍組成程式區段（Block of code）。它由一對「{ }」大括號構成；由左大括號「{」開始，進入某個程式區段，而右大括號「}」表示此區段的結束。

```
static void Main(string[] args)
{
    WriteLine("第一個Visual C#程式");
}
```

範例「CH0101」為主控台應用程式，可以看到3個程式區段：①自訂名稱空間namespace{}、②類別class{}和③主程式Main{}。

大括號組成的程式區段

由上圖中還可以得知，範圍最大的是名稱空間「CH0101」，然後是類別「Program」，範圍最小的是主程式Main()。程式區段還可以展開或折疊；☐ 表示namespace和class程式區段展開，☐ 表示Main主程式區段是折疊狀態，呈 ⋯ 狀態，滑鼠移向類別「Program」時，會以淺灰色網底顯示它的區域範圍。

為了突顯不同的程式區段，必須依據範圍的大小做縮排動作。所以自訂的名稱空間「CH0101」維持不變，而class的程式區段必須向內做縮排動作；更小範圍的Main()主程式則要做更多的縮排。什麼情形要配合大括號形成程式區段產生縮排？除了上述情形外，使用流程控制或自訂方法等。

1.2.2 C#的名稱空間

名稱空間（Namespace）的作用是把功能相同者聚集在一起。可以把它想像成電腦裡儲存資料的磁碟，依據資料的性質可以分門別類存放不同的資料夾；若還有需要，在資料夾之下新增子資料夾，它會形成一個階層架構。這樣的好處是兩個檔名相同的檔案，由於存放在不同的資料夾之下，可以避免因相同名稱而產生了衝突。

範例「CH0101」的「Program.cs」有兩個名稱空間：

➢ .NET Framework類別庫依據不同功能所組成的名稱空間，利用關鍵字「using」來匯入它們。

➢ 產生專案後，依據專案名稱產生的名稱空間，使用關鍵字「namespace」。

建立主控台應用程式會匯入System名稱空間，它其實就是.NET Framework提供的類別庫。想要進一步存取System底下的其他類別，可使用「.」（Dot）這個運算子，例如：「System.Text」。

Visual C# 6.0之後，using敘述也稍微做了粉粧，本來using敘述只能匯入名稱空間，配合static關鍵字，也能將靜態類別匯入，例如Console類別。

若未匯入名稱空間，程式必須指明名稱空間、類別和方法，敘述如下：

```
System.Console.WriteLine();
```

若匯入System名稱空間，指明類別和方法即可，敘述如下：

```
using System;                    //匯入名稱空間
Console.WriteLine();
```

若匯入System名稱空間，再指定其靜態類別，只要指明方法即可，敘述如下：

```
using System;                     //須保留原有的名稱空間
using static System.Console;      //匯入靜態類別Console
WriteLine();                      //直接呼叫WriteLine方法
```

1.2.3 善用IntelliSense

　　程式碼編輯器提供IntelliSense功能，讓使用者可以簡化程式碼的編寫工作。執行「編輯／IntelliSense」指令查看支援項目，它提供了「列出成員」、「參數資訊」、「快速諮詢」、「自動完成文字」和「插入程式碼片段」等。

　　撰寫程式時，只要輸入部分關鍵字，IntelliSense列示與關鍵字相關成員；要選取某個成員，移動上或下的方向鍵，再按下【Enter】或【Tab】鍵即可。

輸入部分字串，列出有關內容

將滑鼠移向某個方法，能獲取它的完整語法。滑鼠指標移向
WriteLine()方法，IntelliSense列示它的型別和簡易說明。

諮詢WriteLine()方法

1.2.4 輸入與輸出

撰寫主控台應用程式必須將資料做輸入和輸出的處理，.NET
Framework類別庫的System.Console類別能處理標準資料流。讀取資料
時，必須指定輸入裝置，通常以鍵盤為預設裝置。先來看看它們的語法：

```
Console.Read();
Console.ReadKey();
Console.ReadLine();
```

◆ Read()方法：從標準輸入資料流讀取下一個字元。

◆ ReakKey()方法：取得使用者按下的下一個字元或功能鍵；按鍵值會反應於主控台視窗中。

◆ ReadLine()方法：讀取使用者輸入的一連串字元；為了讀取這串字元，也可以透過變數儲存其字串。

System.Console類別的Write()和WriteLine()方法，它們會將寫入標準資料流的資料做輸出。相關語法如下：

```
Console.Write(String);
Console.WriteLine(String);
```

◆ Write()或WriteLine()方法皆有參數，只要是符合.NET Framework的資料型別皆能處理，像Unicode的字元，或是數值的Int32、Single或Double等。

方法Write()和WriteLine()之間最大的差別是Write()方法輸出字元後不做換行動作，也就是插入點依然停留在原行；但使用WriteLine()方法輸出字元後會把插入點移向下一行的最前端。

例一：輸出字串須使用雙引號「" "」來括住字串，如果有必要結合兩個以上的字串，則可以使用運算子「+」來連接。

```
Console.WriteLine("Hello! Visual C#");
Console.WriteLine("Hi!" + "Visual C#");
```

例二：輸出數字，直接將數字寫在WriteLine()方法中，進行數學運算後，它會直接輸出結果。

```
Console.WriteLine(242);
Console.WriteLine(14 + 116 + 239);
```

例三：加了強化輸出的效果，直接呼叫WriteLine()方法而不加任何參數，
它有換行的作用。

```
Console.WriteLine();
```

有時為了配合變數指定輸出值，以format參數配合已定義好的格式化
項目（Format Items），將物件的值轉換為字串，format會預留零至多個
索引編號和參數清單的物件產生對應。每個格式化項目會被對應物件的值
所取代並將它們插入到另一個字串，語法如下：

```
WriteLine("format{0}...{1}...", arg0, arg1, ...);
```

◆ format：欲格式化項目要用大括號{ }括住，而索引由編號0開始。

◆ arg0, arg1：格式化項目中對應的物件，目前是欲帶入的變數。

下列敘述中，表示變數num1的值會寫入{0}，而變數num2的值會寫
入{1}中。

```
Console.WriteLine("數值1{0}, 數值2{1}", num1, num2)
```

再仔細觀察，會發現字串的輸出格式與大括號{ }中所設定的值有
關，先來看看{ }是如何進行設定？語法如下：

```
{ N [, M ][: 格式指定]}
```

◆ N：格式項目：以0為基底的索引參數，表示要進行的項目。0代表第一個格
式化字串、1為第2個格式化字串。

◆ M：字串格式化時的對齊、區域寬度設定。

◆ 格式指定（format）：有三種：數值、時間與使用者自訂格式。

配合WriteLine()方法以「字串插補」（string interpolation）方式，在

Visual C# 6.0有了小小改變，語法如下：

```
Console.WriteLine($"{變數}");
```

◆ 以$為前導字，表示它是「字串插補」，大括號的索引以變數來取代。

◆ 變數必須放在雙引號中，以成對的大括號括住。

　　先來看看原有的輸出方式！

```
WriteLine("Good Day! {0}", name);
```

　　使用「字串插補」時，將敘述修改如下：

```
WriteLine($"Good Day! {name}");
```

◆ 將變數name放在大括號{ }中。

　　這種「字串插補」表達方式是不是比原先將格式項目使用索引更清爽些！後續撰寫的程式碼會以「字串插補」來輸出內容。

1.3 Visual C#基本語法

　　所有資料皆收納於.NET Framework類別庫中，為了確保執行程式的安全性，它會以「共通型別系統」（Common Type System，簡稱CTS，也稱一般型別系統）為主。讓所有列管的程式碼皆能強化它的型別安全。所以Visual C#是一種強型別（Strongly Typed）語言，無論是變數和常數都要定義資料型別。以CST的觀點來看，C#語言有兩種資料型別：

➤ 實值型別（Value Types）：資料儲存於記憶體本身，它涵蓋所有的數值型別，也包括了布林、字元；列舉和結構。

➤ 參考型別（Reference Types）：字串、陣列、委派和類別等；只儲存物件的記憶體位址。

1.3.1 Visual C#資料型別

　　整數資料型別（Integral Data Type）是表示資料中只有整數，不含小數位數。依據儲存容量的不同，第一種是含正、負值的整數（Signed Integral），它包含sbyte（位元組）、short（短整數）、int（整數）、long（長整數），下表同時並列C#和.NET Framework類別庫中System命名空間預先定義型別的別名。

C#型別	.NET Framework	空間	儲存範圍
sbyte	System.Sbyte	1 Byte	-128 ～ 127
short	System.Int16	2 Bytes	-32,768 ～ 32,767
int	System.Int32	4 Bytes	-2,147,483,648 ～ 2,147,483,647
long	System.Int64	8 Bytes	-9,223,372,036,854,775,808 ～ 9,223,372,036,854,775,807

　　有負值的整數，也會有不含負值的整數（Unsigned Integral）。下表列示四種：byte（無號位元組）、ushort（無號短整數）、uint（無號整數）、ulong（無號長整數）。

C#型別	.NET Framework	空間	儲存範圍
byte	System.Byte	1 Byte	0 ～ 255
ushort	System.Int16	2 Bytes	0 ～ 65535
uint	System.UInt32	4 Bytes	0 ～ 4,294,967,295
ulong	System.UInt64	8 Bytes	0 ～ 18,446,744,073,709,551,616

例一：C# 7.0的功能，允許使用「_」底線字元作為數值的千位分隔符號。

```
int num1 = 123456;          //原來用法
long num2 = 456_789_123;
int num3 = 0b1011_110;      //二進位數值
```

◆ 宣告變數num1為int型別；num2為長整數型別（long）；0b代表二進位數值。

例二：C# 7.2的功能，「_」底線字元做為二進位或十六進位前置字元，但它不能使用於十進位來產生前置底線。

```
int num4 = 0b_0111_1010;      //0b為二進位表示
int num4 = 0b_111_110_10;     //加入底線字元來增加閱讀性
```

例三：了解C#的資料型別與.NET Framework的關係。

```
Console.WriteLine(num1.GetType());
```

◆ 使用GetType()方法會回傳number的資料型別；GetType()方法來自System命名空間，由object類別提別的方法。

　　數值中除了整數外還包含小數位數，稱為「浮點數資料型別」（Floating Point Types），以近似值儲存於記憶體中，float（單精度浮點數）、double（倍精度浮點數）、decimal貨幣，列於下表。

C#型別	.NET Framework	空間	儲存範圍	精確度
float	System.Single	4 Bytes		7位數
double	System.Double	8 Bytes		15～16位數
decimal	System.Decimal	16 Bytes	-7.9e28至7.9e28	28~29位數

　　基本上，含有小數的數值系統會以double為預設的處理型別，如果處理的數值需要精確度且範圍較小時，decimal則是最佳選擇，它能支援28～29個有效數字。以float或decimal為資料型別，必須加上後置字元讓編譯器認出它的不同處。例如：

```
float num1 = 12.4578F;
decimal num3 = 1.23456M;
```

◈ float使用後置字元F或f，decimal使用的後置字元為M或m。

　　還有哪些資料型別？列示下表。

C#資料	.NET Framework	空間	儲存範圍
bool（布林）	System.Boolean	1 Byte	true或false
char（字元）	System.Char	2 Bytes	Unicode16位元字元

　　布林值可使用關鍵字bool表示，它是System.Boolean的別名；用來表示邏輯的兩種狀態。要特別留意之處，布林的值無法像C++程式語言以數值做轉換，但它可以true或false回傳運算結果。

　　字元資料型別在C#中以關鍵字char表示，它是.NET Framework用來表達Unicode字元的Char結構的執行個體。在記憶體中占有2位元組的長度，若用來儲存整數，可以儲存不帶正負號的整數0至65535，而每個數字可以對應一個Unicode編碼字元。底下為幾種字元型別的宣告方式：

```
char key = 'B';          //宣告字元時使用單引號
char ch2 = '\x0042';   //以16進制表示
```

1.3.2 識別字和關鍵字

　　資料要取得存放空間，才能儲存或運算；這個「存放空間」通常指向電腦的記憶體，而空間大小和儲存資料的類型（Type）有關。如何取得此存放空間，就是使用「變數」（Variable）；它會隨著程式的執行來改變其值。

　　變數要賦予名稱，為「識別項」（Identifier）之一種。程式中宣告變數後，系統會配置記憶體空間。識別項包含了變數、常數、物件、類別、

方法等，命名規則（Rule）必須遵守下列規則：

➤ 不可使用C#關鍵字來命名。

➤ 名稱的第一個字元使用英文字母或底線「_」字元。

➤ 名稱中的其他字元可以包含英文字元、十進位數字和底線。

➤ 名稱的長度不可超過1023個字元。

➤ 儘可能少用單一字元來命名，會增加閱讀的困難。

　　對於初學者來說，只要遵循上述規定即可。不過，Visual C#對於識別項的慣例，有三項要求得知悉：

➤ PascalCasing：例如「MyComputer」。

➤ camelCasing：例如「myComputer」。

➤ 建議避免使用分隔符號，例如底線「_」和連字符號「-」。

　　Visual C#的命名慣例中會區分英文字元的大小寫，所以識別項為「birthday」、「Birthday」、「BIRTHDAY」是三個不同的名稱。下述的識別項對C#來說也是不正確的名稱。

```
Birth day      //變數不正確，中間有空白字元
const          //以關鍵字為名稱
5_number       //以數字為開頭字元
```

　　關鍵字（keyword）對編譯器來說，通常具有特殊意義，所以它會預先保留而無法作為識別項。有哪些關鍵字？下表列舉之。

abstract	as	base	bool	break	byte
case	catch	char	checked	class	const
continue	do	default	delegate	decimal	double
explicit	else	event	enum	extern	false
finally	for	float	fixed	foreach	goto
interface	if	in	int	implicit	internal
namespace	lock	long	is	new	null

operator	out	object	override	params	private
protected	ref	readonly	public	return	sbyte
stackalloc	short	sizeof	sealed	static	string
struct	try	this	throw	true	switch
unchecked	uint	ulong	typeof	unsafe	ushort
volatile	void	using	virtual	while	unsafe

　　另有一種內容關鍵字（contextual keyword）必須依據上下文做判斷，它並非Visual C#關鍵字，但會用於C#的類別或方法，使用識別項名稱時也儘可能避開它們，下表列示。

ascending	add	async	await	alias	from	into
dynamic	get	global	group	set	nameof	value
orderby	let	join	partial	remove	select	when
descending	var	where	yield			

1.3.3 使用變數

　　宣告變數的作用是為了取得記憶體的使用空間，才能儲存或運算後的資料。語法如下：

```
資料型別　變數名稱；
```

　　一個變數只能存放一份資料，存放的資料值為「變數值」。宣告變數的同時可以利用「=」等號運算子同時指定變數的初值，

例一：

```
int number = 25;
float result = 356.78F;
```

◆ 指定變數值時，若是浮點數float的值，要在數值後面加上後置字元f或F。

例二：宣告的變數是合法的敘述。

```
float num1, num2; //變數num1和num2皆宣告爲float
num1 = num2 = 25.235F; //將變數num1和num2皆指派相同的值
```

歸納上列敘述，使用變數時所具備的基本屬性，下表做簡單歸納。

屬性	說明
名稱（name）	能在程式碼中予以識別
資料型別（DataType）	決定變數值可存放的記憶體空間
位址（Address）	存放變數的記憶體位址
值（Value）	暫存於記憶體的資料，隨程式執行而改變
生命週期（Lifetime）	變數值使用時的存活時間
適用範圍（Scope）	宣告變數後能存取的範圍

對於主控台應用程式而言，使用的變數若宣告於Main()主程式中，它是一個「區域變數」（Local Variable）。只適用於Main()主程式之範圍，離開了主程式，區域變數會結束它的生命週期。

1.3.4 常數

某些情形下，希望應用程式於執行過程中數值變數的值維持不變，以常數（Constant）來代替是一個較好的方式。Visual C#要使用常數，須以關鍵字「const」爲開頭，宣告常數的同時要給予初值，語法如下：

```
const 資料型別 常數名稱 = 常數值;
```

同樣地，常數名稱得遵守識別項的規範，以常數宣告圓周率 π 的敘述如下：

```
const double PI = 3.141596;
```

範例「CH0102.csproj」

```
01 static void Main(string[] args)
02 {
03    const float Square = 3.0579F;
04    float area;
05    Write("請輸入坪數：");
06    area = float.Parse(ReadLine());
07    WriteLine($"{area} = {Square * area}平方公尺");
08    ReadKey();
09 }
```

程式解說

◆ 第3行：宣告Square為常數並設常數值。

◆ 第6行：由於ReadLine()方法讀進來的是字串，必須以Parse()方法轉換為浮點數。

1.4 運算子

程式語言中，經由運算產生新值，而運算式（Expression）是運算元和運算子結合而成。「運算元」（Operand）是被運算子處理的資料，包含變數、常數值等；「運算子」（Operator）指的是運用一些數學符號，例如＋（加）、－（減）、*（乘）、/（除）等；運算子會針對特定的運算元進行處理程序，如下敘述：

```
total = A + (B * 6);
```

上述運算式中，運算元包含了變數total、A、B和數值6。=、+、()、

CHAPTER

1

*則是運算子。運算式可由多個運算元配合運算子來組成；若運算子只使用一個運算元，稱「一元」（Unary）運算子，兩個運算元就是「二元」（Binary）運算子；「?:」則是C#程式語言中唯一的三元運算子。C#究竟提供哪些運算子？概分下述幾項。

➢ 算術運算子：使用於數值計算。

➢ 指定運算子：簡化加、減、乘、除的運算子。

➢ 關係運算子：比較兩個運算式，並傳回true或false的比較結果。

➢ 邏輯運算子：使用於流程控制，將運算元做邏輯判斷。

　　要注意的地方是「=」（等號）運算子的作用是「指派、設定為」，而不是數學式中「相等」的作用。最常見的作法就是把等號右邊的數值指定給等號左邊的變數使用。

1.4.1 算術運算子

　　算術運算子用來執行加、減、乘、除的計算，下表簡介使用的運算子。

運算子	簡例	說明
+	x = 20 + 30	將兩個運算元（數值）25、32相加，也可當正號使用
-	x = 45 - 20	將兩個數值相減，可當負號使用
*	x = 25 * 36	將兩個數值相乘
/	x = 50 / 5	將兩個數值相除
%	x = 20 % 3	相除後取所得餘數，x = 2

　　運算式中有多個運算子時，秉持的原則就是「由左而右，先乘除後加減，有括號優先」。一元運算子的用法較為特殊，它可以配合加、減運算子，形成遞增或遞減運算子，下列敘述做簡單示範。

```
int num1 = 5; int num2 = 10;
++num1;    //遞增運算子：表示運算元本身會自行加1
--num2;    //遞減運算子：表示運算元本身會自行減1
```

◆ 使用遞增或遞減運算子時，運算子放在運算元前，稱「前置」運算；運算子放在運算元之後，即是「後置」運算。

　　指派運算子用來簡化加、減、乘、除的運算式；例如，將兩個運算元相加，敘述如下：

```
int num1 = 25;
int num2 = 30;
num1 = num1 + num2;
```

　　可以使用指派運算子做修改：

```
num1 += numb2;
```

　　原本是num1與num2相加後，再指定給num1變數儲存，透過指派運算子可簡化敘述。有哪些指派運算子？下表列舉之。

運算子	簡例	說明
=	op1 = op2	將運算元op2指定給變數op1儲存
+=	op1 += op2	op1、op2相加後，再指定給op1
-=	op1 -= op2	op1、op2相減後，再指定給op1
*=	op1 *= op2	op1、op2相乘後，再指定給op1
/=	op1 /= op2	op1、op2相除後，再指定給op1
%=	op1 %= op2	op1、op2相除後，所得餘數指定給op1

1.4.2 關係運算子

關係運算子用來比較兩邊的運算式，包含字串、數值等，再回傳true或false的結果，通常會應用於流程控制中，透過下表來認識它們。

運算子	簡例	結果	說明（op1 = 20, op2 = 30）
==	op1 == op2	false	比較兩個運算元是否相等
>（大於）	op1 > op2	false	op1是否大於op2
<（小於）	op1 < op2	true	op1是否小於op2
>=（大於或等於）	op1 >= op2	false	op1是否大於或等於op2
<=（小於或等於）	op1 <= op2	true	op1是否小於op2
!=（不等於）	op1 != op2	true	op1是否不等於op2

1.4.3 邏輯運算子

程式的控制流程要做邏輯判斷時，Visual C#提供邏輯運算子；在兩個運算式之間進行關係判斷，也能與關係運算子合用，回傳「真（true）」與「假（false）」兩種值。先認識它使用的語法：

```
結果 = 運算式1 邏輯運算子 運算式2;
```

將運算元進行邏輯判斷，回傳true或false的結果，下表做說明。

運算子	運算式1	運算式2	結果	說明
&&（且）	true	true	true	兩邊運算式為true才會回傳true
	true	false	false	
	false	true	false	
	false	false	false	

運算子	運算式1	運算式2	結果	說明
‖（或）	true	true	true	只要一邊運算式為true就會回傳true
	true	false	true	
	false	true	true	
	false	false	false	
！（否）	true	--	false	將運算式反相，所得結果與原來相反
	false	--	true	

　　邏輯運算子如何運作？通常採取「快捷運算」(Short-circuit evaluation) 作法：

➢ &&（AND）運算：運算式1以false回傳，就不會繼續對運算式2做判斷。

➢ ‖（OR）運算：運算式1若回傳true，就不會繼續對運算式2做判斷。

1.5 流程結構

　　編寫程式時，依據由上而下（Top-Down）的設計策略，將較複雜的內容分解成小且較簡單的問題，產生「模組化」程式碼，由於程式邏輯僅有單一的入口和出口，所以能單獨運作。所以討論結構化的程式會包含下列三種流程控制：

➢ 循序結構（Sequential）：由上而下的程式敘述，這也是前述章節最為常見的處理方式，例如：宣告變數後，設定變數的初值。

➢ 決策結構（Selection）：決策結構是一種條件選擇敘述，依據條件可以單一條件做單向或雙向判斷；或者在多重條件下只能擇一。

➢ 反覆結構（Iteration）：反覆結構就是迴圈控制，在條件符合下重覆執行，直到條件不符合為止。例如，拿了1000元去超市購買物品，直到錢花光了，才會停止購物動作。

1.5.1 單一條件選擇

決策結構依據其條件做選擇；條件分為「單一條件」和「多重條件」。處理單一條件，if/else敘述能提供單向或雙向選擇的處理；多重條件情形下，要回傳單一結果，switch/case敘述則是處理法寶。

我們常常會說：「如果明天下雨，就搭公車吧！」。句中點出「下雨」是單一條件，「下了雨」表示條件成立，只有一個選擇「搭公車」，就像if敘述，語法如下：

```
if(條件運算式) //如果有下雨
{
    true的程式敘述;   //就去搭公車
}
```

◆ 使用if敘述可使用一對大括號{ }來產生程式區段；如果只有敘述一行可以將區段省略。

◆ 「條件運算式」可搭配關係運算子。若條件成立（true）才會進入程式區段敘述；若條件不成立（false）就不會進入區段敘述。

「如果明天下雨，就搭公車去上課；沒有下雨的話，就騎單車」。表示下雨是單一條件；沒有下雨條件就不成立。此時有兩種選擇：下了雨，符合條件（true）就搭公車；不下雨就不符合條件（false），只好改騎單車。當單一條件有雙向選擇時，得採用if/else敘述，語法如下：

```
if(條件運算式)
{
    true程式敘述;
}
else
{
    false程式敘述;
}
```

　　若條件的運算結果符合（true），就進入if區段敘述；若運算結果不符合（false），就執行else的區段敘述。同樣地，else的敘述有多行，要加上{ }（大括號）形成區段。if/else敘述的簡例如下：

```
if(grade >= 60)
    Console.WriteLine("Passing…");
else
    Console.WriteLline("Failed");
```

◆ grade的變數值要大於或等於60（true），輸出"Passing"，grade變數值小於60的話（false）則輸出"Failed"。

　　if/else敘述也可以使用「? :」條件運算子來簡化其內容。它是Visual C#唯一的三元運算子，運算時需要三個運算元而稱之，語法如下：

> 條件式 ? true敘述 ： false敘述

◆ 條件式符合時，執行「?」運算子後的敘述。

◆ 條件不符合則執行「:」運算子後的敘述。

例如：將前一個範例以條件運算子來表達。

```
var result = (grade >= 60) ? "Passing..." : "Failed!!";
WriteLine(result);
```

◆ 以var關鍵字宣告result變數，執行時讓編譯器指派合宜的型別。

◆ 條件運算後的結果交給變數result，再以WriteLine()方法輸出結果。

1.5.2 多重條件

　　多個條件下，if/else敘述變身為巢狀if時，對於初學者而言會增加程式撰寫的困難度。採用「if/else if/else」敘述，或者尋求「switch/case」敘述來解決問題，都是不錯的處理方法！先來看看switch/case敘述語法。

```
switch(運算式)
{
    case 值1:
        程式區段1;
        break;
    case 值2:
        程式區段2;
        break;
...
    case 值n:
        程式區段n;
        break;
    default:
        程式區段n+1;
        break;
}
```

◆ switch敘述會形成一個區段，其運算式可為數值或字串。

◆ 每個case標籤都得指定一個常數值，但不能以相同的值給兩個case敘述使用；其資料型別必須和運算式相同。

◆ 執行switch敘述，會進入case區段去尋找符合的值，case敘述相符者，以break敘述離開switch區段之敘述。

◆ 若沒有任何的值符合case敘述，會跳到default敘述，執行其他區段敘述。

範例「CH0103.csproj」

```
01 switch (days)//進行多重條件判斷
02 {
03    case 0: //數值0是星期天，存取列舉成員
04       WriteLine($"{Weeks.Sunday} 是星期天");
05       break;
06    case 1:   //數值1是星期一
07       WriteLine($"{Weeks.Monday} 是星期一");
08       break;
09    case 2:   //數值2是星期二
10       WriteLine($"{Weeks.Tuesday} 是星期二");
11       break;
12       //省略部份程式碼
13    default: //輸入0~6以外的數值
14       WriteLine("數字不正確，重新輸入");
15       break;
16 }
```

程式解說

◆ 第1~16行：switch敘述判斷輸入的days值；如果輸入數值是0~6以外，就跳到第13行的default敘述，提示使用者重新輸入數值。

◆ 第3~5行：若days值為0，表示「weeks.Sunday」（weeks為列舉名稱）就輸出星期天；並以break敘述結束switch敘述並停止程式的執行。

　　要處理多個條件的另一個方式就是使用「if/else if」敘述，它可以說是if/else敘述的進化版本，認識它的語法：

```
if(條件運算1)
{
    //符合條件運算1敘述;
}
else if(條件運算2)
{
    //符合條件運算2敘述;
}
else
{
    //上述條件運算皆不符合的敘述;
}
```

　　「if/else if」敘述會將條件逐一過濾，經過運算找到符合條後就不會再往下執行，所以它跟switch/case是否有異曲同工之妙呢！

1.5.3 迴圈

　　重複結構的流程處理，其邏輯性就如同生活中的「如果……就持續……」的情形相同。當程式中某一條件成立時會重複執行某一段敘述，我們把這種流程結構稱為「迴圈」。因為重複處理的流程會依附著設定的條件運算，假如條件設計不當，會造成「無窮迴圈」現象，設計時必須小心注意！一般來說，它們包含：

➤ for和for/each迴圈：可計次迴圈；for迴圈以計數器控制迴圈執行之次數，for/each迴圈讀取集合的每個物件。

➤ while迴圈：前測試迴圈。條件判斷true的情形下進入迴圈執行，直到條件為false才離開迴圈。

➤ do/while迴圈：後測試迴圈。進入迴圈先執行敘述，再做條件運算。

　　使用for迴圈時必須有計數器、條件運算和控制運算式來完成重複計次的工作，語法如下：

```
for(計數器; 條件運算式; 控制運算式)
{
    //程式敘述;
}
```

◆ 計數器：控制for迴圈次數，宣告數變後須做初始化設定；第一次進入迴圈會被執行一次。

◆ 條件運算式：條件運算成立（true）時，進入區段內重複執行其敘述，直到條件爲false時才會停止並離開迴圈。

◆ 控制運算式：條件運算式爲true才會執行，配合for迴圈的計數器做遞增或遞減運算。

例一：使用for迴圈最經典的範例就是把數字累加。

```
//參考範例「CH0104.csproj」
int total = 0; //設定變數儲存累加結果
for (int j = 0; j <= 10; j++)
    total += j;
WriteLine($"1加到10 結果 {total}");
```

◆ for迴圈讀取計數器「j」的值進行累加動作，再交給變數total儲存。

　　如果並不知道迴圈要執行幾次，那麼while迴圈或do-while迴圈就是較好的處理方式，語法如下：

```
while(條件運算式)
{
    //執行條件爲true敘述;
}
```

　　進入while迴圈，必須先檢查條件運算式，符合時會執行迴圈內的敘述；若不成立就跳離迴圈。因此迴圈內的某一段敘述必須能改變條件運算式的值來結束迴圈，否則會形成無窮盡迴圈。

例二：以while迴圈求取兩個數的GCD。

```
//參考範例「CH0105.csproj」
while (divided != 0)//被除數不能為0
{
    remain = divisor % divided; //求取餘數
    divisor = divided; //被除數(diveded)更換成除數(divisor)
    divided = remain;　//將前式所得餘數更換為除數(divisor)
}
```

◆ 條件運算式的被除數「divided != 0」情形下（true），進入迴圈執行敘述。當「divided = 0」表示條件不成立，就會離開while迴圈。

◆ 將兩數相除來取得餘數，如果餘數為0，則除數（divisor）就是這兩個整數的最大公因數。

　　while迴圈是先做條件運算，再進入迴圈執行敘述；而do/while迴圈恰好相反，先執行敘述，再做條件運算。對於do/while迴圈來說，敘述至少會被執行一次，而while迴圈在條件運算不符合的情形下不會進入迴圈。

　　do/while迴圈的語法如下：

```
do{
    //程式敘述；
}while(條件運算);
```

◆ 不要忘記條件運算之後要有「;」字元來結束迴圈。

例二：do/while迴圈最常用來詢問是否繼續某個動作。

```
//參考範例「CH0106.csproj」
char key;
do
{
    Write("是否繼續？");
    key = char.Parse(ReadLine());
} while (key == 'y' || key == 'Y');
```

1.5.4 其他敘述

　　一般來說，break敘述用來中斷迴圈的執行，continue敘述則是暫停目前執行的敘述，它會回到目前敘述的上一個區段，讓程式繼續執行下去。因此，可以在for、while、do/while迴圈中的程式敘述中加入break或是continue敘述，利用一個簡單的範例來說明這二者間的差異。

```
//參考範例「CH0107.csproj」
for (counter = 0; counter <= 20; counter++)
{
    if (counter % 2 == 0)//找出奇數
        continue;      //繼續迴圈
    sum += counter;
    if (sum > 60)  //第二個if敘述
        break;        //中斷迴圈
    WriteLine($"Counter = {counter}, Sum = {sum}");
}
```

◆ 第一個if敘述判斷計數器（counter）的值，把它除以2，若餘數為0，就不再繼續下一個敘述；它會回到上一層for迴圈繼續迴圈的執行。所以counter是偶數「2,4, 6, ...」時不做數值累加；所以for迴圈只做奇數累加。

◆ 第二個if敘述程式區段，當sum累加的值大於60時，就以break敘述來中斷整個迴圈的執行而結束應用程式。

1.6 方法

類別中的方法，它包含方法成員、初始化物件的建構函式和專屬於類別的靜態類別方法！

1.6.1 宣告方法

宣告方法的語法如下：

```
[修飾詞] [static] 回傳值型別 methodName([parameterList]){
    . . . ;
    [return 計算結果;]
}
```

◆ 修飾詞：就是存取修飾詞，限定方法的存取範圍；常用的有private、public和protected，省略修飾詞時，以private為存取範圍。

◆ 回傳值型別：定義方法之後，要有回傳值型別。方法不回傳任何資料，使用void關鍵字。

◆ methodName：方法名稱；其命名必須遵守識別項的規範。

◆ parameterList：參數串列；方法若無參數串列，得加上左、右括號( )，而且不能省略。參數若有多個，每一個都要清楚地宣告型別，然後以逗點「,」做區隔。

◆ 程式區段（方法主體）：處理方法敘述，連同return敘述都要放在大括號{ }內。

◆ return敘述：回傳方法的運算結果，回傳時其型別必須和回傳值型別相同；此外，它一定是方法主體內最後一行敘述。

　　方法定義（Method Definition）之後，要在其他程式中「呼叫函式」（Calling Method），它的語法如下：

```
變數名稱 = methodName(argumentList)
```

◆ 直接呼叫方法名稱（methodName）或將方法稱的回傳結果指定給變數名稱儲存。

◆ argumentList：引數串列，將資料傳遞給方法定義的參數串列。

　　定義方法中若有回傳值就得在方法主體的最後一行使用return敘述回傳結果。以下述簡例來說明。

```
double calcAverage(double num1, double num2)
{
    return num1 * num2;    //回傳計算後的平均分數
}
```

　　定義方法時，Visual C# 6.0之後能採使用「運算式主體定義」（Expression Body Definitions）。當方法定義的內容只需要回傳計算結果，配合運算子「=>」來簡化方法主體，省略大括號和return敘述，語法如下：

```
定義方法 => 方法主體;
```

　　藉由一個簡例來說明「運算式主體」所定義的方法。

```
public int addition(int num1, int num2)    //一般定義的方法
{
    return num1 + num2;
}
```

變更為「運算式主體」如下：

```
int addValue(int num1, int num2) => num1 + num2;
```

◈ 雖然無return回傳結果，但方法主體會自動回傳參數num1、num2相加後
的結果。

1.6.2 靜態方法

對於方法（Method）有了基本概念之後，進一步了解Main()主程式
與方法如何互動？第一種情形，建立靜態方法後，「呼叫方法」（主程
式）與「方法定義」位於同一個類別「Program」之下，從主程式（呼叫
者）呼叫靜態方法，語法如下：

```
靜態方法名稱(引數串列);
變數 = 靜態方法名稱(引數串列);
```

為什麼是靜態方法？建立主控台應用程式之後，命名空間下會有一個
由系統建立的「Program」類別，此類別區段中會以Main()主程式來作為
程式的進入點，它的前端會有「public static void」三個關鍵字。

➢ public是存取修飾詞，表示任何類別皆可存取。

➢ static表示它屬於靜態類別的方法。

➢ void使用於Main()方法表示不需要回傳值。

當Program類別未建立執行個體（物件）時，必須定義靜態方法才能
使用。那麼靜態類別方法撰寫何處？有兩種作法：

➢ 「Program」類別區段之內，在主程式之前加入靜態方法。

➢ 「Program」類別區段之內，在主程式之後加入靜態方法。

範例「CH0108.csproj」

```
01 class Program
02 {
03    public static double CalcAverage(double Chin_score,
04          double Eng_score, double Math_score)
05    {
06       double Average_score = (
07          Chin_score + Eng_score + Math_score) / 3;
08       return Average_score;    //回傳計算後的平均分數
09    }
10    static void Main(string[] args)
11    {
12       double chinese, english, math, equal;//各科分數
13       Write("請輸入名字：");
14       string studentName = ReadLine();
15       Write("請輸入國文分數：");
16       chinese = double.Parse(ReadLine());
17       Write("請輸入英文分數：");
18       english = double.Parse(ReadLine());
19       Write("請輸入數學分數：");
20       math = double.Parse(ReadLine());
21       equal = CalcAverage(chinese, english, math);
22       WriteLine($"{studentName}(你好)" +
23          $"，3科平均 = {equal:N3}");
24       ReadKey();
25    }
26 }
```

程式解說

◆ 第1~9行：定義靜態類別方法CalcAverage()接收傳入參數，求取分數平均後，再以return敘述回傳結果。

◆ 第21行：由於位於同類別之下，直接呼叫靜態類別方法calcAverage()方法，傳入引數，再把return敘述回傳的結果儲存於equal變數。

◆ 主程式中呼叫CalcAverage()方法時欲傳遞的引數個數及定義calcAverage()方法所接收的參數個數必須一致。

1.6.3 參數機制

使用方法時，若要取得回傳結果得透過return敘述；但是它只能回傳一個結果。方法之間若要回傳多個參數值，就必須進一步了解方法中參數、引數間資料的傳遞。Visual C#提供了傳值（Passing by Value）、傳址（Passing by Reference）二種方法。「方法定義」時若括號內有指定對象，稱為「參數」（Parameter）；「呼叫方法」才有傳遞資料的動作，所以是「引數」（Argument）。說明傳遞機制前，先瞭解二個名詞：

➢ 實際引數（Actual argument，簡稱引數）：程式中「呼叫方法」將資料傳遞者。

➢ 形式參數（Formal parameter，簡稱參數）：「方法定義」時設定參數接收資料，進入方法主體執行敘述或運算。

傳值呼叫（Passing by Value）是指實際引數呼叫方法時，會先將變數內容（值value）複製，再把副本傳遞給形式參數。要注意的地方是實際引數所傳遞的「引數」和形式參數（方法）必須是相同的型別，否則會引發編譯的錯誤！由於實際引數和形式參數分占不同的記憶體位置。「方法定義」所接受的是變數值，而非變數本身；執行程式時，形式參數若有改變，並不會影響原來實際引數的內容。

還記得以for迴圈做數值累加，下述範例以等差級數公式來了解傳值呼叫的運作！

```
//參考範例「CH0109.csproj」
private int Progression(int first, int last,
      int diversity)
{
   int sum = 0, temp = 0, number = 0;
   if (first < last) //檢查傳入的首項是否大於末項
   {
      temp = first; //首項小於末項則予以置換
      first = last;
      last = temp;
   }
   number = (first - last) / diversity + 1;   //計算項數
   sum = (number * (first + last)) / 2;    //計算差數和
   return sum; //回傳計算結果
}
```

◆ 定義Progression()方法，有3個參數：起始值，末項和差值。它們會接收主程中第19行所傳遞的數值。

◆ if陳述式判斷所接收的3個引數值，如果起始值小於末項，就利用temp變數進行置換的動作。

◆ 數學公式「項數（首項+末項）/2」，所以變數number先算出項數，變數Sum儲存求差數和，再以return敘述回傳計算結果。

　　傳遞引數另一種機制是「傳址」（By Reference）。何謂「傳址」？指的是記憶體的位址。實際引數呼叫方法時會傳遞記憶體位址給形式參數，連同記憶體儲存的資料也會連帶傳送；形成實際引數、形式參數共

用相同的記憶體位址，當形式參數的值被改變時，也會影響實際引數的內容。

何種情形之下會使用傳址呼叫？通常是方法內要將多項資料結果回傳，而且return敘述只能回傳一個結果的情形下！使用傳址呼叫還要注意二件事：

◆ 無論是實際引數或形式參數，其型別前必須加上方法參數ref或out。
◆ 實際引數所指定的引數，必須給予初值設定。

實際引數傳遞位址給形式參數

實際引數、形式參數共用相同位址

課後習作

一、選擇題

1. 對於方案和專案的描述，何者正確？

　　(A) 以專案來管理方案

　　(B) 方案底下可以產生多個專案

　　(C) 專案的副檔名「*.sln」

　　(D) 方案的副檔名「*.csproj」

2. Visual C#自訂名稱空間的話，要使用哪一個關鍵字？

　　(A) namespace

　　(B) static

　　(C) class

　　(D) public

3. Visual C#要匯入靜態類別，要使用哪一個關鍵字？

　　(A) namespace

　　(B) using

　　(C) public

　　(D) using static

4. 下述所列舉的資料型別，何者不屬於CST的實值型別？

　　(A) 布林

　　(B) 字元

　　(C) 數值

　　(D) 陣列

5. 資料型別「int」對照於.NET Framework預先所定義哪一種資料型別？

　　(A) Syetem.Int64

　　(B) System.Int16

(C) System.Int32

(D) System.Btye

6. Visual C#處理含有小數的數值，預設的資料型別是哪一種？

　　(A) decimal

　　(B) double

　　(C) float

　　(D) char

7. Visual C#宣告常數時，要使用哪一個關鍵字？

　　(A) const

　　(B) namespace

　　(C) static

　　(D) public

二、實作題

1. 輸入兩個數值，以三元運算子判斷其大小。

2. 以「if/else if/else」寫一個判斷閏年的程式（西元年份被4或400整除才是閏年）。

3. 使用while迴圈來求取數值101～200偶數累加和。

第二章

話說資料結構

★學習導引★

- ➤ 從資料的特性去了解它與資訊的不同

- ➤ 資料結構能做什麼？以常見種類談起

- ➤ 演算法能以文字、虛擬碼和流程圖做為工具進行分析

- ➤ 演算法的效能從Big-O來看時間複雜度

2.1 資料是什麼？

什麼是資料（Data）？用來表達一個觀念或一個事件的一群文字、數字、符號或圖表。經過處理的資料能應人而異而發揮所長，也就是大家熟悉的「資訊」（Information）。那麼資料、資料處理和資訊，這三者該如何看待？與資料結構有什麼關係？一起來探討之。

2.1.1 資料的特性

資料具有什麼特性？我們可以從電腦的微觀角度出發，把儲存資料的層次先做簡單區分，它有五種層次：位元、位元組、欄位、記錄和檔案。

➢ 位元（Bit）：儲存內部資料的最小單位，如同機器語言中的0與1。

➢ 位元組（Byte）：表示一個「字組」（Word）所需的位元數目，由八個位元組成一個位元組。

➢ 欄位（Field）：由數個「位元組」（Bytes）組成，為一個獨立且具備某種意義的資料項目，例如身分證資料上的姓名、性別、住址等都算是一種「欄位」。

➢ 記錄（Record）：由幾個彼此相關的「欄位」構成有意義的基本單位，例如姓名、性別、住址、身分證字號、出生年月日等「欄位」可構成一個國民的身分證「記錄」。

➢ 檔案（File）：由數筆相關的記錄構成，例如國民身分證檔就是描述所有國民的每筆記錄所構成。

產生資料的五種層次

　　再把鏡頭向外推移，以電腦的處理角度來思考這個問題。所謂「資料」就是指可以輸入到計算機中，並且被程式處理的文字、數字、符號或圖表等，它所表達出來的是一種沒有評估價值的基本元素或項目。例如姓名或我們常看到的課表、通訊錄等等都可泛稱是一種「資料」（Data）。所以，依照資料的特性，可將資料分為數值和文數資料兩大類：

➤ 數值資料（Numeric Data），例如0、1、2、3…9所組成，配合運算子（Operator）來做運算的資料。

➤ 文數資料（Alphanumeric Data）又稱非數值資料（Non-Numeric Data），像A、B、C、+、*、#等。

姓名	國文	英文	數學
林大明	78	91	66
王小風	95	57	87

文數資料　　　　數值資料

2.1.2 資料與資訊

　　將上述的兩大類資料，經過有系統的整理、分析、篩選處理所提鍊出來的文字、數字、符號或圖表，它具有參考價格及提供決策的依據，具備某種有特別意義的文字、數字或符號，就是「資訊」（Information）。在分析、處理資料的過程中，利用電腦的兩大優點：速度快和容量大，可以帶給我們很大的便利。

資料經由處理才是資訊

　　將「資料處理」更嚴謹的看待，就是用人力或機器設備，對資料進行有系統的整理如記錄、排序、合併、整合、計算、統計等，以使原始的資料符合需求，而成爲有用的資訊。所以，可以把「資料元素」（Data Element）視爲資料的基本單位。考量其整體性，性質相同的資料元素形成了資料子集，稱爲「資料物件」，它泛指「資料」。舉個例子來說，學生的成績由姓名、國文、英文和數學來傳遞，更通俗的讀說法是一筆記錄；將多筆資料元素集合，就是學生成績，也就是「資料」。

資料項目			
姓名	國文	英文	數學
林大明	78	91	66
王小風	95	57	87

資料元素

　　當然！「資料和資訊的角色並非一成不變」；同一份文件在某種狀況下可能被視爲資料，而在其他狀況下則爲有用的資訊。例如台北市這週的平均氣溫是35℃，這段陳述文字對於高雄市民而言，僅是一項天氣的資料；但居住於台北的市民，表明天氣「炎熱」得提醒自己多補充水分，避免中暑。究竟是「資料」還是「資訊」，會因爲人、事、物而有不同的處理態度。

2.1.3 資料的種類

　　若以電腦的存在層次來區分，還可以把資料分爲兩種：(1)基本資料型別、(2)抽象資料型別。

　　所謂的「基本資料型別」（Primitive Data Type），表示它無法以其他型別來定義資料，或者稱爲純量資料型別（Scalar Data Type），幾乎所有的程式語言都會提供一組基本資料，以C#的數值型別就包含整數、浮點數。

　　抽象資料型別（Abstract Data Type, ADT）相對於基本資料型別而言，可以看成是定義資料操作的模型，並且利用此模型來定義相關資料的運算及本身屬性所成的集合。而「抽象資料型別」會依其定義來行使它的邏輯特性；也就是說，ADT是一種「資訊隱藏」（Information Hiding），電腦的內部運作和現實無關。例如智慧型手機的品牌琳瑯滿目，儲存好朋友的電話號碼時可能是「0900-111-222」或「0900-111222」，無論表達的方式如何，它就是一組0～9的整數集合。

2.2 資料結構簡介

　　對於資料、資料處理有了基本認識之後，大家不免好奇，究竟什麼是資料結構呢？就是把彼此之間存有特定關係的資料元素集合在一起。當我們要求電腦解決問題時，必須以電腦了解的模式來描述問題，資料結構是資料的表示法，包括可加諸於資料的操作。可以把資料結構視為是最佳化程式設計的方法論，資料結構最主要目的就是將蒐集到的資料有系統、組織地安排，建立資料與資料間的關係，它不僅討論儲存與處理的資料，也考慮到彼此之間的關係與演算法。

2.2.1 重新審思程式

　　學習資料結構與演算法之前，我們重新來審視什麼是「程式」？依據圖靈獎得主Nicklaus Wirth大師的說法：

```
Algorithms + Data Structures = Programs
```

　　簡單來說，就是「程式 = 演算法 + 資料結構」；例一：Visual C#語言撰寫一個找出最大值的小程式。

```
// 參考範例「CH0201.csproj」
int num1, num2;
Write("輸入第一個數值 ->");
num1 = int.Parse(ReadLine());        //字串轉為int型別
Write("輸入第二個數值 ->");
num2 = Convert.ToInt32(ReadLine());   //字串轉為int型別
if (num1 > num2)
    WriteLine($"最大值 {num1}");
else
    WriteLine($"最大值 {num2}");
```

◆ 由於ReadLine()取得的值屬於字串，第一種方式是呼叫Parse()函式把它轉
　　為「int」資料型別；第二種方式呼叫Convert類別的ToInt32()把字串轉
　　為「int」型別。

　　　如何找出兩個數值中較大的一個？以「if/else」敘述做條件判斷，所
以是一個邏輯清楚的「演算法」；繼續以第二個範例來說明陣列。


```
// 參考範例「CH0202.csproj」
int total = 0;
int[] score = { 98, 72, 65 }; //宣告為陣列
foreach (int item in score)
    total += item;
WriteLine($"分數 {total}");
```


　　　使用Visual C#語言的陣列結構來儲存多個分數，然後以foreach迴圈
讀取陣列的元素並使用變數total儲存元素加總之結構。所以此範例是陣列
結構配合演算法來完成。

2.2.2 資料結構的分類

依據資料的存在關係，可以把資料結構概分爲三種：①基本結構、②線性結構、③階層結構和④圖形結構。

➢ 基本結構就是集合（Set），它如同數學中的集合關係一樣，資料元素的關係就是「一個集合」，它們之間沒有任何先後次序的關係，著重於資料是否存在或屬於集合的問題。

➢ 線性結構：資料元素是一對一的存在關係，它是有序的集合（Ordered set），也就是資料與資料之間是有先後次序的。例如陣列（Array）、串列（List）、堆疊（Stack）與佇列（Queue）等。

➢ 階層結構：結構中的資料元素爲一對多的存在關係，如二元搜尋樹（Binary search tree），其資料具上下的階層化組織。

➢ 圖形結構：資料元素彼此間爲多對多的存在關係，所謂的先後和上下關

係，在此類的資料結構中，變得更模糊。

　　這些資料結構乍看之下好像很抽象，但是在我們日常生活中，卻是隨處可見，像學校的教室座位屬於「二維陣列」；火車把車廂串連成一列來載運乘客的方式可視為「串列」（List）；從底部向上疊起的碗盤則是「堆疊」（Stack）；排隊買票，先到先買的作法就是「佇列」（Queen）；正準備如火如荼展開的世足賽，其淘汰制就是「樹狀」結構；旅行時，當我們用谷歌大神來查看地圖上的城市或有名的觀光景點，就是不折不扣的「圖形」結構。

2.2.3 常見的資料結構

　　常見的資料結構，利用下表做簡單說明。

資料結構	說明
陣列	最常用到的資料結構，給予名稱之後能存放較多量資料
鏈結串列	比陣列更有彈性，使用時不必事先設定其大小
堆疊	具有先進後出的特性，如同疊盤子般，資料的取出和放入要在同一邊
佇列	具有先進先出的特性，就像排隊一樣，讓出入口可設在不同邊
遞迴	了解程式撰寫中常用的遞迴函式，並介紹遞迴可解決的問題
樹狀結構	具有階層關係，類似於族譜的資料型別，屬於非線性集合
圖形結構	跟地圖很相像的資料型別，含有目標地與路徑，為非線性組合

2.3 演算法

　　雖然本書以資料結構為主題，對一個執行有效率的程式來說，資料結構（Data structure）和演算法（Algorithm），如同天平兩邊的砝碼缺一不可。由此可知，資料結構和演算法是程式設計中最基本的內涵。程式能否快速而有效率的完成預定的任務，取決於是否選對了資料結構，而程式是否能清楚而正確的把問題解決，則取決於演算法。所以我們可以把Nicklaus Wirth大師的說法再進一步闡述：「資料結構加上演算法等於可執行的程式」。所以，將演算法做簡單的定義：

➤ 演算法用來描述問題並有解決的方法，以程序式的描述為主，讓人一看就知道是怎麼一回事。

➤ 使用某種程式語言來撰寫演算法所代表的程序，並交由電腦來執行。

➤ 在演算法中，必須以適當的資料結構來描述問題中抽象或具體的事物，有時還得定義資料結構本身有那些操作。

2.3.1 演算法的特性

　　演算法（Algorithm）代表一系列為達成某種目標而進行的工作，通常演算法裡的工作都是針對資料做某種程序的處理過程。在韋氏辭典中演算法卻定義為：「在有限步驟內解決數學問題的程序」。

　　如果運用於電腦科學領域中，我們把演算法定義成：「為了解決某一個工作或問題，所需要有限數目的機械性或重覆性指令與計算步驟」。其實日常生活中有許多工作都可以利用演算法來描述，例如員工的工作報告、寵物的飼養過程、學生的功課表等。認識了演算法的定義後，我們還要說明演算法必須符合的下表的五個條件。

演算法特性	說明
輸入（Input）	零個或多個輸入資料，這些輸入必須有清楚的描述或定義
輸出（Output）	至少會有一個輸出結果，不可以沒有輸出結果
明確性（Definiteness）	每一個指令或步驟必須是簡潔明確而不含糊的
有限性（Finiteness）	在有限步驟後一定會結束，不會產生無窮迴路
有效性（Effective-ness）	步驟清楚且可行，能讓使用者用紙筆計算而求出答案

通常輸入和輸出是比較容易明白；來自於資料處理的作法，有輸入，可能也有輸出，例如：輸入x、y、z三個數值做運算。

```
// 參考範例「CH0203.csproj」
int num1, num2, num3;
Write("輸入第一個數值 -> ");
num1 = int.Parse(ReadLine());
Write("輸入第二個數值 -> ");
num2 = Convert.ToInt32(ReadLine());
Write("輸入第三個數值 -> ");
num3 = Convert.ToInt32(ReadLine());
WriteLine($"相加結果 {num1 + num2 + num3}");
```

不過某些情形下可能就沒有輸入的指令，例如：入門的「Hello World」程式就直接把訊息顯示於螢幕上。從演算法的要求而言，只有輸出的訊息並無輸入資料。下述簡例中，直接輸出了時間，它的「Input」

同樣為零。

```
// 參考範例「CH0204.csproj」
//以結構DateTime的屬性取得當前的日期和時間
DateTime monent = DateTime.Now;
//呼叫函式ToLongTiemString()將時間的時、分、秒轉為字串表示
WriteLine($"現在時間：{monent.ToLongTimeString()}");
```

　　什麼情形下會有多個輸出？就是函式的回傳值，直接以運算式回傳結果。下列敘述中定義了兩個函式「CalcAdd」、「CalcMulte」，然後主程式呼叫函式「CalcAdd」和「CalcMulte」時，以WriteLine()函式能看到運算結果。

```
// 參考範例「CH0205.csproj」
static int CalcAdd(int x, int y) => x + y; //運算式主體
static int CalcMulte(int x, int y) => x * y;
static void Main(string[] args)
{
   int num1 = 15, num2 = 25;
   int add = CalcAdd(num1, num2);
   int result = CalcMulte(num1, num2);
   WriteLine($"CalcAdd(15, 25) = {add}");
   WriteLine($"CalcMulte(15, 25) = {result}");
}
```

◆ 將靜態方法「CalcAdd」、「CalcMulte」以運算式主體表示，省略了
　return敘述。

演算法的每一個步驟都必須定義明確，不能出現定義不清楚的情形。用一段文字描述來表達演算法：

> 敘述1.這次期中考獲得高分者，可以申請獎學金
>
> 敘述2.這次期中考分數高於90分者，，可以申請獎學金

第一個描述的語意含糊，因為「高分者」每個人的解讀並不相同，無法表達其明確性。而第二個描述則指出「高於90分者」，表達明確。再來看一個更明確的演算法，以「條件」指令來說：

```
IF a > b THEN
    PRINT(a)
END IF
```

◈ 這是一個單向選擇，變數a若大於b，表示條件成立就輸出變數a。

通常演算法必須在有限的步驟中執行，每一個步驟都得在是可接受的時間內完成。以下列演算法的迴圈來說，有可能寫出不會停止執行的無限迴圈；這樣的演算法就不符合「有限性」。

```
count <- 3
WHILE count >= 1 DO
    PRINT(count)
END WHILE
```

2.3.2 演算法和程式的差異

演算法描述解決問題的方法是以程序式的描述為主，讓「人」一看就

知道是怎麼一回事，所以表達的對象以人爲主，要能閱讀。通常在描述演算法時必須講求精準明確，但不必遵循嚴謹的語法。

　　撰寫的「程式」則是要讓「電腦」執行，它強調程式的執行結果正確性、可維護性及執行效率。經由演算法的分析，可以用某種程式語言來撰寫演算法所代表的程序，並由電腦來執行這個程式。不過一旦要把演算法交付給電腦來執行時，當然就得十分的講究，因爲程式語言的邏輯與算術運算是完全依照所給的指令來進行的。

　　這就是爲什麼演算法和程式是有所區別，因爲程式不一定要滿足有限性的要求，例如作業系統或機器上的運作程式，除非當機，否則永遠在等待迴路（waiting loop），這也違反了演算法五大原則之一的「有限性」。另外演算法都能夠利用程式流程圖表現，但因爲程式流程圖可包含無窮迴路，所以無法利用演算法來表達。

2.3.3 常見的演算法工具

　　接下來的問題是：「什麼方法或語言才能夠最適當的表達演算法？」事實上，只要能夠清楚、明白、符合演算法的五項基本原則，即使一般文字，虛擬語言（Pseudo-language），表格或圖形、流程圖，甚至於任何一種程式語言都可以作爲表達演算法的工具。

以文字來描述

　　第一種演算方法「使用文字來加以描述」，在某些情形可能會表達精確，因此一般較不常用。例如：

> 步驟一：輸入兩個數值
> 步驟二：判斷第一個數值是否大於第二個數值
> 步驟三：判斷正確的話，以第一個數值爲最大值

　　第二種演算方法就是「流程圖」，常見的流程圖符號以下表做說明。

符號	名稱	功能
⬭	開始／結束	流程圖的開始或結束
▭	處理程序	處理問題的步驟
▱	輸入／輸出	處理資料的輸入或輸出的步驟
◇	決策	依據決策符號的條件來決定下一個步驟
◯	接點	流程圖過大時，作為兩個流程圖的連接點
⇨	流程方向	決定流程的走向

　　第三種演算方法就是「虛擬碼」，它是目前設計演算法最常使用的工具。在陳述解題步驟時，它混合了自然語言和高階程式語言，其表達方式介於人類口語與程式語法之間，容易轉換成程式指令。透過下表列舉循序、選擇和迴圈的虛擬碼寫法。

結構	關鍵字	虛擬碼	Visual C#語法
循序	運算式	k←x1 + x2	k = x1 + x2
	=	=	==
	mod	mod	%
	and	and	&&
	or	or	||

選擇	if	if 條件 then
		end if
			if (條件運算式)
			{
			　true_程式敘述;
			}

結構	關鍵字	虛擬碼	Visual C#語法

迴圈	if, else	if 條件 then
		else
		end if
			if（條件運算式）
			{
			　true_程式敘述；
			}
			else
			{
			　false_程式敘述；
			}

	while	while 條件 do
		end while
			while（條件運算式）
			{
			　true_程式敘述；
			}

	for	for (item in range)
		do
		end for
			for（計數器;條件運算;增減）
			{
			　true_程式敘述；
			}

	exit	exit for	break
	continue	continue	continue
其他	print	PRINT	WriteLien()
	return	return	return

函式	Function	FUNC 名稱: 回傳值型別
		　RETURN 值
			回傳值型別 名稱（）
			{
			　函式主體；
			　return 值；
			}

宣告		x <- 0	x = 0
陣列		A[]	資料型別[] A = {};

這是先前的範例，利用流程圖和虛擬碼來溫故而知新。

```
//參考範例「CH0201.csproj」部分程式碼
Write("輸入第一個數值 -> ");
num1 = int.Parse(ReadLine());
Write("輸入第二個數值 -> ");
num2 = Convert.ToInt32(ReadLine());
if (num1 > num2)
    WriteLine($"最大值 {num1}");
else
    WriteLine($"最大值 {num2}");
```

流程圖如下：

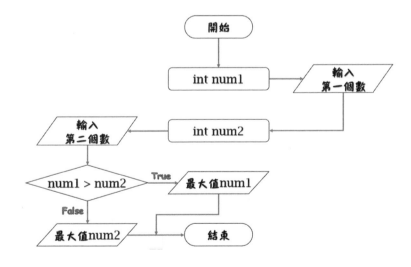

虛擬碼撰寫如下：

```
INPUT:輸入兩個數值
OUTPUT:回傳最大值
IF num1 > num2 THEN
    PRINT("最大值：", num1)
ELSE
    PRINT("最大值：", num2)
```

2.4 分析演算法的效能

　　從廣義角度來看，資料結構能應用在程式設計的要求上，透過程式的執行效能與速度為衡量標準。充分了解每一種元件資料結構的特性，才能將適合的資料結構應用得當，否則非但不能符合程式的設計需求，甚至會讓整體執行效率變的更差。資料結構和演算法是相輔相成的，在解決特定問題的時候，當我們決定採用哪一種資料結構，也就是決定了演算法。

　　關於演算法的優劣，主要是要看這個演算法占用的電腦資料所需的時間和記憶空間而定，可以從「空間複雜度」和「時間複雜度」這兩方面來考量、分析。

➢ 空間複雜度（Space complexity）：是指演算法使用的記憶體空間的大小。

➢ 時間複雜度（Time complexity）：決定於演算法執行完成所用的時間。

　　不過由於電腦硬體進展的日新月異，所以純粹從程式（或演算法）的效能角度來看，應該以演算法的時間複雜度為主要評估與分析的依據。當資料量變得龐大，空間複雜度的差異性不大，而時間複雜度會有較大的差異，再加上目前的記憶體相當便宜，以資料結構來探討演算法之效能評估，會著重時間複雜度。

CHAPTER

2

2.4.1 計算執行次數

　　資料結構和演算法要利用程式語言來描述，才能交由電腦執行。要評估一個演算法的好壞，排除了硬體設備之後，有兩種作法：

➤ 進行實際量測。

➤ 把程式執行的時間以「指令被執行的次數」×「指令所需要的時間」。

　　把焦點擺在測量指令執行的次數。如何計算？可以把演算法中執行次數的多寡當作執行時間。這當中，演算法的迴圈也是程設設計中不可或缺的指令，所以迴圈的計算經常是影響程式時間效能的重要因素。

　　要計算程式的執行次數；首先要認識的對象，乃流程控制的「循序結構」。它的執行次數很直觀，就是一個敘述接著下一行敘述，取得敘述行數的加總即可。

例一：

```
int x = 10, y = 25;                //敘述1
Console.WriteLine(x + y)           //敘述2
```

例二：方法show()的參數，不管n值為多少，它只會執行一次。

```
private void Show(int n)      //使用運算式主體
      { Console.WriteLine(n); }
```

　　第二種計算執行次數的方式為程式碼含有「條件結構」，它會依據條件運算而走不同的路。一般會以比較次數的敘述和條件敘述的最多行數來取決。例三：執行次數「1 + 1 + 2 = 4」。

```
int x = 10, y = 25;            //循序結構，執行次數1
if (x > y)                     //條件結構的比較敘述，執行次數1
{
```

```
    int total = x + y;    //條件最多行數2
    Console.WriteLine(total);
}
else                    //由於x小於y，輸出下列敘述
    Console.WriteLine($"{x}, {y}");
```

計算執行次數的第三種方式就是程式碼含有迴圈結構。

例三：演算法含有for迴圈，執行次數會依據輸入的n值來決定，因此for迴圈的方法WriteLine()會執行「n」次。

```
for (int j = 1; j < n; j++)
{
    Console.WriteLine($"Loops = {j}"));
}
```

例四：for迴圈有2行敘述，所以是「2n」次。

```
for (int j = 1; j < n; j++)
{
    total += j;
    Console.WriteLine($"Total = {total}"));
}
```

例五：有一點複雜的狀況，演算法包含兩個for迴圈，所以它是「2n×(n-1)」得到「$2n^2 - 2n$」次。

```
for (int j = 1; j <= n; j++)
{
    for(int k = 1; k <= n; k++)
    Console.WriteLine($"Total = {j * k}");
}
```

2.4.2 時間複雜度

　　時間複雜度（Time complexity）是指程式執行完畢所需的時間，概括兩個時間；第一個是編譯時間（Compile Time），使用編譯器編譯程式所需的時間會被忽略。第二個是執行時間（Execution Time），它才是探討的對象。

　　藉由迴圈執行次數計的簡例，我們知道在程式設計時，決定某程式區段的步驟計數是程式設計師在控制整體程式系統時間的重要因素；不過，決定某些步驟的精確執行次數卻也眞是件相當困難的工作。例如程式設計師可以就某個演算法的執行步驟計數來衡量執行時間的標準；先來看看下列兩行指令：

```
int x = 2;
x += 1;
float y = x + 0.3/(float)0.7 * 225;
```

　　雖然我們都將其視爲一個指令，由於涉及到變數儲存型別與運算式的複雜度，它影響了精確的執行時間。與其花費很大的功夫去計算眞正的執行次數，不如採用一種漸進式表示法來描述演算法的複雜度，化「概量」來做爲執行時間之衡量，這就是「時間複雜度」（Time complexity）。

　　漸進式表示法可以數學函數來表現，常見的有O（唸作Big-Oh或Big-O）、Ω、θ等三種數學漸近表示函數，利用它們來表示演算法的時間複雜度：

➤ 最壞狀況：分析所有可能的輸入組合下，最多所需要的時間。程式最高的時間複雜度，稱爲Big-O；也就是程式執行的次數一定相等或小於最壞狀況。

➤ 平均狀況：分析所有可能的輸入組合下，平均所需要的時間。程式平均

的時間複雜度，稱爲Theta(θ)；程式執行的次數介於最佳與最壞狀況之間。

➢ 最佳狀況：分析對何種輸入資料，所需花費的時間最少。程式最低的時間複雜度，稱爲Omega(Ω)；也就是程式執行的次數一定相等或大於最佳狀況。

2.4.3 Big-O

　　Big-O代表演算法時間函式的上限（Upper bound），在最壞的狀況下，演算法的執行時間不會超過Big-O；在一個完全理想狀態下的計算機中，定義T(n)來表示程式執行所要花費的時間：

> T(n) = O(f(n))(讀成Big-O of f(n)或Order is f(n))
> 若且唯若存在兩個常數c與n_0。
> 對所有的n值而言，當n≧時，則T(n)≦c*f(n)均成立

◆ T(n)爲理想狀況下，程式在電腦中實際執行指令次數。

◆ f(n)取執行次數中最高次方或最大的指數項目，也可以稱爲執行時間的成長率（Rate of growth）。

◆ n資料輸入量。

　　進行演算法分析時，時間複雜度的衡量標準以程式的最壞執行時間（Worse Case Executing Time）爲規模；也就是分析演算法在所有輸入可能的組合下，所需要的最多時間，一般會以O(f(n))表示。(f(n))可以看成是某一個演算法在電腦中所需的執行時間，它始終不會超過某一倍常數的f(n)。若輸入資料量「n」比「n_0」多，則時間函數T(n)必會小於等於f(n)；當輸入資料量大到一定程度時，則c*f(n)必定會大於實際執行指令次數。

　　假設下列多項式各爲某程式片斷或敘述的執行次數，請利用Big-O來

表示時間複雜度。

例一：$4n + 2$

```
4n+2=O(n)，得到c = 5，n₀ = 2，所以4n + 2 ≦ 5n
4*n+2≦c*n    (因為T(n)=O(f(n)))
得(c-4)*n≧2
找出上限時，可以把最大的加項再加「1」值，所以為「5n」
當c=4+1時，則n≧2，所以n₀=2  (因為n≧n₀)
所以c≧5，且n₀≧2時，則4*n+2 ≦ 5*n
```

例二：$10n^2 + 5n + 1$

```
10n² + 5n + 1 = O(n²)，得到c=11，n₀= 6
所以10n² + 5n + 1 ≦ 11n²
10n² + 5n + 1 ≦ c * n² (因為T(n) = O(f(n)))
得(c-10)n² ≧ 5n+1
c = 10+1時，上式為n² ≧ 5n+1，當 n≧ 6時，則 n² ≧ 5n+1
得到 n₀ = 6(因為n ≧ n₀)
所以c ≧ 11，且n₀ ≧ 6時，則10n² + 5n + 1 ≦ 11n²
```

例三：$7 * 2^n + n^2 + n^2 + n$

```
7 * 2ⁿ + n² + n = O(2ⁿ)，得到c=8，n₀=4
得到7 * 2ⁿ + n² + n ≦ 8 * 2ⁿ
```

　　事實上，我們知道時間複雜度事實上只表示實際次數的一個量度的層級，並不是真實的執行次數。常見的Big-O有下列幾種。

(1) 常數時間

　　O(1)為「常數時間」（Constant time），表示演算法的執行時間是一個常數倍，其執行步驟是固定的，不會因為輸入的值而做改變，標記成「$T(n) = 2 \Rightarrow O(1)$」。

```
a, b = 5, 10
result = a * b
```

　　如果存在這樣的演算法，可以在任何大小的資料集合中自由的使用，而忽略資料集合大小的變化。就像電腦的記憶體一般，不考慮整個記憶體的數量，其讀取及寫入所耗費的時間是相同的。如果存在這樣的演算法則，任何大小的資料集合中可以自由的使用，而不需要擔心時間或運算的次數會一直成長或變得很高。

(2) 線性時間

　　O(n)為線性時間（Linear time），當演算法加入迴圈就會變更複雜，得進一步去確認某個特定的指令的執行次數。執行的時間會隨資料集合的大小而線性成長，例如下列演算法有while迴圈，執行的次數依據輸入的n值來決定，所以「$T(n) = n \Rightarrow O(n)$」。

```
int k = 1;
while(k < n)
    k += 1;
```

(3) 對數時間

　　$O(\log_2 n)$稱為對數時間（Logarithmic time）或次線性時間（Sub-linear time），成長速度比線性時間還慢，而比常數時間還快。例如下列

演算法有while迴圈，每當j乘以2就愈靠近輸入的n值，所以「$2^x = n$」可以得到「$x = \log_2 n$」，其時間複雜度就是「$O(\log_2 n)$」。

```
int j = 1;
while (j < n)
    j *= 2;
```

(4) 平方時間

$O(n^2)$為平方時間（quadratic time），演算法的執行時間會成二次方的成長，這會變得不切實際，特別是當資料集合的大小變得很大時。下列演算法中有兩層while迴圈；第一層while迴圈的時間複雜度就是「$O(n)$」，第二層while迴圈再進行迴圈n次，所以所得的時間複雜度就是「$O(n^2)$」。

```
int j = 1, k = 1;
while(j <= n)
{
    while(k <= n)
        k += 1;
    j += 1;
}
```

可以再想想看，將第一層while迴圈的n變更為m的話，則時間複雜度就變成「$O(m \times n)$」。

```
int j = 1, k = 1;
while(j <= m)
{
```

```
    while(k <= n)
        k += 1;
    j += 1;
}
```

可以得到結論「迴圈的時間複雜度＝主迴圈的複雜度×該迴圈的執行次數」。

(5) 指數時間

$O(2^n)$為指數時間（Exponential time），演算法的執行時間會成二的n次方成長。通常對於解決某問題演算法的時間複雜度為$O(2^n)$（指數時間），我們稱此問題為Nonpolynomial Problem。

(6) 線性乘對數時間

$O(n\log_2 n)$稱為線性乘對數時間，介於線性及二次方成長的中間之行為模式。演算法當中會以雙層for或while迴圈，執行次數為n，但累計以指數呈現。

動動腦

假設有一個問題，分別利用上述的七種演算法來解決，最佳與最差方法的關係比較如下：

$$O(1) < O(\log_2 n) < O(n) < O(n \log_2 n) < O(n^2) < O(n^3) < O(2^n)$$

當n≥16時，時間複雜度的優劣比較會有明顯差異。

常數	線性	對數	平方	指數	線性乘對數	立方
	n	$\log_2 n$	n^2	2^n	$n \log_2 n$	n^3
1	1	0	1	2	0	1
1	2	1	4	4	2	8

常數	線性	對數	平方	指數	線性乘對數	立方
1	4	2	16	16	8	64
1	8	3	64	256	24	512
1	10	3.3	100	1024	3.3	100
1	16	4	256	65536	64	256

2.4.4 Ω（Omega）

Ω也是一種時間複雜度的漸近表示法，它代表演算法時間函式的下限（Lower Bound）：如果說Big-O是執行時間量度的最壞情況，那Ω就是執行時間量度的最好狀況。以下是Ω的定義：

> T(n)= Ω(f(n))(讀作Big-Omega of f(n))
>
> 若且唯若存在大於0的常數c和n_0
>
> 對所有的n值而言，n≥n_0時，T(n)≥c*f(n)均成立

◆ T(n)為理想狀況下，程式在電腦中實際執行指令次數。

◆ f(n)取執行次數中最高次方或最大的指數項目，也可以稱為執行時間的成長率（Rate of growth）。

◆ n資料輸入量。

若輸入資料量（n）比（n_0）多時，則時間函數T(n)必會大於等於f(n)；當輸入資料量大到一定程度時，則c*f(n)必定會小於實際執行指令次數。例如「f(n) = 5n + 6」，存在「c = 5, n_0 = 1」，對所有n≥1時，5n+5≥5n，因此「f(n) = Ω(n)」而言，n就是成長的最大函數。

假設下列多項式各為某程式片斷或敘述的執行次數，請利用Ω來表示時間複雜度。

例一：$3n + 2$

```
3n+2=Ω(n)
得到c = 3，n₀ = 1，得3n + 2 ≧ 3n
∴3 * n + 2 ≧ c * n, 得到(3-c)*n≧-2
要找下限，事實上是找出比3n+2≧3n更小，保留最大的加項，刪除最小的加項
當c=3時，並且n>1，上式即可成立
∴找到c=3，n₀=1(因為n≧)，則3n+2 ≧ 3n
```

例二：$200n^2 + 4n + 5$

```
200n² + 4n + 5 = Ω(n²)
找到c = 200，n₀ = 1，使得200n² + 4n + 5 ≧ 200n²
```

2.4.5 θ（Theta）

介紹另外一種漸近表示法稱為θ（Theta），它代表演算法時間函式的上限與下限。它和Big-oh及Omega比較而言，是一種更為精確的方法。定義如下：

```
T(n)= θ(f(n))(讀作Big-Theta of f(n))
若且唯若存在大於0的常數c₁、c₂和n₀
對所有的n值而言，n≧n₀時，c₁*f(n)≦T(n)≦c₂*f(n)均成立
```

◈ T(n)為理想狀況下，程式在電腦中實際執行指令次數。

◈ f(n)取執行次數中最高次方或最大的指數項目，也可以稱為執行時間的成長率（Rate of growth）。

◈ n資料輸入量。

◈ $c_1 \times f(n)$為下限，即Ω。

◈ $c_2 \times f(n)$為上限，即θ。

2

　　若輸入資料量「n」比「n_0」多時，則存在正常數c_1與c_2，使$c_1 \times f(n) \leq$ $T(n) \leq c_2 \times f(n)$。$T(n)$的運算次數會介於或等於$c_2 f(n)$與$c_1 f(n)$之間，可視爲 $c_2 \times f(n)$相當於$T(n)$的上限，$c_1 \times f(n)$相當於$T(n)$的下限。

例如：$T(n) = + 3n$。

```
c₁*n²  ≦  n² + 3*n
n² + 3*n  ≦  c₂ * n²
∴找到c₁=1，c₂=2，n₀=1，則n²  ≦  n²+3n  ≦  2n²
```

CHAPTER

課後習作

一、填充題

1. 儲存資料的最小單位＿＿＿＿＿＿，表示一個字組通常是＿＿＿＿＿＿；多
   個欄位可以組成一筆＿＿＿＿＿＿。

2. 依據資料的特性，可以把資料分兩種：①＿＿＿＿＿＿、②＿＿＿＿＿＿。

3. 依據資料在電腦裡的儲存層次，分成兩類：①＿＿＿＿＿＿、②＿＿＿＿＿＿。

4. 依據Nicklaus Wirth的說法，程式 = ＿＿＿＿＿＿ + ＿＿＿＿＿＿。

5. 依資料的存在關係，把資料結構分為四種：①＿＿＿＿＿＿、②＿＿＿＿＿＿、
   ③＿＿＿＿＿＿、④＿＿＿＿＿＿。

6. 演算法須符合的五個條件：①＿＿＿＿＿＿、②＿＿＿＿＿＿、③＿＿＿＿＿＿、
   ④＿＿＿＿＿＿、⑤＿＿＿＿＿＿。

二、問答與實作

1. 試述演算法與程式流程圖的關係為何？

2. 假設現在有3位同學，每人有5科成績，試求每位同學的總分和平均分
   數，以及平均分數高於60分的同學。請使用文字描述來表示其演算法，
   並以Visual C#自訂方法來寫出此程式。

3. 請算出以下程式碼片斷的執行次數。

```
int k = 100000;
while(k >= 5)
    k /= 10;
```

4. 請決定下列的時間複雜度（f(n)表執行次數）

   (A) $f(n) = n^2 \log n + \log n$

   (B) $f(n) = 8 \log \log n$

   (C) $f(n) = \log n^2$

(D) f(n) =4 log log n

(E) f(n) = n/100 + 1000/n^2

(F) f(n) = n!

5. 請以演算法設計一個求出介於100到200中所有奇數之總和。

6. 請以演算法設計，輸入一個數值number並計算其階乘值。

第三章

善用陣列

★學習導引★

> 了解資料結構就從陣列開始

> 陣列的維度有一維、二維而多維，它代表陣列能由
> 線形、平面而立體化

> 討論陣列的位址，即使是多維陣列也能化簡成以列
> 或以欄為主

> 關注矩陣，相加、相乘或轉置，認識稀疏矩陣

> 介紹字元陣列和字串，並進一步認識與字串相關的
> 方法

3.1 話說陣列

從程式語言和電腦的記憶體來看，倘若是單一資料，使用變數來處理當然是綽綽有餘。如果是連續性又複雜的資料，使用單一變數來處理可能就捉襟見肘了！為什麼呢？使用變數時會占用電腦的記憶體空間，而電腦的記憶體空間有限，必須善加利用。

3.1.1 認識線性資料結構

未介紹陣列（Array）結構之前，先認識一下「線性串列」（Linear List）。它是由有次序的資料組合而成。依實際的運作方式概分兩種，分別為「循序串列」（Sequential List）與「鏈結串列」（Linked List）。線性串列會以連續的記憶體位置來呈現，其特性有：

➢ 資料元件屬於連續性資料，依據串列位置來形成的一個線性排列次序。

➢ 每次存取時，僅有一個資料被存取。

➢ 它有兩個端點，如陣列、鏈結串列、堆疊和佇列。

線性串列的基本操作如下：

➢ x[i]會出現在x[i + 1]之前；取出串列中的第i項；$0 \le i \le n - 1$。

➢ 計算串列的長度。

➢ 由左至右或由右至左讀此串列。

➢ 第i項加入一個新值，i之後的資料都要退後一個位址；原來的第i，i + 1，…，n項變為第i + 1，i + 2，…，n + 1項。

➢ 刪除第i項，i之後的資料都往前一個位址；原來的第i + 1，i + 2，……，n項變為第i，i + 1，……，n–1項。

3.1.2 陣列的基本概念

如何實作循序串列？通常以陣列來表達。討論陣列（Array）之前，想一想為什麼要使用陣列？就以大家熟悉的學科成績來說，王小明這學期

CHAPTER

3

的分數可能是這樣：

```
//參考範例「CH0301.csproj」以Visual C#表示
int chin, eng, math;
chin = 98;    //國文分數
eng  = 64;    //英文分數
math = 71;    //數字分數
```

　　這意味著什麼？若從程式觀點來看，每一個科目須用一個變數來儲存；如果有兩位學生要6個變數，一個班級有20位學生就得需要更多的變數。但電腦的記憶體並非無限資源，所以陣列就能派上用場。

　　陣列（Array）在數學上的定義是指：「同一類型元素所形成的有序集合」。在程式語言的領域，可以把陣列看作是一個名稱和一塊相連的記憶體位址來儲存多個相同資料型態的資料。其中的資料稱為陣列的「元素」（Element），並依據索引（Index）順序存放各個元素，而陣列的大小（Size）或長度（Length）建立之後就固定下來。先認識Visual C#宣告陣列的語法：

```
資料型別[] 陣列名稱;                    //第1步宣告陣列變數
陣列名稱 = new 資料型別[size];           //第2步配置記憶體
陣列名稱 [索引編號] = 初值;              //第3步設定陣列初值
```

◇ 陣列名稱須遵守識別項的規範。

◇ size須在中括號[ ]內，表示陣列的長度或存放的陣列元素。

　　所以宣告一個陣列再配置記憶體，或者在宣告陣列的當下並配置記憶體。

例一：

```
int[] score;          //1.宣告陣列變數
score = new int[3]; //2.配置記憶體
int[] socre = new int[3]; //將前述兩行合二為一
```

◈ 宣告了一個int型別的陣列，它的名稱score，再以new運算子取得記憶體
空間。

宣告陣列後，它如何存放於記憶體？下圖說明。

建立陣列取得記憶體配置

如何設定陣列元素的值？指定索引編號或者呼叫Array類別的
SetValue()方法，相關語法如下：

```
陣列名稱[索引編號] = 初值;
陣列名稱.SetValue(值, 索引編號);
```

例二：前一個範例「CH0301」以陣列來處理並給予其值：

```
int[] score  = new int[3];    //宣告一個可存放三個科目的陣列
score[0] = 98;    //依索引來存放其值，所以第一個位置存放了98
score.SetValue(64, 1);    //設定陣列的元素「64」和索引「1」
score.SetValue(71, 2);
```

◆ 宣告了陣列並以new運算子配置記憶體後，依其索引存放元素。

◆ 以方法SetValue()來設定陣列的元素和索引。

例三：宣告一維陣列之後，以一對大括號來初始化其陣列元素。

```
int[] score2 = {98, 64, 71}; //宣告陣列並初始化
```

score[3]是表示一維陣列score，存放了3個元素，也說明陣列長度（Length）或大小（Size）為「3」，透過下圖的觀察能更清楚些。

元素	98	64	71
索引(Index)	[0]	[1]	[2]

陣列的元素和索引

以一維陣列score來說，每個索引只能存放一個「元素」（Element）。Visual C#的索引從「0」開始，到編號「2」共存放三個元素或三個「項目」（Item）；代表陣列的長度為「3」。如何讀取陣列元素？使用for、foreach或while迴圈讀取。

由前面簡例得知，同一組「陣列」（Array）的元素皆具備相同的資料型態（Data Type），屬於有序集合。當然，陣列裡可以包含多個元素，依元素之多寡來取得陣列大小。為方便資料的存取，可將陣列設計成一維（Dimension)、二維、三維，甚至更多維的陣列。

3.1.3 動、靜皆宜的資料結構

「靜態資料結構」（Static Data Structure）或稱為「密集串列」（Dense List）。它使用連續記憶空間（Contiguous Allocation），儲存有序串列的資料。例如陣列型別就是一種典型的靜態資料結構。優點就是設

計簡單，讀取與修改串列中任一元素的時間都固定。缺點則是刪除或加入資料時，需要移動大量的資料。此外，靜態資料結構的記憶體配置在編譯時，就必須配置相關的變數。因此陣列在建立初期，必須事先宣告最大可能的固定記憶體空間，容易造成記憶體的浪費。

「動態資料結構」（Dynamic Data Structure），如鏈結串列（Linked List），使用的是不連續記憶空間來儲存有序串列。而我們所說的「動態記憶體配置」（Dynamic Memory Allocation）是指變數儲存區配置的過程是在執行（Run Time）時，透過作業系統提供可用的記憶體空間。

動態資料結構的優點是資料的插或刪除都相當方便，不需要移動大量資料。另外動態資料結構的記憶體配置是在執行時才發生，所以不需事先宣告，能夠充分節省記憶體。缺點就是設計資料結構時較為麻煩，另外在搜尋資料時，也無法像靜態資料一般可隨機讀取資料，必須循序找到該資料為止。

3.2 陣列維度

陣列（Array）是指一群具有相同名稱及資料型態的變數之集合。陣列依其維度可分為一維、二維以及多維。若陣列只有一維，稱之為向量（vector）；陣列為二維，則稱之為矩陣（matrix）；三維或多維為立體結構，陣列具有的特色如下：

➤ 占用連續的記憶體空間，表明它是有序串列的一種。

➤ 陣列存放的元素，其資料型別皆相同。

➤ 支援隨機存取（Random Access）與循序存取（Sequential Access）。

➤ 操作陣列元素時，無論是插入或刪除，須要挪移其他元素。

配合Visual C#語言來探討陣列的維度，就從最基本的一維陣列來展開學習之旅。

3.2.1 一維陣列

如何宣告「一維陣列」（One dimensional Array）並初始化，在前面章節已使用Visual C#來介紹相關語法，以一個簡單範例來說明for或foreach迴圈如何讀取一維陣列元素。先認識foreach迴圈的語法：

```
foreach(資料型別 物件變數 in 集合)
{
    程式敘述;
}
```

◆ 物件變數，對象包含陣列或物件，它的資料型別必須和集合或陣列相同。

◆ 集合（Collection）：集合的資料型別必須和物件變數相同。

◆ foreach迴圈執行區段敘述時，依據陣列的長度來決定迴圈次數；可搭配break或continue敘述。

例一：以foreach迴圈讀取陣列元素。

```
// 參考範例「CH0302.csproj」
int[] score = { 98, 64, 71 };//宣告一維陣列並初始化
foreach (int item in score)
    Write($"{item, 4}");
```

◆ foreach迴圈讀取陣列項目「item」，再輸出item即可。

for迴圈同樣能讀取陣列元素，但讀取前須取得陣列長度，有兩個方式可以使用。方式一是由Array類別的屬性Length提供協助，方式二則呼叫GetUpperBound()方法來取得指定維度的最後一個索引。

例二：for迴圈讀取陣列元素，變數total儲存5個元素的加總結果。

```
// 參考範例「CH0303.csproj」
int[] score; //宣告陣列
```

```
score = new int[4]{ 95, 68, 84, 97 };//以new運算子做初始化
for (int j = 0; j <= score.GetUpperBound(0); j++)
{
    //方法GetValue()取得指定位置的值
    Write($"{score.GetValue(j), 4}");
    total += score[j];
}
```

◆ 宣告一維陣列score，以new運算子配置記憶體大小並初始化陣列元素。

◆ 取得陣列長度，利用Array類別提供的方法「GetUpperBound(0)」；其中的「0」表示第一維度。

進一步了解Array類別，它屬於System名稱空間，是所有陣列的基底類別，提供所有陣列的屬性和方法。下表介紹它的屬性和方法。

屬性、方法	說明
Length	取得陣列所有維度的項目總數（長度）
Rank	取得陣列的維度數目（number of dimensions）
IsFixedSize	以布林值回傳陣列的大小是否已固定
BinarySearch()	已排序的一維陣列裡搜尋某個項目或元素
Copy()	將陣列A指定其範圍的元素複製到陣列B
CopyTo()	將目前一維陣列的所有示素複製到指定的一維陣列
GetUpperBound()	依指定維度取得最後一個索引
GetLength()	取得指定維度的項目數（長度）
SetValue()	設定一維陣列中元素的值和索引
GetValue()	一維陣列依指定的索引來取得某個元素的值
Sort()	將一維陣列排序
Reverse()	將一維陣列的所有元素反轉其順序
IndexOf()	搜尋一維陣列的指定物件，傳回第一個符合的索引
Resize()	將一維陣列的長度變更為指定的大小

Array類別能把陣列元素排序，搜尋陣列中的元素，以一個範例來說明。

範例「CH0304.csproj」

```
01 static void Main(string[] args)
02 {
03    int index = 0;
04    //宣告陣列並初始化元素
05    int[] number = { 68, 173, 19, 524 };
06    Write("排序前：");
07    foreach (int element in number)
08        Write($"{element, 4}");
09    Array.Sort(number);      //遞增排序
10    Array.Reverse(number);//反轉陣列元素
11    Write("\n遞減排序：");
12    for (int item = 0; item < number.Length; item++)
13        Write($"{number[item], 4}");
14    WriteLine();
15    index = Array.IndexOf(number, 19); //取得排序後的位置
16    WriteLine($"元素19, index = {index}");
17 }
```

程式解說

```
■ D:\DS for Vis...    —    □    ×
排序前：   68 173  19 524
遞減排序：  524 173  68  19
元素19, index = 3
```

程式解說

◆ 第7~8行：foreach迴圈讀取排序前的陣列元素。

◆ 第9、10行：Sort()方法將陣列元素排序，而Reverse()則是反轉陣列元素。

◆ 第12~13行：for迴圈讀取排序後元素。

3.2.2 二維陣列

　　陣列中有二對中括號，說明它是二維陣列（Two-dimension Array）。若以m代表列數，n代表行數，它含有「m×n」個元素，一個「3×4」的二維陣列結構示意如下：

	第0欄	第1欄	第2欄	第3欄
第0列	Ary[0, 0]	Ary[0, 1]	Ary[0, 2]	Ary[0, 3]
第1列	Ary[1, 0]	Ary[1, 1]	Ary[1, 2]	Ary[1, 3]
第2列	Ary[2, 0]	Ary[2, 1]	Ary[2, 2]	Ary[2, 3]

二維陣列結構

Tips

列？行？欄？為避免混淆，本書採用列、欄的稱呼

■ Row，稱為「列」，方向為橫「－」。

■ Column，稱為「欄」，方向為直「｜」。

　　如何以程式碼表達二維陣列？Visual C#語法如下：

```
資料型別[,] 陣列名稱;                    //1.宣告二維陣列
陣列名稱 = new 資料型別[列數, 欄數];    //2.配置記憶體
```

◆ 宣告二陣列時，其資料型別後的中括號要有一個逗號來表示它是二維，然後以new運算子來配置記憶體空間。

同樣地，也能將前述兩行敘述合併爲一行，語法如下：

```
資料型別[,] 陣列名稱 = new 資料型別[列數, 欄數];
```

◈ 宣告二維陣列並以new運算子配置列、欄數。

例一：宣告一個「3×4」二維陣列。

```
int[,] number;                    //宣告二維陣列number
number = new int[3, 4];           //產生一個4列、3欄的陣列number
```

例二：宣告一個「3×4」二維陣列的同時並初始化，程式碼如下：

```
int[,] number = { {11, 12, 13, 14},
                  {21, 22, 23, 24},
                  {31, 32, 33, 34} };
```

◈ 宣告二維陣列並以大括號初始化，其中的方括號內只需一個逗號來表示二維
　陣列即可；因爲列的長度是3，所以大括號有三對大括號，而每列有四個元
　素。

	第[0]欄	第[1]欄	第[2]欄	第[3]欄
第[0]列	11	12	13	14
第[1]列	22	24	26	28
第[2]列	33	35	37	39

二維陣列存放的元素

如果陣列維度是2以上時，藉由指定維度取得陣列長度，可使用
GetLength()方法，語法如下：

```
陣列名稱.GetLength(陣列維度);
```

GetLength()方法取得陣列維度，依據上述二維陣列number來取得相關維度，程式碼如下：

```
int row = score.GetLenght(0);
int column = score.GetLength(1);
```

◆ 取得列數值（第1維陣列），變數row回傳值是「3」。
◆ 取得欄數值（第2維陣列），變數column回傳值是「4」。

範例說明

雙層for迴圈配合GetLength()方法讀取二維陣列的元素。

範例「CH0305.csproj」

```
01 static void Main(string[] args)
02 {
03    int[,] number = {{11, 12, 13, 14},
04                     {21, 22, 23, 24},
05                     {31, 32, 33, 34}};
06    int j, k;
07    int row = number.GetLength(0);
08    int column = number.GetLength(1);
09    for (j = 0; j < row; j++)//讀取列數
10    {
11       for (k = 0; k < column; k++)//讀取欄的元素
12          Write($"{number[j, k], 4}");
13       WriteLine();
14    }
15 }
```

CHAPTER

3

程式解說

◆ 第3~5行：宣告4*3二維陣列

◆ 第7、8行：GetLength()方法取得第1、2維陣列。

◆ 第9~14行：外層for迴圈先讀取1~3列。

◆ 第11~12行：內層for迴圈先讀取每列中1~4欄的元素。

Tips

foreach迴圈可以讀取二維陣列元素，只不過它是依序去讀取，以範例「CH0305.csproj」來說；會以列為主來輸出所有陣列元素！

範例說明

　　把各科成績轉化為二維陣列，求得總分。

範例「CH0306.csproj」

```
01 static void Main(string[] args)
02 {
03    int outer, inner;//巢狀for的計數器
04    int[] sum = new int[3];//存放每個人的總分
05    string[] student = { "Mary", "Tomas", "John" }
06    //讀取名字並輸出，{0,7}表示預設7個欄位來存放
07    foreach (string item in student)
08      Write("{0,7}", item);
09    WriteLine();
```

```
10    int[,] score = {{75, 64, 96}, {55, 67, 39},
11            {45, 92, 85}, {71, 69, 81} };
12    //GetLength()方法取得第1、2維陣列
13    int row = score.GetLength(0);
14    int column = score.GetLength(1);
15    //讀取列數
16    for (outer = 0; outer < row; outer++)
17    {
18       //讀取欄的元素
19       for (inner = 0; inner < column; inner++)
20          Write($"{score[outer, inner], 8}");
21       WriteLine();
22       sum[0] += score[outer, 0];//第1欄分數相加
23       sum[1] += score[outer, 1];//第2欄分數相加
24       sum[2] += score[outer, 2];//第3欄分數相加
25    }
26    string line = new string('-', 27);
27    WriteLine(line);
28    WriteLine($"合計: {sum[0]} {sum[1], 6} {sum[2], 7}");
29    ReadKey();
30 }
```

執行結果

程式解說

◆ 第10~11行：產生「4×3」二維陣列並初始化。

◆ 第16~25行：外層for迴圈讀取二維陣列的列數，然後把每欄的分數加總。

◆ 第19~20行：內層for迴圈依據索引讀取分數。

3.2.3 多維陣列

　　當陣列結構超過二維，習慣以多維陣列來稱呼。以三維陣列（Three-dimension Array）來說，代表它有三個註標，是一個「M × N × O」的多維陣列。宣告語法如下：

```
資料型別[, ,] 陣列名稱；
```

◆ M：代表二維陣列個數，N：二維陣列的列數；O為二維陣列的欄數。

◆ 可別忘了資料型別後的中括號內要有兩個逗號來表示它是三維陣列。

例一：宣告一個「2×2×3」三維陣列，陣列結構以下圖表示。

```
int[, ,] Ary = new int[2, 2, 3];
```

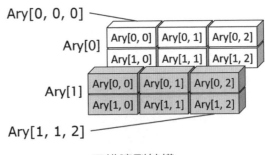

三維陣列結構

　　三維陣列究竟是如何組成？就以上課的教室為例，教室裡有2排桌椅，每一排有3張桌椅，所以一間教室可以容納「2×3 = 6」個學

生，當上課的學生大於6時，就要有第二間教室來容納更多學生。所以
「2×2×3」三維陣列中第一個「2」可視爲兩個「2×3」的二維陣列。

範例說明

　　產生一個「2×2×3」三維陣列並以三層for迴圈讀取陣列的元素。

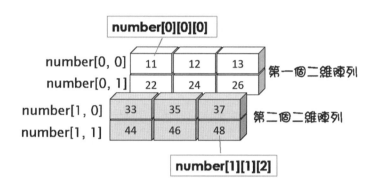

範例「CH0307.csproj」

```
01 static void Main(string[] args)
02 {
03    int[, ,] arr3D = new int[2, 2, 3] {
04         {{11, 12, 13 }, { 22, 24, 26 }},
05         {{33, 35, 37 }, { 44, 46, 48 }}};
06    Write($"元素：{arr3D[1, 1, 1]},
07        第2個表格，位於第2列 第2欄\n");
08    //GetLength()方法取得多維陣列的Table, Row, Column
09    int table = arr3D.GetLength(0);
10    int row = arr3D.GetLength(1);
11    int column = arr3D.GetLength(2);
12    Write($"表格 {table} 個, ");
```

```
13     Write($"二維表格: {row} * {column}\n");
14     for (int first = 0; first < table; first++)
15     {
16        WriteLine($"----表格 {first + 1} ----");
17        for (int second = 0; second < row; second++)
18        {
19          for (int thrid = 0; thrid < column; thrid++)
20            Write($"{arr3D[first, second, thrid],3} |");
21          WriteLine();    //換行
22        }//end second for-loop
23        WriteLine();    //換行
24     }//end first for-loop
25 }
```

執行結果

程式解說

◆ 第3~5行：建立2*2*3三維陣列並初始化，須以參層for迴圈讀取陣列元素。

◆ 第6~7行：直接輸出某個索引位置的元素。

◆ 第14~24行：第一層for迴圈，配合表格變數table來讀取多維陣列的表格
  索引值。

◆ 第17~22行：第二層for迴圈，配合列變數row來讀取三維陣列的列索引值。

◆ 第19~20行：第三層for迴圈，配合欄變數column來讀取三維陣列的欄索引，呼叫Write()方法輸出陣列元素。

3.2.4 不規則陣列

　　前述介紹的陣列經過宣告後，陣列大小是固定的。但凡事皆可能有例外，例如從資料庫擷取資料，並不知道有多少筆資料，就無法以固定陣列處理；這種情形下可採用「不規則陣列」方式。不規則陣列（A jagged array），就是陣列裡的元素也是陣列，所以也有人把它稱為「陣列中的陣列」或「鋸齒陣列」。由於陣列元素採用參考型別，初始化時為null；陣列的每一列長度也有可能不同，意味著陣列的每一列也必須實體化才能使用。使用不規則陣列跟其他陣列一樣先做宣告、再以new運算子取得記憶體空間，設定陣列長度；其語法如下：

```
資料型別[][] 陣列名稱 = new 資料型別[陣列大小][];
陣列名稱[0] = new 資料型別[]{...};
陣列名稱[1] = new 資料型別[]{...};
```

◆ 為了與二維陣列區別，宣告不規則陣列時，資料型別之後是兩個中括號。

　　方式一：宣告不規則陣列，共有3列，以new運算子指定每一列的長度，然後再存取個別的陣列元素，敘述如下：

```
int[][] number = new int[3][];    //宣告陣列
number[0] = new int[4]; //初始化第一列陣列，存放4個元素
number[1] = new int[3];
number[2] = new int[5];
```

　　方式二：宣告陣列的同時完成初始化動作。

CHAPTER

3

```
int[][] number3 = new int[][]
{
    new int[] {11,12,13,14},
    new int[] {22,23,24},
    new int[] {31,32,33,34,35}
};
```

範例說明

每位學生選修的科目並不相同，以不規則陣列來處理。

範例「CH0308.csproj」

```
01 static void Main(string[] args)
02 {
03   //step1. 宣告不規則陣列-列長有3
04   string[][] course = new string[3][];
05   //step2. 以new運算子將每列的陣列元素初始化
06   course[0] = new string[]
07      {"Peter", "英文會話", "程式設計", "國文"};
08   course[1] = new string[]
09      {"Charles", "國文", " 計算機概論"};
10   course[2] = new string[]
11      {"Johnson", "多媒體論", "應用文", "英文", "數學"};
12   //step3. 利用雙層for - 外層取得列數，內層for讀取列的每個元素
13   for (int one = 0; one < course.Length; one++)
14   {
```

```
15      for (int two = 0; two < course[one].Length; two++)
16        Write($"{course[one][two], -8}");
17      WriteLine();
18    }
19 }
```

執行結果

程式解說

◆ 利用不規則陣列存入選修者的名字和科目，再以巢狀for迴圈讀取。

◆ 第4行：第一步，宣告不規則陣列course，表示它有course[0]~cuorse[2]的3列陣列。

◆ 第6~11行：第二步，陣列以new運算子做初始化。

◆ 第13~18行：第三步，外層for迴圈，屬性「Length」取得列的註標值。

◆ 第15~16行：內層for迴圈依據每列的長度來讀取每欄的元素並輸出結果。

3.3 計算陣列位址

　　已經陣列是由一連串的記憶體組合而成，陣列元素所儲存的位址可利用方式來計算；而陣列的維度是「2」以上時還能「以列為主」或「以欄為主」的情形下做討論。

3.3.1 一維陣列位址

　　如果有一個陣列Ary[7]，由於註標只有一個，表示它是一維陣列

（One-dimension Array），索引0~6，表示存放7個元素。參考下圖，一維陣列Ary[7]的起始位址α為「12」，每個元素的儲存空間d為2 Bytes；那麼Ary[2]的位址就是「α + i * d」，所以「12 + 2 * 2 = 16」。

一維陣列的索引從[0]開始

　　由於記憶體提供陣列的連續性儲存空間，宣告一維陣列之後；得進一步考慮陣列的定址。。進一步推導一維陣列Ary(0:μ)，每個元素為d空間，則Ary$_i$的位址以下圖示之。

一維陣列和位址

情況一：以索引[0]為基準點，計算一維陣列Ary(0 :μ)的位址如下：

```
Loc(Ary_i) = α + i * d    //公式一，以Ary[0]為基準點
```

情況二：考量起始位址，一維陣列Ary(L:μ)的位址計算如下：

```
Loc(Ary_i) = α + (i - L) * d    //公式二，以Ary[L]為基準點
```

　　如果一維陣列並非以Ary[0]為初始索引（基準點）的話；得進一步假設Ary(L:μ)的初始索引為「L」，有N個元素，則Ary(i)的定址會依據起始位址α計算；取得位址i與L的間距再乘上每個陣列元素所有的空間d。

例一：一維陣列（0:50），起始位址A(0) = 10，每個元素有2 Bytes，則
　　　　A(12)的位址為多少？

```
Loc(Ary_i2) = 10 + 12 * 2  = 10 + 24 = 34
```

例二：一維陣列（-2:20），起始位址A(-2) = 5，每個元素有2 Bytes，則
　　　　A(2)的位址為多少？

```
Loc(Ary_2) = 5 + (2 - (-2)) * 2 = 5 + 8 = 13
```

3.3.2 二維陣列位址

　　若把二維陣列（Two-dimension Array）視為一維陣列的延伸；它就像學校裡上課的教室，學生人數不多，那麼座位可以隨意擺放。當上課的人數愈來愈多，就得把座位予以排列，才能容納更多的學生。

　　那麼一個「3×4」的二維陣列，可以存放多少個元素？很簡單，就「3*4 = 12」可存放12個元素。一個二維陣列，如同數學的矩陣（Matrix），包含列（Row)、欄（Column）二個註標。如何表示？若以「i」表示列，「j」為欄，則第i列、第j欄的元素表示如下：

```
int[i, j] Ary;    //以C#語言表示
```

　　二維陣列若採用「Row-major」；顧名思義，讀取陣列元素「由上往下」，由第一列開始一列列讀入，再轉化為一維陣列，循序存入記憶體中。也就是把二維陣列儲存的邏輯位置轉換成實際電腦中主記憶體的存儲方式。

二維陣列Ary[0:M-1, 0:N-1]，它是M列×N欄，假設α為陣列Ary在記憶體中起始位址，d為每個元素的單位空間。不考量它的起始位址，那麼陣列元素Ary(i, j)與記憶體位址有下列關係：

```
Loc(Ary_{i,j}) = α + (i * N + j) * d    //公式一：不考量起始位置
```

二維陣列Ary[L_1：μ_1，L_2：μ_2]，有M列×N欄，假設α為陣列Ary在記憶體中起始位址，d為每個元素的單位空間。將起始位址納入考量，那麼陣列元素A(i, j)）與記憶體位址有下列關係：

```
Loc(Ary_{i,j}) = α + (i-L_1) * N * d + (j-L_2) * d    //公式二
```

要考量陣列的起始位置就必須知道此陣列的大小，所以M列等於「μ_1 - L_1 + 1」，而N欄等於「μ_2 - L_2 + 1」。那麼二維陣列的記憶體空間如何分配？參考下方示意圖。

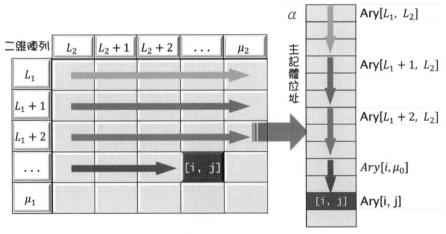

記憶體位址以列為主

例一：有一個5×5的二維陣列，不考量起始位址，每個元素有兩個單位，起始位址為10，則Ary(3, 2)的位址應為多少？

```
Loc(Ary₃,₂) = 10 + (3 * 5 + 2) * 2 = 44
```

例二：有一個5×5的二維陣列，起始位址（1，1）為10，以列為主來存
　　　放；每個元素有兩個單位，則Ary(3, 2)的位址？

```
Loc(Ary₃,₂) = 10 + (3 - 1) * (5 * 2) + (2 - 1) * 2
Loc(Ary₃,₂) = 32
```

例三：有一個二維陣列Ary(-5：4, -3：1），起始位址（-1，-2）為50，以
　　　列為主做存放；每個元素占兩個單位，則Ary(0, 0)的位址？

```
M列 = 4 - (-5) + 1 = 10
N欄 = 1 - (-3) + 1 = 5     //一個10列、5欄的二維陣列
Loc(Ary₀,₀) = 50 + (0-(-1)) * (5 * 2) + (0-(-2)) * 2
Loc(Ary₀,₀) = 64
```

　　轉化為標準式，以公式一計算如下：

```
Ary(-5 : 4, -3 : 1) ➡ Ary(0 : 9, 0 : 4)
A(-1, -2) ➡ Ary(0, 0) ➡ Ary(1, 2)
Loc(Ary₁,₂) = 50 + (1 * 5 + 2) * 2 = 64
```

　　以欄為主的二維陣列要轉為一維陣列時，必須將二維陣列元素「由左
往右」，從第一欄開始，一欄欄讀入一維陣列。也就是把二維陣列儲存的
邏輯位置轉換成實際電腦中主記憶體的存儲方式。

　　二維陣列Ary[0:M-1, 0:N-1]，它有M列×N欄，假設α為陣列Ary在記
憶體中起始位址，d為每個元素的單位空間。不考量它的起始位址，那麼
陣列元素A(i, j)與記憶體位址有下列關係：那麼陣列元素A(i, j)與記憶體
位址有下列關係：

```
Loc(Ary_i,j) = α + (j * M + i) * d     //公式一：不考量起始位置
```

　　二維陣列Ary[L_1：μ，L_2：μ_2]，有M列*N欄，假設α為陣列Ary在記憶體中起始位址，d為每個元素的單位空間。考量其起始位址，那麼陣列元素A(i, j)與記憶體位址有下列關係：

```
Loc(Ary_{i,j}) = α + (i-L_1) * d + (j-L_2) * d * M    //公式二
```

　　要考量陣列的起始位置就必須知道此陣列的大小，所以M列、N欄的計算方式與「以列為主」相同。那麼二維陣列的記憶體空間如何分配？查看下方示意圖。

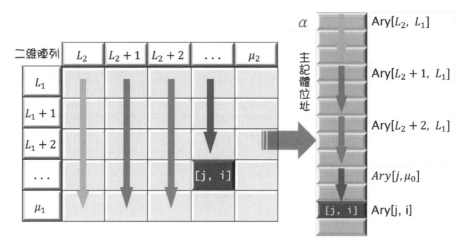

以欄為主的記憶體位址

例一：有一個5×5的二維陣列，不考量起始位址，每個元素有兩個單位，起始位址為10，則Ary(3, 2)的位址應為多少？

```
Loc(Ary_{3,2}) = 10 + (2 * 5 + 3) * 2 = 36    //公式一
```

例二：有一個二維陣列Ary(-5：4, -3：1），起始位址（-1, -2）為50，以欄為主做存放；每個元素需兩個單位，則Ary(0, 0）的位址？

```
M列 = 4 - (-5) + 1 = 10
N欄 = 1 - (-3) + 1 = 5     //一個10列、5欄的二維陣列
Loc(Ary₀,₀) = 50 + [(0 - (-2) * 10 + (0 - (-1)] * 2 = 92
```

3.3.3 三維陣列位址

　　將焦點再轉回到教室的座位，當一間教室無法容更多的學生，可以延伸教室的數量。所以陣列的結構會由線、平面而立體化。

　　下圖若以二維陣列觀點來看，表示有3個二維陣列，每個二維陣列由3×3個項目構成，二維陣列在幾何的表示上是平面的，考量的是列和欄的關係。三維陣列在幾何的表示上則是立體的，必須以三個註標（或是索引）來指定存取陣列元素。

三維陣列由「$\mu_1 * \mu_2 * \mu_3$」組成

　　上圖表示三維陣列「$\mu_1 * \mu_2 * \mu_3$」，由μ_1個二維陣列「$\mu_2 * \mu_3$」構成。同樣地，可以將三維陣列表示法視爲一維陣列的延伸，以線性方式來處理亦可分成「以列爲主」和「以欄爲主」兩種。

以列爲主時，將陣列Ary視爲μ_1個「$\mu_2 * \mu_3$」的二維列陣，每個二維陣列有μ_2個一維陣列，每個一維陣列包含μ_3的元素。另外，α爲陣列起始位址，每個元素含有d個空間單位。

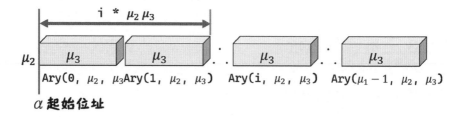

轉換公式時，將Ary(i, j, k)視爲一直線排列的第幾個，得到以下位址計算公式：

```
Loc(Ary_{i,j,k}) = α + ((i-1) * μ_2μ_3 + (j-1) * μ_3 + (k-1)) * d
```

三維陣列Ary[$L_1 : \mu_1$，$L_2 : \mu_2$，$L_3 : \mu_3$]，有O個M列×N欄，假設α爲陣列Ary在記憶體中起始位址，d爲每個元素的單位空間。

```
N = μ_1 - L_1 + 1
M = μ_2 - L_2 + 1
O = μ_3 - L_3 + 1
Loc(Ary_{i,j,k}) = α + (i - L_1)MOd + (j - L_2)Od + (k - L_3)d
```

陣列Ary有μ_3個「$\mu_1 * \mu_2$」的二維列陣，每個二維陣列有μ_2個一維陣列，每個一維陣列包含μ_1的元素。每個元素有d單位空間，且α爲起始位址。

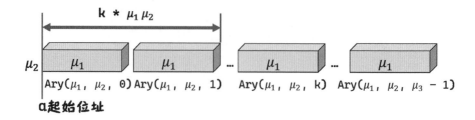

轉換公式時，得到以下位址計算公式：

```
Loc(Ary_{i,j,k}) = α + ((k-1) * μ₁μ₂ + (j-1) * μ₁ + (i-1)) * d
```

三維陣列Ary[L₁：μ₁，L₂：μ₂，L₃：μ₃]，有O個M列×N欄，假設α為陣列Ary在記憶體中起始位址，d為每個元素的單位空間，位址計算如下：

```
N = μ₁ - L₁ + 1
M = μ₂ - L₂ + 1
O = μ₃ - L₃ + 1
Loc(Ary_{i,j,k}) = α + (k - L₃)NMd + (j - L₂)Md + (i - L₁)d
```

例一：以列為主的三維陣列Ary(2, 4, 7)，起始位址為120，每個元素含1 Byte，則Ary(2, 2, 5)的位址多少？

```
Loc(Ary_{2,2,5}) = 120 + ((2-1)*4*7 + (2-1)*7 + 3)*1 = 158
```

例二：以列為主的三維陣列Ary(-4:6, -3:5, 1:4)，起始位址Ary(-4, -5, 2)為120；每個元素只占1 Byte，則Ary(1, 2, 2)的位址多少？

```
N = 6-(-4)+1 = 11
M = 5-(-3)+1 = 9
O = 4-1+1 = 4
Loc(Ary_{1,2,2}) = 120 + (1-(-4))*9*4*1 + (2-(-3))*4*1 + 2-1 = 321
```

3.4 矩陣

矩陣（Matrix）結構類似於二維陣列，由「M×N」的形式來表達矩陣中M列（Rows）和N行（Columns），習慣以大寫的英文字母來表示。

例如宣告一個Ary(1:3, 1:4)的二維陣列。

$$
3列\begin{bmatrix} a_{0,0} & a_{0,1} & a_{0,2} & a_{0,3} \\ a_{1,0} & a_{1,1} & a_{1,2} & a_{1,3} \\ a_{2,0} & a_{2,1} & a_{2,2} & a_{2,3} \end{bmatrix}3 \times 4
$$

（4欄）

實際上電腦對於二維陣列所儲存的資料，我們都可以在紙上以陣列的方法表示出來。不過對於資料的存放不同，應把單純儲存在二維陣列中的方法作某些調整。一般而言，資料結構上常用到的矩陣有四種：

➤ 矩陣轉置（Matrix Transposition）。

➤ 矩陣相加（Matrix Addition）。

➤ 矩陣相乘（Matrix Multiplication）。

➤ 稀疏矩陣（Sparse Matrix）。

3.4.1 矩陣相加

從數學的角度來看，矩陣的運算方式可以涵蓋加法、乘積及轉置等。假設A、B都是「M × N」矩陣，將A矩陣加上B矩陣以得到一個C矩陣，並且此C矩陣亦為（M × N）矩陣。所以，C矩陣上的第i列第j行的元素必定等於A矩陣的第i列第j行的元素加上B矩陣的第i列第j行的元素。以數學式表示：

$$
C_{ij} = A_{ij} + B_{ij}
$$

假設矩陣A、B、C的M與N都是從0開始計算，因此，A、B兩個矩陣相加等於C矩陣，其表示如下：

$$A = \begin{bmatrix} A_{00} & A_{01} & \cdots & A_{0n} \\ A_{10} & A_{11} & \cdots & A_{1n} \\ \cdots & \cdots & \cdots & \cdots \\ A_{m1} & A_{m2} & \cdots & A_{mn} \end{bmatrix}_{m \times n} + \quad A = \begin{bmatrix} B_{00} & B_{01} & \cdots & B_{0n} \\ B_{10} & B_{11} & \cdots & B_{1n} \\ \cdots & \cdots & \cdots & \cdots \\ B_{m1} & B_{m2} & \cdots & B_{mn} \end{bmatrix}_{m \times n}$$

$$A = \begin{bmatrix} A_{00} + B_{00} & A_{01} + B_{01} & \cdots & A_{0n} + B_{0n} \\ A_{10} + B_{10} & A_{11} + B_{11} & \cdots & A_{1n} + B_{1n} \\ \cdots & \cdots & \cdots & \cdots \\ A_{m1} + B_{m1} & A_{m2} + B_{m2} & \cdots & A_{mn} + B_{mn} \end{bmatrix}_{m \times n}$$

範例說明

　將兩個矩陣相加。

$$\begin{bmatrix} 5 & 3 & 2 \\ 11 & 7 & 13 \\ 9 & 13 & 15 \end{bmatrix}_{3 \times 3} + \begin{bmatrix} 1 & 6 & 8 \\ 4 & 12 & 16 \\ 9 & 18 & 21 \end{bmatrix}_{3 \times 3} = \begin{bmatrix} 6 & 9 & 10 \\ 15 & 19 & 29 \\ 18 & 31 & 36 \end{bmatrix}_{3 \times 3}$$

範例「CH0309.csproj」

```
01 static void Main(string[] args)
02 {
03    int[,] ary1 = new int[3, 3]
04        {{5, 3, 2}, {11, 7, 13}, {9, 13, 15}};
05    int[,] ary2 = new int[3, 3]
06        {{1, 6, 8}, {4, 12, 16}, {9, 18, 21}};
07    int[,] ary3 = new int[3, 3];//空的陣列
08    int k, j;
09    for(k = 0; k < ary1.GetLength(0); k++) //讀取陣列列數
```

```
10      {
11          //讀取ary1陣列的欄數
12          for(j = 0; j < ary1.GetLength(1); j++)
13              Write($"{ary1[k, j], 3}|");      //輸出ary1
14          var result = (k == 1) ? " + " : "   ";
15          Write($"{result}");
16          for(j = 0; j < ary2.GetLength(1); j++)
17              Write($"{ary2[k, j], 3}|");      //輸出ary2
18          result = (k == 1) ? " = " : "    ";
19          Write($"{result}");
20          for(j = 0; j < ary3.GetLength(1); j++)
21          {
22              //將ary1, ary2兩個陣列相加
23              ary3[k, j] = ary1[k, j] + ary2[k, j];
24              Write($"{ary3[k, j], 3}|");
25          }
26      WriteLine();
27      }
28 }
```

執行結果

程式解說

◆ 第3~7行：宣告三個3X3陣列二維陣列，ary1、ary2宣告後並初始化，
  ary3只做陣列的宣告，用來儲存矩陣相加的結果。

◆ 第9~27行：由於矩陣的大小固定，外層for迴圈依據設定的列數常數讀取陣
  列，然後內層其他的for迴圈讀取ary1、ary2陣列中每列的欄元素，並依
  指定位置相加。

3.4.2 矩陣相乘

假設矩陣A為「M × N」，而矩陣B為「N × P」，可以將矩陣A乘
上矩陣B得到一個（M × P）的矩陣C；所以，矩陣C的第i列第j行的元素
必定等於A矩陣的第i列乘上B矩陣的第j行（兩個向量的內積），以數學式
表示如下：

$$C_{ij} = \sum_{k=1}^{n} A_{ik} + B_{kj}$$

假設矩陣A、B、C的M與N都是從0開始計算，因此，A、B兩個矩陣
相乘等於C矩陣，其表示如下：

其中的C_{ij}兩個項目的相乘表示如下：

$$C_{ij} = [A_{i0} \ A_{i1} \dots A_{in}] \times \begin{bmatrix} B_{0j} \\ B_{1j} \\ \dots \\ B_{nj} \end{bmatrix}$$

$$= A_{i0} \times B_{0j} + A_{i1} \times B_{1j} + \dots A_{im} \times B_n$$

$$= \sum_{k=1}^{n} A_{ik} \times B_{kj}$$

範例說明

矩陣ary1和ary2相乘。

$$\begin{bmatrix} 1 & 2 \\ 3 & 4 \\ 5 & 6 \end{bmatrix} \times \begin{bmatrix} 7 & 9 & 11 \\ 8 & 10 & 12 \end{bmatrix}$$

$$= \begin{bmatrix} (1*7+2*8) & (1*9+2*10) & (1*11+2*12) \\ (3*7+4*8) & (3*9+4*10) & (3*11+4*12) \\ (5*7+6*8) & (5*9+6*10) & (5*11+6*12) \end{bmatrix}$$

$$= \begin{bmatrix} 23 & 29 & 35 \\ 53 & 67 & 81 \\ 83 & 105 & 127 \end{bmatrix}$$

範例「CH0310.csproj」

```
01 public static void MatrixMulti(ref int[,] matrix1,
02      ref int[,] matrix2, out int[,] matrixR)
03 {
04    //關鍵字out須在方法內將矩陣matrixR配置記憶體
```

```
05    matrixR = new int[3, 3];
06    int j, k, m;
07    //取得每個矩陣的欄數
08    int ary1col = matrix1.GetLength(1);
09    int ary2col = matrix2.GetLength(1);
10    int rows = matrixR.GetLength(0); //列數
11    for (j = 0; j < rows; j++)
12    {
13       for (k = 0; k < ary2col; k++)
14       {
15          for (m = 0; m < ary1col; m++)
16             matrixR[j, k] += matrix1[j, m] * matrix2[m, k];
17       }
18    }
19 }
```

程式解說

◆ 第1~19行：定義靜態方法MatrixMulti()來取得兩個矩陣相乘結果，傳入
  的參數中，矩陣ary1、ary2使用關鍵字ref做「傳址呼叫」，而ary3使用
  關鍵字out雖是傳址呼叫，但須在靜態方法以new運算子來配置記憶體。

◆ 第11~18行：三層for迴圈；第一層for迴圈讀取矩陣matrixR的列數，
  第二、第三層for迴圈分別讀取矩陣的欄數再予以相乘，再依序放入矩陣
  matrixR。

3.4.3 矩陣轉置

假設有一個矩陣A為「m × n」，將矩陣A轉置為「n × m」的矩陣
B，並且矩陣B的第j列第i行的元素等於A矩陣的第i列第j行的元素，數學
式表示如下：

$$A_{ij} = B_{ji}$$

假設矩陣A、B的m與n都是從0開始計算；矩陣A、B的表示如下：

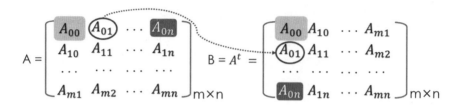

範例說明

將矩陣A轉置為B。

$$A = \begin{bmatrix} 11 & 12 & 13 & 14 \\ 22 & 24 & 26 & 28 \\ 33 & 36 & 39 & 41 \end{bmatrix} \Rightarrow B = A^t = \begin{bmatrix} 11 & 22 & 33 \\ 12 & 24 & 36 \\ 13 & 26 & 39 \\ 14 & 28 & 41 \end{bmatrix}$$

範例「CH0311.csproj」

```
01 static void Main(string[] args)
02 {
03   int j, k;
04   int[,] ary1 = new int[3, 4]
05         {{11, 12, 13, 14}, {22, 24, 26, 28},
06         {33, 36, 39, 41}};
07   int[,] ary2 = new int[4, 3];
08   int rw = ary1.GetLength(0);   //列
09   int col = ary1.GetLength(1);  //欄
```

```
10    WriteLine("------原來矩陣------");
11    for (j = 0; j < rw; j++)
12    {
13        for (k = 0; k < col; k++)
14            Write($"{ary1[j, k], 4}|");
15        WriteLine();
16    }
17    Transpose(ref ary1, ref ary2, rw, col);
18    WriteLine("\n--轉置後矩陣--");
19    for(j = 0; j < col; j++)
20    {
21        for(k = 0; k < rw; k++)
22            Write($"{ary2[j, k], 4}");
23        WriteLine();
24    }
25    ReadKey();
26 }
27
28 static void Transpose(ref int[,] ary1, ref int[,] ary2,
29       int rows, int cols)
30 {
31    int j, k;
32    for (j = 0; j < rows; j++)
34      for (k = 0; k < cols; k++)33   {
35          ary2[k, j] = ary1[j, k];
36      }
37 }
```

執行結果

程式解說

◆ 第4~6行：定義「3×4」二維矩陣ary1。

◆ 第11~16行：兩層for迴圈讀取二維矩陣ary1。

◆ 第19~24行：兩層for迴圈讀取轉置後的二維矩陣ary2。

◆ 第28~37行：函式Transpose()配合關鍵字ref進行傳址呼叫，依據傳入的參數以雙層for迴圈將陣列做轉置動作。

3.4.4 稀疏矩陣

「稀疏矩陣」（Sparse Matrix）是指矩陣中大部分元素皆為0，元素稀稀落落；例如下列矩陣就是相當典型的稀疏矩陣。

$$\begin{bmatrix} 0 & 0 & 0 & 27 & 0 \\ 0 & 0 & 13 & 0 & 0 \\ 0 & 41 & 0 & 0 & 36 \\ 52 & 0 & 9 & 0 & 0 \\ 0 & 0 & 0 & 18 & 0 \end{bmatrix}_{5 \times 5}$$

問題來了，如何處理稀疏矩陣？有兩種作法：①直接利用「M × N」的二維陣列來一一對應儲存。②使用三行式（3-tuple）結構儲存非零元素。

　　如果直接使用傳統的二維陣列來儲存上述的稀疏矩陣也是可以，但許多元素都是0情形下，十分浪費記憶體空間，虛耗不必要的時間，這是雙重浪費。改進空間浪費的方法就是利用三行式（3-tuple）的資料結構。同樣地，假設有一個M×N的稀疏矩陣中共有K個非零元素，則必須要準備一個二維陣列Ary[0:K, 1:3]，將稀疏矩陣的非零元素以「row, column, value」的方式存放。

　　所以要轉化一個5×5的稀疏矩陣，表示如下：

➤A(0,1)代表此稀疏矩陣的列數。

➤A(0,2)代表此稀疏矩陣的行數。

➤A(0,3)則是此稀疏矩陣非零項目的總數。

➤每一個非零項目以（i, j, item-value）表示。其中i為此非零項目所在的列數，j為此非零項目所在的行數，item-value則為此非零項的值。

範例說明

　　歸納之後，可以把5×5稀疏矩陣取得如下結果。

列	欄	值
5	5	7
1	4	27
2	3	13
3	2	41
3	5	36
4	1	52
4	3	9
5	4	18

範例「CH0312.csproj」

```
01 static void Main(string[] args)
02 {
03   int[,] sparse = new int[5, 5]{
04          { 0,  0,  0, 27,  0 }, { 0,  0, 13,  0,  0 },
05          { 0, 41,  0,  0, 36 }, {52,  0,  9,  0,  0 },
06          { 0,  0,  0, 18,  0 } };
07   int rows = sparse.GetLength(0);   //取得矩陣列數、欄數
08   int cols = sparse.GetLength(1);
09   int nonZero = 0; //統計矩陣中非零項目
10   int j, k;
11   WriteLine("------稀疏陣列------");
12   for(j = 0; j < rows; j++)
13   {
14      for(k = 0; k < cols; k++)
15      {
16         Write($"{sparse[j, k], 3}|");
17         if (sparse[j, k] != 0)
18             nonZero += 1;
19      }
20      WriteLine();
21   }
22   int idx = 1;
23   int[,] matrix = new int[8, 3];
24   matrix[0, 0] = rows; //處理稀疏矩陣
25   matrix[0, 1] = cols;
26   matrix[0, 2] = nonZero;
```

```
27    for(j = 0; j < rows; j++)
28    {
29        for(k = 0; k < cols; k++)
30        {
31           if(sparse[j, k] != 0)
32            {
33                matrix[idx, 0] = j + 1;
34                matrix[idx, 1] = k + 1;
35                matrix[idx, 2] = sparse[j, k];
36                idx += 1;
37            }
38        }
39    }
40    WriteLine("\n壓縮後的稀疏陣列");
41    for(j = 0; j < nonZero + 1; j++)
42    {
43        for (k = 0; k < 3; k++)
44            Write($"{matrix[j, k], 4}|");
45        WriteLine();
46    }
47    ReadKey();
48 }
```

執行結果

程式解說

◆ 第3~6行：建立一個「5×5」稀疏矩陣sparse。

◆ 第12~21行：雙層for迴圈讀取稀疏矩陣sparse，並利用變數nonZero統計矩陣中非零的元素。

◆ 第24~26行：將原有的的稀疏矩陣進行壓縮，所以要建立一個能存放的二維矩陣matrix；將原有稀疏矩陣的列、欄數和統合非零項目的值存到新矩陣的第一列。

◆ 第27~39行：依據稀疏矩陣取得非零元素的列、欄索引和值，依序填入新陣列。

3.5 字串簡介

對於Visual C#而言，「字串」屬於文字物件。從字面上解讀，可以解釋成「把字元一個一個串起來」。它們可以對應到.NET Framework類別庫System命名空間的String類別和Char結構。單指Char結構本身是指「UTF-16」的Unicode字元，中文稱為「萬用字元碼」。那麼字串又是什麼？可以把它視為「Char物件的循序唯讀集合」，所以組成字串物件的Char和表示單一字元的Unicode不能混為一談。

3.5.1 逸出序列

Char型別的大小是以Unicode 16位元表示字元常值、十六進位逸出序列（Escape Sequence）或是Unicode。所謂的「逸出序列」是指「\」這個特殊字元，緊接在它後面的字元要做特殊處理。下表列出一些常用的逸出序列。

逸出序列	字元名稱	範例	執行結果
\'	單引號	Write("ZCTs\' Book");	ZCTs' Book
\"	雙引號	Write("C\"#\"升記號");	C"#"升記號
\n	換新行	Write("Visual \nC#");	Visual C#
\t	Tab鍵	Write("Visual\t C#");	Visual　C#
\r	歸位字元	WriteLine("Visual\rC#");	C#sual
\\	反斜線	Write("D:\\範例");	D:\範例

　　「\t」就如同在兩個字元之間按下鍵盤的「Tab」，讓兩個字元之間分隔。「\r」會讓C#這兩個字元回到此行的開始位置，取代了Vi而變成了「C#sual」。

3.5.2 String類別

　　字串的用途相當廣泛，它能傳達比數值資料更多的訊息，例如一個人的名字、一首歌的句子，甚至整個段落的文字。前面的範例裡，其實已經將字串派上戰場，複習一下它的宣告語法：

```
string 字串變數名稱 = "字串內容";
```

◆ 關鍵字string是String類別的別名。
◆ 字串變數名稱同樣遵守識別項的命名規則。
◆ 指定字串內容時要在前後加上雙引號。

例一：不同的字串。

```
string strNull = null;              //設定字串的初值是null
string strEmpty = String.Empty;     //初始化爲空字串
string strVacant = "";              //一個空字串
```

```
string word = "Hello World! ";    //宣告字串並設定初值
bool isEmpty = (strEmpty == strVacant);   //回傳True
bool isNull = (strNull == strEmpty);      //回傳False
```

◈ Empty為String類別的欄位，表達它是一個空白的文字欄位，狀態為唯讀。

◈ 空字串strEmpty、strVacant表示它們是String物件，存放零個字元；屬性「Length」會回傳「0」值。

◈ strNull並非空字串，若呼叫屬性Length會擲出異常「NullReferenceException」。

　　字串中如果要繪製長線條，最簡單的作法就是呼叫Console類別的方法WriteLine()做輸出，敘述如下：

```
Console.WriteLine("------------");
```

　　有更簡潔方式，就是藉助String類別的建構函式來設定，先認識其語法：

```
String(char c, int count);
```

◈ char：以字元表達，使用時要以單一字元來表示。

◈ count：字元重覆的字數。

　　修改前述WriteLine()方法表達的長線條，以String類別的建構函式繪出：

```
String ch = new String('-', 35);
Console.WriteLine(ch);    //輸出35個字元「-」
```

◈ 由於char為字元，使用時前後要加單引號。

3.5.3 字串常見的屬性、方法

　　使用字串時，不外乎將兩個字串做比較，或者將字串串接，或者將字串分割，下表列舉一些常用的字串方法。

string成員	說明
Chars屬性	取得字串指定位置（索引）的字元
Length屬性	取得字串長度（Char總數）
CompareTo()	比較執行個體與指定的string物件其排序是否相等
Split()	分割字串，以字元陣列爲分隔符號（Delimiter）割成子字串
Insert()	在指定的索引位置插入指定字元
Replace()	指定字串來取代字串中符合條件的子字串

　　CompareTo()方法可進行字串的比較，語法如下：

```
CompartTo(string strB)
```

◆ strB：要比較的字串，其比較所得結果以下表說明。

值	條件
小於零	表示執行個體的排序次序在strB之前
Zero	表示執行個體的排序次序和strB相同
大於零	表示執行個體的排序次序在strB之後

　　CompartTo()方法並不是比較兩個字串的內容是否相同，下述簡例說明。

```
string str1 = "abcd";
string str2 = "aacd"; //str1的排序次序在str2之後
int result = str1.CompareTo(str2); //result = 1
string str1 = "abcd";
string str2 = "accd"; //str1的排序次序在str2之前
int result = str1.CompareTo(str2);//result = -1
string str1 = "abcd";
string str2 = "ab\u00Adcd"; // str2「ab-cd」
int result = str1.CompareTo(str2);//result = 0
```

要在原有字串中插入其他字串，Insert()方法可提供協助，語法如下：

```
Insert(int startIndex, string value);
```

◈ startIndex：插入的索引位置，一般來說從零起始。

◈ value：要插入的字串。

如何插入字串？下述簡例來學習它的用法。先宣告字串變數str並初始化其內容，將wds字串以Insert()方法插入str字串裡。

```
string str = "Learning programing";
string wds = " visual C#";
string sentence = str.Insert(str.Length, wds);
Console.WriteLine(sentence);
```

◈ 那麼wds字串要從何處插入？就從字串str的尾端加入，利用Length屬性取得str字串長度來作為Insert()方法插入位置的參考。

Replace()方法可用新字串來取代舊字串，語法如下：

```
Replace(string oldValue, string newValue);
```

◆ oldValue：要被取代的字串。

◆ newValue：取代符合條件的指定字串。

　　例如：字串「She is a nice girl」變成「She is a beautiful girl」，意味著nice要被beautiful取代。

```
string str = "She is a nice girl";
string wds = "beautiful";
string sentence = str.Replace("nice", wds);
Console.WriteLine(sentence);
```

◆ 宣告並初始化wds字串。

◆ 呼叫字串的Replace()方法，其參數oldValue指定為「nice」，newValue則由wds字串變數來完成取代動作。

　　搜尋字串的的概念就是設定條件，回傳字串的索引編號，共有兩個方法，從字串中擷取部分字串，它們的語法很相似，列示如下：

```
IndexOf(string value);
LastIndexOf(string value);
```

◆ ndexOf()、LastIndexOf()方法的參數value，它的索引位置從零開始，沒有找到時回傳-1；LastIndexOf()方法回傳指定字串最後一次出現的所在位置。

例一：取得字元「g」的位置。

```
string str = "Visual C# programming";
int begin = str.IndexOf("g");
int last = str.LastIndexOf("g");
```

◆ 由於字串由索引「0」開始，所以begin回傳「13」，而last回傳「20」。

欲搜尋字串的開頭或結尾，還可以利用StartWith()和EndWith()方法，語法如下：

```
StartsWith(string value);
EndsWith(string value);
```

◆ StartsWith()方法的value，若符合此字串的開頭，回傳true，否則是false。

◆ EndsWith()方法的value，若符合此字串的結尾，回傳true，否則是false。

例二：比對字串的開頭，以布林值回傳。

```
string str = "Visual C# programming";
bool start = str.StartsWith("visual");
```

◆ StartsWith()方法比較字串開頭的「Visual」和「visual」是否相同，bool型別的變數「start」儲存結果；第一個字母有大小寫之不同，回傳False。

取得字串中的子字串，語法如下：

```
Substring(int startIndex);    //子字串的起始字元位置
```

◆ Substring()方法擷取子字串時會從指定位置到最後的字元。

例三：取得子字串。

```
string str = "Visual C# programming";
int begin = str.IndexOf("g");
string child = str.Substring(begin);//擷取子字串
```

◆ 利用IndexOf()方法取得的索引編號值儲存於變數begin，作為Substring()方法擷取子字串的起始值，進行子字串的擷取，它會回傳子字串「gramming」。

課後習作

一、填充題

1. 靜態資料結構又稱為＿＿＿＿＿＿，它使用＿＿＿＿＿＿＿＿，儲存有序串列的資料。

2. ＿＿＿＿＿＿＿＿＿＿＿＿是指變數儲存區配置的過程是在執行（Run Time）時，透過作業系統提供可用的記憶體空間。

3. 陣列結構應具的特色，有：擁有＿＿＿＿＿＿＿的記憶體空間，所存放的元素，其＿＿＿＿＿＿皆相同。

4. 下列敘述宣告了grade是＿＿＿＿＿＿陣列，並以大括號做＿＿＿＿＿＿＿。

```
int[] grade = {51, 63, 92, 75, 84};
```

5. 要設定陣列元素，可呼叫Array類別的方法＿＿＿＿＿＿，其屬性＿＿＿＿＿能取得陣列長度。

6. 要把陣列的元素做遞增排序，可呼叫Array類別的方法＿＿＿＿＿，反轉陣列元序則是呼叫＿＿＿＿＿＿。

7. 下列敘述宣告了Ary是＿＿＿＿＿陣列，其中的「3」是＿＿＿＿數，欄數是＿＿＿＿；其二維陣列的長度可以使用方法＿＿＿＿＿＿＿＿。

```
int[,] Ary = new int[3, 4];
```

8. 宣告一個「2×3×4」的三維陣列，Visual C#如何撰寫其程式碼？＿＿＿＿＿＿＿＿＿＿＿＿＿＿＿＿＿＿＿＿＿＿。

9. 如何處理稀疏矩陣？有兩種作法：①直接以＿＿＿＿＿＿一一對應儲

存；②使用＿＿＿＿＿＿＿＿＿＿儲存非零元素。

10.將字串初始化爲空字串，能藉助String類別的屬性＿＿＿＿＿＿＿＿＿，要 在字串中插入指定字元，呼叫方法＿＿＿＿＿＿＿＿＿；取得子字串可使 用方法＿＿＿＿＿＿＿＿＿。

二、實作與問答

1.下列敘述爲一維陣列，請以for和foreach迴圈讀取並輸出字串長度。

```
string[] name =
  { "Peter", "Michelle", "Tomas", "Julie", "Charles" };
```

2.下表爲各科成績，以二維陣列處理並算出各科總分。

國文	英文	數學	總分
85	78	65	
95	88	79	
84	76	67	
81	73	54	

3.將下列「5×6」稀疏矩陣依三行式（3-Tuple）予以壓縮後以表格表示 並撰寫相關程式碼。

	1	2	3	4	5	6
1			24			
2				35		
3	17					58
4					43	
5		62				

4. 陣列「以列為主」順序存放在記憶體內。每個陣列元素使用4個單位的記憶體。若起始位址是100，在下列宣告中，所列元素的存放位置為何？

(1). Var A = array[-100…1, 1…100]，求A[1, 12]位址
(2). Var A = array[5…10, -10…20]，求A[5, -5]位址

5. 有一個二維陣列Ary，已知的位址為1110，的位址為1115，且每個元素擁有一個位址，則$A_{5, 4}$的位址為何？

6. 若A(3, 3)在位置121，A(6, 4)在位置159，則A(4, 5)的位置為何？（單位空間d = 1）

7. A(-3:5, -4:2)之起始位址A(-3, -4)=100，以列為主排列，請問A(1, 1)所在位址？（d = 1）

8. 假設有以列為主排列的程式語言，宣告A(1:3, 1:4, 1:5)陣列，且Loc(A(1, 1, 1)) = 100，請求出Loc(A(1, 2, 3)) = ？

9. 假設有一三維陣列宣告為A(-3:2, -2:3, 0:4)，A(1, 1, 1) = 300，且d = 2，試問以行為主的排列方式下，求出A(2, 2, 3)的所在位址。

第四章

鏈結串列

★學習導引★

➢ 簡單介紹C#的類別、物件、屬性和建構函式

➢ 從單向鏈結串列開始，了解其資料結構

➢ 學會單向鏈結串列基本操作：加入、刪除節點，或
　者反轉鏈結串列

➢ 以雙向鏈結串列來新增，刪除節點

➢ 鏈結串列應用於多項式和稀疏矩陣

4.1 類別、物件和其成員

以C#程式語言的觀點來深入探討類別和物件的實作，配合物件導向程式設計（OOP）的概念，了解類別和物件的建立方式！

4.1.1 定義類別

類別由不同的類別成員（Class Member）組成，它包含欄位、屬性、方法和事件。欄位和屬性表達物件的資訊，方法則是負責資料的傳遞和運算。

➤ 欄位（Field）：可視為任意型別的變數，可直接存取，通常會在類別或建構函式中宣告。

➤ 屬性：用來描述物件特徵。

➤ 方法：定義物件行為。

➤ 事件：提供不同類別與物件之間的溝通。

使用類別之前，必須以關鍵字class為開頭做宣告，它的語法如下：

```
class 類別名稱
{
    [存取修飾詞] 資料型別 資料成員;
    [存取修飾詞] 資料型別 方法
    {
        ...
    }
}
```

◆ 類別名稱：建立類別使用名稱，須遵守識別項的規範。類別名稱之後有一對大括號來產生區段。

◆ 存取修飾詞（modifier）有五個：private、public、protected、

internal和protected internal。

◆ 資料成員包含欄位和屬性：可將欄位視爲類別內所定義的變數，一般會以英文小寫作爲識別名稱的開頭。

建立一個student的類別，只有一個不對外公開的私有欄位（變數），敘述如下：

```
class student   //宣告類別
{
    private string name;//宣告類別的欄位
}
```

如何從主控台應用程式新增類別？在同一個「命名空間」（Namespace）下有兩種作法！作法一：將新的類別存放在命名空間下，也就是主控台應用程式所產生的類別之前，須依據下圖作法，否則編譯會發生錯誤！

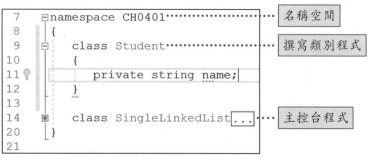

撰寫類別程式的位置

第二種作法則是把在專案底下再新增一個類別檔案，步驟如下：

Step 1. 執行「專案 / 加入類別」指令，開啓「新增項目」交談窗。

Step 2. ①確認項目「Visual C#項目」，②選取「類別」，③給予類別名
稱，例如「Student.cs」，④再按「新增」鈕完成動作。

Step 3. 可以從「方案總管」視窗查看新加入的類別檔。

4.1.2 類別屬性和存取子

先認識類別的兩名要員：欄位（Field）和屬性（Attribute）。欄位
亦稱「執行個體欄位」（Instance Field），屬性（Property）則是物件靜

態特徵的呈現。通常為了保有欄位的私密性，若將欄位的存取範圍設為public，讓外界可直接存取，則類別內的資料成員無法受到保護。所以採取的作法是以存取修飾詞限定欄位的存取（封裝的基本作法），再利用類別內的方法存取欄位值。以欄位而言，它所宣告的位置須在類別內、方法外，可視為類別內的「全域變數」。

為了不讓外部存取欄位內容，更彈性的作法就是將欄位改成屬性的副本，經由公開的屬性來存取私有的欄位，這種作法稱為「支援存放」（baking store）。配合「存取子」（Accessor）的get或set做讀取、寫入或計算之私用（Private）。讓類別在「資訊隱藏」機制下，又能以公開方式提供設定或取得屬性值，提升方法的安全性和彈性。屬性的語法如下：

```
private 資料型別 欄位名稱;
public 資料型別 屬性名稱
{
    get
    {
        return 欄位名稱;
    }
    set
    {
        欄位名稱 = value;
    }
}
```

◈ 存取子set指定新值給屬性時要使用關鍵字value，同樣要有程式區段。

◈ 存取子get用來回傳屬性值，屬性被讀取時會執行其程式區段。

◈ 屬性中只有存取子get，表示是一個「唯讀」屬性；若只有存取子set，表示是一個「唯寫」屬性；若二者皆有，表示能讀能寫。

例一：在類別內產生私有欄位，並以公開的屬性來存取。

```
class Student
{
   private string stuName;//私有欄位
   public string name        //公開屬性
   {
      get { return stuNme; }     //存取子get取得名稱
      set { stuName = value; }   //存取子set設定名稱
   }
}
```

◆ 私有欄位stuName配合屬性的get、set存取子來進行存取。

　　要注意的是，屬性不能歸類為變數，它與欄位不同。使用屬性時：①要以存取修飾詞指定欄位的存取範圍；②設定屬性的資料型別和名稱；③使用存取子get和set。

　　那麼屬性的存取子get和set，又是如何指定新值，回傳屬性值？檢視圖可得知，執行「chris.title = Console.ReadLine()」敘述時，會取得使用者輸入的名字，表示title屬性能經由外部給予新值。存取子set會以value這個隱含引數來接收並指派給欄位name；而存取子get則以return敘述回傳name的欄位值。

屬性的存取子get和set

例一：可將屬性以「唯讀」表示，表示只能讀取而無法修改其值，只保留
存取子get，撰寫如下。

```
public string name   //唯讀屬性
{
    get{return stuName;
}
```

例二：屬性保留了存取子set，表示它是「唯寫」屬性，只能寫入資料而
無法讀取。

```
public string name   //唯寫屬性
{
    set{ stuName = value;}
}
```

撰寫類別程式，為了讓宣告的屬性更簡潔，程式區段中只保留存取子
get和set，不加任何的程式碼，編譯器會自動支援私有（private）欄位。
例三：

```
public string name{ get; set; }
public int score { get; set; } = 84;  //自動實做屬性並給初值
```

也就是經過自動實做屬性，原有的私有欄位name，編譯器會以匿名
作法自動支援，只能由屬性的存取子get、set存取欄位資料。

4.1.3 存取權限、成員方法、產生物件

宣告類別時，它的資料成員和方法會因為存取修飾詞而有不同等級的
存取權限，把存取修飾詞的存取範圍整理、歸納於下表。

存取權限	作用	存取範圍
public	公開	所有類別皆可存取
private	私有	只適用該類別的成員函數
protected	保護	產生繼承關係的衍生類別
internal	內部	只適用於目前專案（組件）
protected internal		限於目前組件或衍生類別所含的型別

在物件導向技術的世界裡，為了達到「資訊隱藏」目的，可以透過「方法」來封裝物件的成員。存取權限的作用能讓物件掌握成員，控制物件在被允許的情形下才能讓外界使用。為了保護物件的欄位不被外界其他類別所存取，通常會將資料成員宣告為private；把屬性或方法的存取範圍設為public，是比較好的方式！

其實成員方法在第一章也介紹過，複習它的語法：

```
[存取修飾詞] 回傳值型別 methodName(資料型別 參數串列){
    程式敘述;
    [return 運算式;]
}
```

◆ 回傳值型別：它必須與return敘述回傳值的型別相同。若方法沒有回傳任何資料，以void取代。

◆ methodName：方法名稱；同樣遵守識別項規範。

◆ 資料型別：定義方法時，接收資料的參數也要有型別。

◆ 參數串列：依據需求設定多個參數來接收資料，每個參數都必須清楚地宣告其資料型別。無任何傳入值，保留括號即可。

◆ return敘述：回傳運算結果。

例一：接續範例「CH0401.csproj/Student.cs」，定義方法來輸出相關訊
　　　　息！

```
public void Display() =>
    Console.WriteLine($"Hi, {name}, 分數: {score}");
```

◆ 定義方法Display()採運算式主體定義的作法。

　　　類別完成建立之後，得由主程式Main()來把類別實體化。由於類別屬
於參考型別，要實體化物件須使用new運算子，語法如下：

```
類別名稱 物件名稱;
物件名稱 = new 類別名稱();
```

　　　將前述兩行敘述合併為一行，語法如下：

```
類別名稱 物件名稱 = new 類別名稱();
```

例二：繼續範例「CH0401.csproj/Student.cs」，宣告一個Student物件。

```
Student brett; //建立Student類別的物件brett
brett = new Student(); //以new運算子將brett實體化
```

　　　同樣地，將前述兩行合併成一行：

```
Student brett = new Student();
```

　　　產生物件後，物件的狀態如何被改變？如何利用方法來進行操作？必
須利用「.」（dot）運算子存取類別所產生的物件成員，語法如下：

```
物件名稱.資料成員;
```

　　如何呼叫類別內的成員方法！同樣使用「.」（dot）運算子，語法如下：

```
物件名稱.方法名稱(引數串列);
```

例三：以物件來取得屬性、呼叫成員方法。

```
brett.name;         //取得屬性
brett.Display();//呼叫成員方法
```

4.1.4 建構函式

　　類別孕育了物件，而物件的生命旅程究竟何時展開？初始化物件得使用「建構函式」（Constructor），它對於物件的生命週期有更豐富的描述。物件的生命起點由建構函式開始，解構函式則為物件劃下句點，並從記憶體中清除。

　　如何在類別內定義建構函式，宣告如下：

```
[存取修飾詞] 類別名稱(參數串列)
{
    //程式敘述;
}
```

　　乍看之下，跟宣告類別的方法很相似，不過要注意三件事：

➤ 建構函式必須與類別同名稱，存取修飾詞使用public。

➤ 建構函式雖然有參數串列，但是它不能有回傳值，也不能使用void。

➤ 可依據需求，在類別內定義多個建構函式。

　　大家一定更好奇，範例「CH0401」並未宣告建構函式，如何把物件初始化？事實上，建立類別並以new運算實體化物件，便會叫用預設建

構函式。所以不含任何參數的建構函式稱為「預設建構函式」（Default Constructor）。倘若程式中自行定義了建構式，此時編譯器就不會提供預設建構函式。

建構函式可以多載，而多載（overloading）的概念是「名稱相同，但參數不同」。就像在學校選修科目一樣，每位學生可依自己需求來選修不同，可能是這樣：

```
Mary();      //可能沒有選修
Tomas(國文, 英文);
Eric(計概, 數學, 國文, 程式語言);
```

轉化為程式碼來處理每位學生的選修科目時可能需要很多方法，但這不符合模組化的要求。如果使用同一個名稱，但攜帶的參數不同；執行時編譯器依據參數量來呼叫對應的建構函式；如此一來不但能簡化程式的設計，也能降低設計的困難度。相同的道理，建立物件時可依據需求讓建構函式多載。

使用建構函式初始化物件。當程式執行完畢後，也必須清除該物件所占用的資源，釋放記憶體空間。如何清除物件？得藉助「解構函式」（destructor）來幫忙。語法如下：

```
~類別名稱()
{
    //程式敘述;
}
```

◆ 解構函式必須在類別名稱之前加上「~」符號，它不能使用存取修飾詞。

◆ 一個類別只能有一個解構函式；它不含任何參數，也不能有任何的回傳值；無法被繼承或多載。

◆ 解構函式無法直接呼叫，只有物件被清除時才會執行。

範例「CH0402.csproj/Score.cs」

```
01 class Score
02 {
03    public int Number { get; set; }    //分數
04    public string Course { get; set; } //科目
05    public Score(string subject, int grade)
06    {
07       Course = subject; //儲存科目
08       Number = grade;    //儲存分數
09    }
10    ~Score() { } //解構函式
11 }
```

範例「CH0402.csproj/Chapter04.cs」

```
21 static void Main(string[] args)
22 {
23    string line = new string('-', 15);
24    Score chin = new Score("國文", 96);
25    Score eng = new Score("英文", 81);
26    Score math = new Score("數學", 64);
27    //將3個科目的分數相加
28    int total = chin.Number + eng.Number + math.Number;
29    WriteLine("--林小明成績--");
30    WriteLine($"{chin.Course}: {chin.Number, 3}");
```

```
31    WriteLine($"{eng.Course}: {eng.Number, 3}");
32    WriteLine($"{math.Course}: {math.Number, 3}");
33    WriteLine(line);
34    WriteLine($"總分 {total, 4}");
35 }
```

執行結果

程式解說

◆ 第3、4行：定義兩個屬性Number、Course為自動實做屬性。

◆ 第5~9行：產生建構函式，傳入科目subject和分數grade兩個參數，再指派給屬性Course、Number儲存。

◆ 第24~26行：Main()主程式中，產生3個物件chin、eng、math並依據建構函式來帶入兩個參數subject、grade。

4.2 單向鏈結串列

什麼是鏈結串列（Linked List）？可以把它想像成一列火車，乘客多就多掛車廂，人少了就以少量車廂行駛。鏈結串列也是一樣，新資料加入就向系統要一塊新節點，資料刪除後，就把節點所占用的記憶體空間還給系統。因為鏈結串列加入或刪除一個節點非常方便，不需要大幅搬動資

料，只要改變鏈結的指標即可。

　　本章節所探討的鏈結串列，其資料結構也是「動態記憶體配置」的一環。如何定義鏈結串列（Linked List）？

➤ 由一組節點（node）所構成，各節點之間並不一定占用連續的記憶體空間。

➤ 各節點的型態不一定相同。

➤ 插入節點、刪除節點方便；可任意（動態）增加、清除記憶體空間。

➤ 要留意它支援循序存取，不支援隨機存取。

4.2.1 鏈結串列是什麼？

　　線性串列能藉由陣列來儲存資料，來到鏈結串列就稍有不同；除了儲存資料外，還要「鏈結」後續資料的儲存位址。所以，鏈結串列是由一群「節點」（Node）組成的有序串列集合；節點又稱爲串列節點（List Node）。每一個節點至少包含一個「資料欄」（Data Field）和「鏈結欄」（Linked Field）。「資料欄」存放該節點的資料；鏈結欄存放著指向下一個元素的參考（或者稱指標），下圖簡單示之。

鏈結串列的節點

　　其實線性串列是有頭有尾；所以，可以把鏈結串列（Linked List）的第一個節點視爲「首節點」（Head Node），如同火車頭一般，後面會接連的車廂。那麼，問題來了，尾節點的鏈結欄究竟指向何處？當然是「空的」指標，我們會以null來表示。

　　不過爲了讓大家更了解鏈結串列的操作，會有兩個比較特別的成員參與，習慣把鏈結串列的第一個節點再附設一個「首鏈結」（或首指

標），但是它不儲存任何資訊。有了首鏈結，表示由它開始就能找到第一個節點，也能藉由它儲存的「鏈結」（或參考、指標）往下一個節點走訪（Traversing）。依據下圖示意，其中的Head參考指向第一個節點，巡訪串列節點到終點，稱爲「尾節點」（Tail Node），除了說明它是鏈結串列的最後一個節點之外，它的鏈結欄會指向「null」。

鏈結串列的首、尾節點

　　鏈結串列依據其種類，共有三種：

➤ 單向鏈結串列（Single Link List）：其結構只會有一個參考。

➤ 環狀鏈結串列（Circular Link List）：最後節點參考指向第一個節點。

➤ 雙向鏈結串列（Double Link List）：其結構含有左、右兩個參考。

4.2.2 定義單向鏈結串列

　　鏈結串列中最簡單的結構就是「單向鏈結串列」（Singly Linked List），可以把它想像如同一列火車，所有節點串成一列。它只能有單一方向，隨著火車頭前進；比較通俗的說法是尋找某筆資料時只能勇往直前，無法回頭另外查看。我們可以利用Visual C#來模擬鏈結串列的節點。簡例如下：

```
// 參考範例「CH0403.csproj/Node.cs」
public class Node    //定義鏈結串列的節點
```

```
{
    public int Item { get; set; }    //資料欄

    public Node Next { get; set; }    //鏈結欄，指向下一個節點

    public Node(int data) //定義建構函式 - 傳入數值
    {
        Item = data;

        Next = null;
    }
}
```

◈ 屬性Item、Next採自動實做模式。

◈ 定義建構函式，把傳入的參數data指派給屬性Item，設Next屬性的初值為「null」。

4.2.3 節點的新增

　　在單向鏈結串列中插入新的節點，有四種方式可供選擇：(1)加至最後節點處；(2)加至第一個節點處；(3)指定節點新增項目；(4)指定位置來新增節點。不過，無論是那一種方式都是把鏈結的參考指向新的節點。

(1) 加至最後節點處，也就是把新節點加到最後一個節點之後

Step 1. 從尾節點插入資料時，將新節點「255」先予以初始化，指向目前節點的參考current，把它指向第一個節點。

Step 2. 串列裡有節點的情形下，while迴圈走訪整個串列。把參考「current」移向最後一個節點，再把最後節點(指標current所指向的節點)的Next鏈結指向新節點。

Step 3. 新節點「255」就加到鏈結串列末端成為最後一個節點。

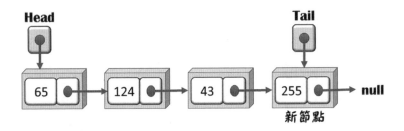

範例「CH0403.csproj/LinkedList.cs」

```
01 public class LinkedList
02 {
03    protected Node first;//指向串列的第一個節點參考
04    public LinkedList()   //預設建構函式
05       { first = null; }
06    public void CreateList()//定義方法直接以陣列產生鏈結串列
07       {
```

```
08        int[] number = new int[4]{ 65, 124, 43, 255 };
09        foreach(int n in number)
10            AddLast(n);
11    }
12    public void AddLast(int data)
13    {
14        Node current;     //指向目前節點的參考
15        Node newNode = new Node(data);    //新節點並配置記憶體
16        //如果第一個節點first是空的，就把新節點設為第一個節點
17        if (first == null)
18            first = newNode;
19        else //有第一個節點就走訪
20        {
21            current = first;//從第一個節點開始
22            while (current.Next != null)//走訪串列到最後節點
23                current = current.Next;
24            current.Next = newNode; //目前節點Next指標指向新節點
25        }
26    }
27    //省略部分程式碼
28 }
```

程式解說

◆ 定義類別LinkedList並宣告Node類別的物件first，它會以參考來指向串列的第一個節點。

◆ 第4~5行：宣告LinkedList類別的預設建構函式，將物件first初始化為null。

◆ 第6~11行：定義成員方法CreateList()；先產生一維陣列並把它初始化，再以foreach迴圈讀取陣列元素的同時，呼叫成員方法AddLast()將元素加至串列最後節點處。

◆ 第12~26行：定義成員方法AddLast()，把節點新增到最後一個節點之後，讓它變成最後一個節點。

◆ 第22~23行：while迴圈隨著current參考移向下一個節點，移向串列的最後一個節點處。

(2) 加至第一個節點處，也就是把新節點插到第一個節點之前

　　如何從首節點插入資料？檢視下圖，其實是把插入的項目設為第一個節點即可。

從第一個節點處新增資料

Step 1. 將首節點參考「Head」指向要新加入的節點225；新節點的鏈結Next指向原有的第一個節點「65」。

Step 2. 新節點「225」加到第一個節點「65」之前，變成第一個節點。

範例「CH0403.csproj/LinkedList.cs」<續>

```
31 public class LinkedList
32 {
33     public void AddFirst(int data)
34     {
35         Node newNode = new Node(data) { Next = first };
36         first = newNode;
37     }
38     //省略部分程式碼
39 }
```

程式解說

◆ 第33~37行：定義成員方法AddFirst()，新增節點到第一個節點之前，使
  新節點變更為第一個節點。

◆ 第35行：產生新節點newNode，把新節點指標Next指向第一個節點first。

◆ 第36行：變更新節點為第一個節點。

> **Tips**
>
> Visual C#提供「物件初始設定式」（Object initializers）作法。建立
> 類別後，以new運算子將物件實體化，或者使用建構式攜帶參數來初
> 始化物件。什麼是「物件初始設定式」？先前介紹陣列時，於宣告當
> 下以大括號初始化陣列元素，套用相同作法來指派物件的值：
>
> ```
> //宣告物件時採「物件初始設定式」作用，依據屬性給予相關初值
> Person mary = new Person { Name = "Mary", Age = 3 };
> //new運算子產生物件之後指定其屬性Next
> Node newNode = new Node(data);  //新節點以new運算子配置記憶體
> newNode.Next = first;  //新節點newNode的Next指標指向新一個節點
> //產生新節點newNode，把新節點指標Next指向第一個節點first
> Node newNode = new Node(data) { Next = first };
> ```

(3) 指定節點新增項目

　　如何在兩個節點「124」、「43」之間加入新節點「225」？可以先
指定節點「124」，再把新節點插入到指定節點之後。

Step 1. 設目前節點參考ptr指向第一個節點「65」，然後以while迴圈找到
　　　　　指定節點「124」。

CHAPTER

4

Step 2. 新節點「225」配置記憶體空間，Next參考指向節點43，指定節點「124」的Next參考指向新節點。

Step 3. 新節點「225」加到指定節點「124」之後。

範例「CH0403.csproj/LinkedList.cs」<續>

```
41 public class LinkedList
42 {
43     //省略部分程式碼
44     public void InsertBehind(int data, int special)
45     {
```

```
46        Node ptr = first; //把參考ptr指向第一個節點
47        while(ptr != null)//走訪串列查找指定節點
48        {
49            if (ptr.Item == special)
50               break;
51            ptr = ptr.Next;
52        }
53        if (ptr == null)
54            WriteLine($"串列中沒有節點[{special}]");
55        else
56        {
57            Node newNode = new Node(data){ Next = ptr.Next };
58            ptr.Next = newNode;
59        }
60     }
61     //省略部分程式碼
62 }
```

程式解說

◆ 第44~60行：定義成員方法InsertBehind()，把新節點加到指定節點之後。

◆ 第47~52行：指向目前節點的參考ptr配合while迴圈的走訪來找到指定節點。

◆ 第57行：產生新節點newNode，把新節點指標Next指向目前節點ptr的下一個節點。

◆ 第58行：目前節點ptr的指標Next指向新節點。

(4) 指定位置來新增節點

　　兩個節點間插入新節點的另一種作法就是指定位置來加入新節點；新節點「225」欲加入指定位置2；也就是新節點插入後，原來的節點「124」向後挪移。

Step 1. 目前節點參考ptr指向第一個節點；走訪串列取得指定位置「124」的前一個節點，產生新節點的參考Next指向指定節點124，目前節點「65」Next參考指向新節點。

Step 2. 新節點「225」加到指定位置2，原有節點「124」的位置變更為3。

範例「CH0403.csproj/LinkedList.cs」〈續〉

```
71 public class LinkedList
72 {
73      //省略部分程式碼
74      public void InsertAt(int data, int pos)
75      {
76          Node newNode;     //新點節
77          int j;
78          if (pos == 1)
79              AddFirst(data);//呼叫方法加到第一個節點之前
80          else
81          {
82              Node ptr = first;     //目前指標指向新節點
83              for (j = 1; j < pos - 1 && ptr != null; j++)
84                  ptr = ptr.Next;
85              if (ptr == null)     //新節點加到指定位置
86                  WriteLine($"只有位置{j}可插入");
87              else
88              {
89                  newNode = new Node(data) { Next = ptr.Next };
90                  ptr.Next = newNode;
91              }
92          }
93      }
94      //省略部分程式碼
95 }
```

程式解說

◆ 第74~93行：定義成員方法InsertAt()，指定位置加入新節點，原有節點向後移動。

◆ 第78~92行：指定位置是第一個節點，新增節點到第一個節點之前，變成第一個節點。指定位置非第一個節點，則以for迴圈來找到位置的前一個節點。

4.2.4 刪除節點

資料結構中，單向鏈結串列中刪除一個節點同樣有下述三種情況：①刪除串列的第一個節點：只要把串列首指標指向第二個節點即可。②刪除串列後的最後一個節點：只要指向最後一個節點的指標，直接指向null即可。③刪除鏈結串列的中間節點：將欲刪除節點的指標，直接指向null即可。

(1) 刪除串列的第一個節點

要刪除串列的第一個節點就是把鏈結串列的首節點予以刪除。

Step 1. 刪除首節點之前，將第一個節點的指標變更為null，把首節點指向下一個節點。

Step 2. 再把指標為null的首節點刪除，設節點124為第一個節點，Head指標指向它。

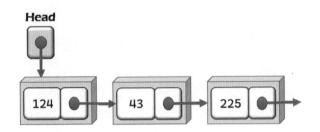

(2) 刪除最後一個節點

　　把最後一個節點的Next鏈結，直接指向null即可。作法跟刪除首節點雷同，只是把目標轉移到尾節點。

Step 1. 目前指標ptr指向第一個節點，配合while迴圈走訪到最後一個節點，節點43的Next鏈結指向null。

Step 2. 最後一個節點變成節點「43」。

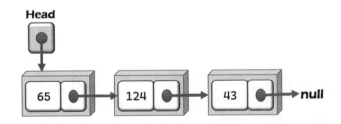

(3) 刪除鏈結串列的中間節點

　　單向鏈結串列中，欲刪除指定節點需要兩個步驟來完成。

Step 1. 目前節點參考ptr指向第一個節點，配合while迴圈走訪到欲刪除節點的前一個節點。將欲刪除節點的前一個節點65的Next鏈結，重新指向欲刪除節點的下一個節點「43」。

刪除指定節點

Step 2. 把欲刪除節點「124」的Next參考設為null。

單向鏈結串列中節點的移除就以下述範例「CH0403.csproj」，藉由 LinkedList類別的成員方法RemoveFirst()、RemoveLast()、RemoveAt()來 實作。

範例「CH0403.csproj/LinkedList.cs」<續>

```
101 public class LinkedList
102 {
103    public void RemoveFirst()
104    {
105       if (first == null)//首節點被刪除，設下個節點為第一個節點
106          return;
107       first = first.Next;
```

```
108        }
109    public void RemoveLast()      //case 10刪除最後一個節點
110    {
111        if (first == null)
112            WriteLine("串列是空的");
113        else if(first.Next == null)
114            first = null;
115        else
116        {
117            Node ptr = first;      //目前參考指向第一個節點
118            while (ptr.Next.Next != null)
119                ptr = ptr.Next;
120            ptr.Next = null;      //刪除最後節點，Next設為null
121        }
122    }
123    public void RemoveAt(int data) //case 11刪除指定節點
124    {
125        if(first == null)
126            WriteLine("串列是空的...");
127        if(first.Item == data) //第一個節點被刪除
128            first = first.Next;
129        else      //刪除第一個節點之外的其他節點
130        {
131            Node ptr = first;
132            while (ptr.Next != null) //走訪串列來查找欲刪除節點
133            {
134                //下一個節點的資料符合欲刪除節點
```

CHAPTER

4

```
135              if (ptr.Next.Item == data)
136                  break;
137              ptr = ptr.Next;
138          }
139          if (ptr.Next == null)
140              WriteLine($"串列無此節點[{data}]");
141          else//目前所在節點Next指標指向被刪除節點的下一個節點
142              ptr.Next = ptr.Next.Next;
143       }
144    }
145    //省略部分程式碼
146 }
```

程式解說

◆ 第103~108行：定義成員方法RemoveFirst()，刪除串列的第一個節點。
若第一個節點被刪除，就設下一個節點為第一個節點。

◆ 第109~122行：定義成員方法RemoveLast()，刪除串列的最後一個節點。
在串列有節點的情形下，指向目前節點的參考ptr並配合while迴圈走訪到
最後一個節點；把成為最後節點的Next鏈結指向null。

◆ 第123~144行：定義成員方法RemoveAt()，指定節點予以刪除。

◆ 第127~143行：若指定節點是第一個節點就直接刪除，其他節點的話，移動
參考ptr配合while迴圈找到欲刪除節點，而ptr參考指向前一個節點來完
成節點的刪除。

4.2.5 反轉鏈結串列

如何把單向鏈結反轉？檢視下圖，由於它具有方向性，走訪時只能向
下一個節點移動。但它允許將新節點加到首節點。利用此特性（最先加入

的節點會放到最後），把節點做逐一交換，最後取得的尾節點就把它改變成首節點，完成反轉過程。

將單向鏈結串列反轉

Step 1. 原有的鏈結串列，while迴圈配合current參考從第一個節點開始走訪。

Step 2. 將目前節點參考current移向下一個節點，把current參考指向的節點變更爲前一個節點，將目前節點的Next鏈結指向前一個節點。

Step 3. 完成鏈結串列的反轉，原來的最後節點變成第一個節點。

範例「CH0403.csproj/LinkedList.cs」<續>

```
151 public class LinkedList
152 {
153    public void RevertNode()
154    {    //previous為上一個節點
155       Node previous = null, current;
156       while (first != null)
157       {
158          current = first;          //由第一個節點開始走訪
159          first = current.Next;     //移向下一個節點
160          current.Next = previous;
161          previous = current;       //目前指標指向前一個節點
162       }
163       first = previous;
164    }
165    //省略部分程式碼
166 }
```

程式解說

◆ 第153~164行：定義成員方法RevertNode()將鏈結串列反轉。

◆ 第160行：目前節點current的Next鏈結指向上一個節點。

4.3 環狀鏈結串列

從單向鏈結串列結構討論中，我們可以衍生出許多更為有趣的串列結構，本節所要討論的是環狀串列（Circular List）結構，環狀串列的特點

是在串列的任何一個節點，都可以達到此串列內的各節點，通常可做為記憶體工作區與輸出入緩衝區的處理及應用。

4.3.1 定義環狀鏈結串列

單向環狀鏈結串列（Circular Linked List）會把串列的最後一個節點指標指向串列首，整個串列就成為單向的環狀結構。如此一來便不用擔心串列首遺失的問題了，因為每一個節點都可以是串列首，也可以從任一個節點來追縱其他節點。以下圖而言，建立的過程與單向鏈結串列相似，唯一的不同點是必須要將最後一個節點指向第一個節點。

環狀單向鏈結串列

環狀串列可以從串列中任一節點來追蹤所有串列的其他節點，也無所謂哪一個節點是首節點，同時，在環狀串列中的任一節點，都可以輕易找到其前一個節點。關於環狀串列的特點，我們大致做出以下的優、缺點。

優點	缺點
• 回收整個串列所需時間是固定的，無關長度 • 從任何一個節點追蹤所有節點	• 多一個鏈結空間 • 插入一個節點需要改變兩個鏈結 • 讀取資料比較慢，因為必須多讀取一個鏈結指標

範例「CH0404.csproj/CircularLinkedList.cs」

```
01 public class CircularLinkedList
02 {
03     protected Node first;//第一個節點
04     public CircularLinkedList()//定義預設建構函式
05     {
06         first = null;           //初始化第一個節點為空值
07     }
08     public void CreateList()
09     {
10         //產生一維陣列並初始化
11         int[] number = new int[4] { 65, 124, 43, 255 };
12         foreach(int n in number)     //讀取陣列元素
13             AddLast(n);        //將元素加至串列最後節點處
14     }
15     public void Display()
16     {
17         Node current;     //指向目前節點
18         if (first == null)
19             WriteLine("鏈結串列是空的");
20         else
21         {
22             current = first; //從第一個節點開始準備走訪串列
23             while (current != null) //串列不是空的情形下讀取節點
24             {
25                 Write($"[{current.Item}]->");
```

CHAPTER

4

```
26              current = current.Next;
27              if (current == first)
28                  break;
29          }
30          WriteLine();
31      }
32  }
33 }
```

執行結果

程式解說

◆ 定義環狀單向鏈結串列CircularLinkedList()類別，其建構函式初始化第一個節點「first」為空值。

◆ 第8~14行：定義成員方法CreateList()，直接以陣列產生鏈結串列。

◆ 第15~32行：定義成員方法Display()配合while迴圈來輸出串列節點內容。

◆ 第27~28行：由於串列是環狀，當指向目前節點「current」的參考回到第一個節點「first」以break敘述來中斷迴圈。

4.3.2 節點的新增

　　單向環狀鏈結串列中並無任何一個節點的鏈結會指向null。若有指標為null，說明它是一個空的串列。如何在環狀串列裡插入節點？和單向串列的節點插入稍有不同，可以區分兩種情況：①新增項目於第一個節點之前；②新增項目到最後節點之後。

(1) 新增項目於第一個節點之前

　　作法很簡單，就是把新增的節點變成第一個節點；把最後節點的鏈結，把它指向新節點即可。

Step 1. 新節點D要插到第一個節點之前；while迴圈配合目前節點參考Current走訪至串列的最後節點「C」。

Step 2. 將目前節點C（參考Current所指）Next參考指向新節點，First參考指向新節點。

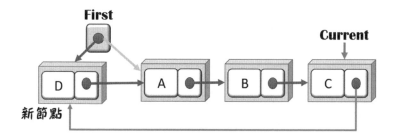

(2) 新增項目到最後節點之後

　　作法與「新增項目於第一個節點」的操作不同；除了把新增的節點變成最後節點之外；還要把新節點的鏈結，把它指向第一個節點。

Step 1. 新節點D要插到最後節點之後；while迴圈配合目前節點參考Current從第一個節點開始走訪到最後一個節點。

Step 2. 將目前節點C（參考Current所指）參考Next指向新節點「D」，新節點「D」的Next指向第一個節點。

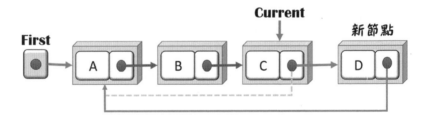

　　單向環狀鏈結串列中節點的新增繼續以範例「CH0404.csproj」來實作，藉由CircularLinkedList類別的成員方法AddFirst()、AddLast()來了解其操作。

範例「CH0404.csproj/CircularLinkedList.cs」<續>

```
41 public class CircularLinkedList
42 {
```

```
43      //省略部分程式碼
44      public void AddFirst(int data) //新增節點到第一個節點之前
45      {
46          Node newNode = new Node(data) { Next = first };
47          Node current = first;    //2.目前節點的參考指向第一個節點
48          if (first == null)
49              newNode.Next = newNode;
50          else
51          {    //目前節點的參考未指向第一個節點的情形下才走訪
52              while (current.Next != first)
53                  current = current.Next;
54              current.Next = newNode;//目前節點Next指標指向新節點
55          }
56          first = newNode;    //設新節點為第一個節點
57      }
58      public void AddLast(int data) //新增節點到最後一個節點之後
59      {
60          Node current; //指向目前節點的參考current
61          if (first == null)
62          {    //第一個節點first是空的，就設新節點為第一個節點
63              first = new Node(data);
64              first.Next = first;
65          }
66          else    //有第一個節點就以while迴圈走訪
67          {
68              Node newNode = new Node(data);
69              current = first;
```

```
70              while (current.Next != first) //走訪串列到最後節點
71                  current = current.Next;
72              //1.目前節點的Next指標指向新節點
73              current.Next = newNode;
74              //2.新節點的Next指標指向第一個節點
75              newNode.Next = first;
76          }
77      }
78      //省略部分程式碼
79 }
```

程式解說

◆ 同樣是在環狀單向鏈結串列CircularLinkedList()類別中，實作兩個新
  增節點的方法AddFirst()和AddLast()。

◆ 第44~57行：定義成員方法AddFirst()，新增節點到第一個節點之前，成
  為串列的第一個節點。

◆ 第46行：產生新節點newNode，把新節點指標Next指向第一個節點first。

◆ 第50~55行：有第一個節點的情形下，while迴圈配合目前節點參考
  current走訪串列到最後節點，把它的Next鏈結指向新節點。

◆ 第58~77行：定義成員方法AddLast()，新增節點到最後一個節點之後，成
  為串列的最後一個節點。

◆ 第66~76行：有第一個節點的情形下，while迴圈配合目前節點參考
  current走訪串列到最後節點，把新節點的Next鏈結指向第一個節點。

4.3.3 節點的刪除

　　　單向環狀串列的節點要如何刪除？依據前面所討論的單向鏈結串列刪
除節點的作法，可以區分三種情況：①直接刪除第一個節點；②將最後一
個節點刪除。

CHAPTER

4

(1) 直接刪除第一個節點

　　直接把鏈結串列的第一個節點刪除，意味著把第二個節點變更為頭節點。

Step 1. 刪除第一個節點「D」；目前節點參考Current不是指向第一個節點的情形下，while迴圈開始走訪串列到最後節點

Step 2. 將目前節點「C」的Next指標指向第二個節點，變更第二個節點「A」為第一個節點。

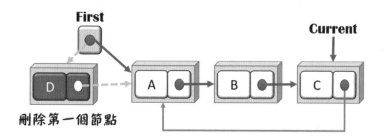

(2) 直接刪除最後節點

　　要把鏈結串列的最後一個節點刪除，意味著把串列裡倒數的第二個節點變更為最後一個節點。

Step 1. 設定兩個參考Current、Previous，目前節點參考Current不是指向第一個節點的情形下，while迴圈開始走訪串列到指定節點。

Step 2. 前一個節點「B」的Next鏈結指向節點「D」。

單向環狀鏈結串列中節點的移除，就以範例「CH0404.csproj」，藉由CircularLinkedList類別的成員方法RemoveAt()來實作移除節點的程序。

範例「CH0404.csproj/CircularLinkedList.cs」<續>

```
81 public class CircularLinkedList
82 {
83     //省略部分程式碼
84     public void RemoveAt(int data)//刪除指定節點
85     {
86         Node current, previous;
```

CHAPTER

4

```
87        if (first.Item == data)
88        {
89            current = first;
90            while (current.Next != first)
91                current = current.Next;
92            WriteLine($"節點[{first.Item}]已被移除");
93            current.Next = first.Next;
94            first = first.Next; //變更第二個節點為第一個節點
95        }
96        else //情形二：首節點以外的節點要被刪除
97        {
98            current = first;
99            while(current.Next != first)
100           {
101               previous = current; //從目前節點的前一個節點開始
102               current = current.Next;
103               if(current.Item == data)
104               {
105                   previous.Next = current.Next;
106                   current = current.Next;    //移向下一個節點
107               }
108           }
109       }
110   }
111   //省略部分程式碼
112 }
```

程式解說

◆ 第84~110行：定義成員方法RemoveAt()依據傳入參數值來刪除節點；而刪除節點分兩種情形，刪除第一個節點；刪除其它節點。

◆ 第87~95行：刪除第一個節點；若第一個節點被刪除，指定下一個節點為第一個節點。

◆ 第93行：將目前節點參考current的Next參考指向第一個節點的下一個節點，實際上就是第二個節點。

◆ 第96~109行：刪除指定節點，目前節點參考current的Next指標未指向第一個節點情形下以while迴圈走訪。

◆ 第103~107行：找到指定節點，被刪節點的前一個節點指標Next指向被刪節點的下一個節點。

4.4 雙向鏈結串列

　　另一種常見的鏈結串列就是雙向鏈結串列（Doubly Linked List）。要存取單向鏈結串列必須依循指標方向，從首節點走向尾節點。但如果想在單向鏈結串列做反向走訪，那可就是一件如假包換的大工程。此外，單向鏈結串列的某一個鏈結斷裂，後續的資料就會遺失而無法復原。

　　為了解決上述這兩項缺失，存取資料讓方便，雙向鏈結串列允許雙向走訪，同時改善了單向鏈結串列鏈結斷裂的問題。雙向鏈結串列的基本結構和單向鏈結有點相似，每一個節點除了資料欄之外，還包含左、右兩個鏈結欄，一個指向前一個節點，另一個指向後一個節點。至於雙向鏈結串列的優、缺點分析如下：

優點	缺點
• 雙向鏈結串列採用雙鏈結欄，已知前一個節點位置，刪除或加入新節點時，執行速度快過單向串列 • 雙鏈結欄之故，若鏈結斷落，另一個方向的鏈結欄能快速反向恢復其鏈結	• 雙向串列比單向串列需要多一個鏈結，較浪費記憶體空間 • 雙向串列加入新節點得變更四個鏈結，刪除一個節點也要改變兩個鏈結；而單向串列加入新節點，只要改變兩個指標，刪除節點只要改變一個指標即可

4.4.1 定義雙向鏈結串列

　　為了改善單向鏈結串列只能依序走訪的不便性，於是雙向鏈結串列（Doubly Linked List）蘊含而生。它的節點不同於單向鏈結串列，它具有三個欄位，一為左鏈結（Lnext），二為資料（DATA），三為右鏈結（Rnext），資料結構如下圖所示。

雙向鏈結串列基本結構

　　透過下圖認識資料欄含有資料的雙向鏈結串列。鏈結Lnext指向前一個節點，而另一個鏈結Rnext指向下一個節點。雙向鏈結串列可在首、尾分別加上一個First、Last參考，把它們分別指向第一和最後節點。當首節點的LNext和RLink分別指向null，表示它是一個空串列。為了方便存取，雙向串列可分成環狀和非環狀兩種。

雙向鏈結串列

如何定義雙向鏈結串列？先來撰寫雙向鏈結串列的節點。

```
// 參考範例「CH0405.csproj／Node.cs」
public class Node
{
    public int Item { get; set; }     //自動實作屬性，資料欄
    public Node LNext { get; set; }   //指向前一個節點鏈結
    public Node RLink { get; set; }    //指向下一個節點鏈結
    public Node(int data) //定義建構函式 - 傳入數值
    {
        Item = data;
        LNext = null;
        RLink = null;
    }
}
```

◈ 由於是雙向鏈結串列，要有兩個鏈結：LNext指向前一個節點，RLink指向
下一個節點。

4.4.2 新增節點

要在雙向鏈結串列中加入節點，同樣有三種情形可討論：①新增資料
到最後節點處、②從第一個節點處加入、③指定位置加入新節點。

(1) 新增資料到最後節點處

如何在最後節點加入新項目？它的作法是加入新節點之後，此新節點
就會變成鏈結串列的最後節點。

Step 1. 準備加入新節點「84」，進行記憶體空間的配置。

Step 2. 將串列的最後節點95的右鏈結RLink指向新節點「84」；新節點
的左鏈結LNext指向原串列的最後一個節點，並將新節點的右鏈
結指向Null；新節點變成最後一個節點。

Step 3. 實作請參考範例「CH0405.csproj/DoublyLinkedList.cs」的成員方
法「AddLast()」。

(2) 從第一個節點處加入

在雙向鏈結串列中加入節點的第二種情形，將新節點「67」新增到
原串列的第一個節點前，把它變成第一個節點。

Step 1. 將鏈結串列第一個節點78的左鏈結LNext指向新節點，把新節點「67」的右鏈結RLink指向串列的第一個節點78。

Step 2. First參考指向新節點「67」，使它變成第一個節點，完成加入動作。

Step 3. 實作請參考範例「CH0405.csproj/DoublyLinkedList.cs」的成員方法「AddFirst()」。

(3) 指定位置插入新節點

雙向鏈結串列新增節點的第三種可能情況：走訪串列到指定位置的某個節點，將新節點加到此節點之前，原有節點向後移動。

Step 1. 新節點「225」欲插入於位置2，位於此處的節點92會向後移動。

Step 2. 新節點「125」的右鏈結RLink指向目前節點95，左鏈結LNext
指向前一個節點78，將目前節點95的左鏈結LNext指向新節點
「125」，前一個節點78的右鏈結RLink指向新節點「125」。

Step 3. 最後，新節點「125」會新增到指定位置2，原有節點「95」向後
移動。

範例「CH0405.csproj/DoublyLinkedList.cs」

```
01 public class DoublyLinkedList
02 {
03     protected Node first, last;
04     public int Count{get; set;} = 0; //統計節點數
05     public DoublyLinkedList()    //定義預設建構函式
06     {
07         first = null; //初始化第一個節點為空值
08         last = null;   //初始化最後一個節點為空值
```

```
09    }
10    public void InsertAt(int data, int pos)
11    {
12       Node newNode;    //新點節
13       int j;
14       if (pos == 1)
15          AddFirst(data);    //呼叫方法加到第一個節點之前
16       else if (pos >= Count)
17          AddLast(data);       //呼叫方法加到最後節點之後
18       else    //找到指定位置的前一個節點來新增節點
19       {
20          Node ptr = first;    //目前指標ptr指向新節點
21          //依據傳入位置參數讀取節點
22          for (j = 1; j < pos && ptr != null; j++)
23             ptr = ptr.RLink;
24          newNode = new Node(data)       //產生新節點newNode
25          { RLink = ptr, LNext = ptr.LNext };
26          ptr.LNext = newNode; //目前節點的左鏈結指向新節點
27          //前一個節點的右鏈結RLink指向新節點
28          newNode.LNext.RLink = newNode;
29          Count++;
30       }
31    }
32    //省略部分程式碼
33 }
```

執行結果

```
■ D:\DS for Visual C#\CH04\CH0405\bin\... – □ ×
--請選取項目--> 1
[65]->[124]->[43]->[255]->
節點數: 4

  1. 輸出鏈結串列節點
  2. 搜尋 節點
  3. 新節點插到 第一個節點 之前
  4. 新節點插到 最後節點 之後
  5. 新節點插到 指定位置
99. 結束選單
------------------------------
--請選取項目--> 5
輸入新值--> 478
輸入欲指定位置--> 2

------------------------------
--請選取項目--> 1
[65]->[478]->[124]->[43]->[255]->
節點數: 5
```

程式解說

◆ 第4行：屬性Count採自動實作，統計節點數，初值設為零。

◆ 第10~31行：定義成員方法InsertAt()，依據傳入位置來插入節點。

◆ 第14~15行：指定位置是第一個節點，呼叫AddFirst()成員方法把新節點
  加入後變成第一個節點。

◆ 第16~17行：若指定位置大於屬性Count，表示新增到最後一個節點，呼叫
  AddLast()成員方法把新節點加入後變成最後一個節點。

◆ 第18~30行：以for迴圈找出此位置的節點來加入新節點，同時變動相關的
  左、右鏈結。

◆ 第24~25行：產生新節點之後，把右鏈結RLink指向目前節點，左鏈結
  LNext指向前一個節點。

4.4.3 刪除節點

　　欲刪除雙向鏈結串列的節點，也可區分兩種情況來討論：第一種情形是刪除串列的第一個節點。第二種情形就是刪除鏈結串列的最後節點。

(1) 刪除串列的第一個節點

Step 1. 欲刪除第一個節點「78」。將目前節點參考Current指向第二個節點「95」，把第一個節點的右鏈結RLink設為空值。

Step 2. 參考Current所指的目前節點「95」變更為第一個節點，First參考指向它，已是第一個節點「95」的左鏈結設為null。

Step 3. 實作請參考範例「CH0405.csproj/DoublyLinkedList.cs」的成員方法「RemoveFirst()」。

(2) 刪除鏈結串列的最後節點

　　欲刪除雙向串列的節點的第二種情形：刪除此鏈連串列的最後一個節點。

Step 1. 欲刪除最後節點「84」，目前節點參考ptr指向倒數第二個節點「95」。

刪除最後節點

Step 2. 設最後節點84的左鏈結LNext為null，把參考ptr所指的目前節點「95」設為最後一個節，Last參考指向它，設最後節點95的右鏈結RLink為null。

最後節點已刪除

範例「CH0405.csproj/DoublyLinkedList.cs」<續>

```
41 public class DoublyLinkedList
42 {
43     //省略部分程式碼
44     public void RemoveLast()
45     {
46         if (last == null)
47             WriteLine("串列是空的，無法刪除");
48         else if (Count == 1)
```

```
49        {
50            first = null;
51            last = null;
52            Count--;
53        }
54        else //狀況3: 刪除最後節點
55        {
56            Node ptr = last.LNext;
57            last.LNext = null;
58            last = ptr;
59            last.RLink = null;
60            Count--;
61        }
62    }
63 }
```

程式解說

◆ 第44~62行：定義成員方法RemoveLast()來刪除最後節點，以if/else
  if/else敘述做三種狀況的處理。

◆ 第46~47行：狀況一先判斷是否有最後節點？若無表示它是空串列。

◆ 第48~53行：狀況二是指串列只有一個節點，若被刪除要把指向第一個、最
  後節點的參考first、last設為空值。

◆ 第56行：先把目前節點參考ptr指向最後節點的前一個節點。

◆ 第57~58行：先設欲刪除最後節點的左鏈結為null，把參考ptr所指的目前
  節點設為最後一個節點。

◆ 第59行：然後把已是最後節點的右鏈結設為null。

4.4.4 環狀雙向鏈結

先前介紹過環狀單向鏈結串列，更進一步來認識「雙向環狀鏈結串列」（Circular Doubly Linked List）。檢視下圖，每一個節點除了資料欄之外，同樣有左、右兩個鏈結，分別指向上一個和下一個節點；而最後一個節點的右鏈結會指向第一個節點，第一個節點的左鏈結則會指向最後一個節點，所以其鏈結欄位不會指向null。

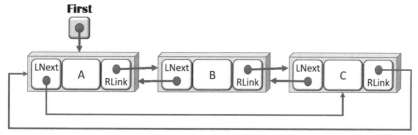

環狀雙向鏈結串列

如何將新節點加到環狀雙向的鏈結串列中？第一種作法就是把新節點加到第一個節點之前，使它變成第一個節點。

Step 1. 將新節點「C」新增到第一個節點「A」之前。

Step 2. 將新節點「C」右鏈結指向第一個節點「A」，將第一個節點的左鏈結LNext指向新節點，設新節點爲串列的第一個節點，First參考指向它。

Step 3. 第一個節點「C」的左鏈結LNext指向最後節點B，最後節點B的
右鏈結指向第一個節點「C」。

Step 4. 實作請參考範例「CH0406.csproj/CircularDoublyLinkedList.cs」
的成員方法「AddFirst()」。

如何將新節點加到環狀雙向的鏈結串列中？第二種作法就是把新節點
加到最後節點之後，使它變成最後一個節點。

Step 1. 將新節點「C」新增到最後一個節點「B」之後。

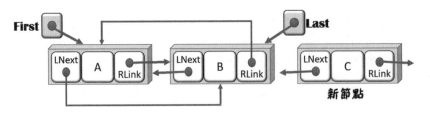

Step 2. 將串列最後節點B的右鏈結RLink指向新節點「C」，把新節點的
左鏈結LNext指向串列的原來的最後一個節點「B」，新節點變成
最後一個節點。

Step 3. 把最後節點「C」的右鏈結RLink指向第一個節點「A」，第一個
節點A左鏈結LNext指向最後一個節點「C」。

範例「CH0406.csproj/CircularDoublyLinkedList.cs」

```
01 public class CircularDoublyLinkedList
02 {
03    protected Node first, last;
04    public int Count { get; set; } = 0;//屬性，統計節點數
05    public CircularDoublyLinkedList()
06    {
07       first = null;    //指向第一個節點的參考
08       last = null;     //指向最後一個節點的參考
09    }
10    public void AddLast(int data)
11    {
12       Node newNode = new Node(data);
```

```
13        if (last == null)
14        {
15            first = newNode;
16            last = newNode;
17        }
18        else //串列有節點的話
19        {
20            last.RLink = newNode;
21            newNode.LNext = last;
22            last = newNode;
23            last.RLink = first;
24            first.LNext = last;
25        }
26        Count++;
27    }
28 }
```

程式解說

◆ 定義類別CircularDoublyLinkedList，設第一個、最後兩個參考來指向其節點，屬性Count用來統計節點數。

◆ 第5~9行：定義預設建構函式--初始化第一個、最後節點為空值。

◆ 第10~27行：定義成員方法AddLast()，把新節點加到最後一個節點之後，變成最後節點。

◆ 第13~17行：如果第一個節點first是空的，就把新節點設給首、尾兩個節點。

◆ 第20行：串列有節點，把串列原本最後節點的右鏈結RLink指向新節點。

◆ 第21行：將新節點的左鏈結LNext指向串列的最後一個節點。

◈ 第22行：參考last指向新節點，使它變成最後一個節點。

◈ 第23行：已成為最後節點的右鏈結RLink指向第一個節點。

◈ 第24行：最後，把第一個節點左鏈結LNext指向最後一個節點。

　　如何把環狀雙向的鏈結串列的節點刪除？就以大家較為熟知的兩種作法來討論。第一種作法就是刪除串列的最後一個節點。

Step 1. 準備刪除環狀雙向鏈結串列的最後節點「C」。

Step 2. 目前節點參考ptr指向最後節點的前一個節點「B」。先設最後節點C的左鏈結LNext為null，把參考ptr所指的目前節點B設為最後一個節點，Last參考指向它。

Step 3. 最後節點B的右鏈結指向第一個節點A，它的左鏈結指向最後節點。

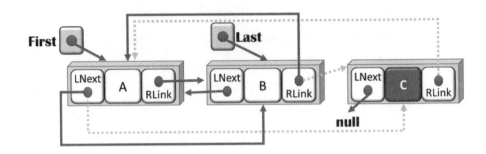

Step 4. 實作請參考範例「CH0406.csproj/CircularDoublyLinkedList.cs」
的成員方法「RemoveLast()」。

如何把環狀雙向的鏈結串列的節點刪除？第二種作法就是把刪除串列
的第一個節點。

Step 1. 準備刪除環狀雙向鏈結串列的第一個節點「A」。

Step 2. 目前節點參考current指向第二個節點B。第一個節點A的右鏈結
RLink設為空值，節點B變為第一個節點，First參考指向它。

Step 3. 已是第一個節點B的左鏈結LNext指向最後節點「C」；最後節點
C的右鏈結RLink指向第一個節點「B」。

範例「CH0406.csproj/CircularDoublyLinkedList.cs」<續>

```
31 public class CircularDoublyLinkedList
32 {
33     //省略部分程式碼
34     public void RemoveLast()
35     {
36         //狀況1：先判斷是否有最後節點？若無表示它是空串列
37         if (last == null)
38             WriteLine("串列是空的，無法刪除");
39         else if (Count == 1)    //狀況2：只有一個節點
40         {
41             first = null;
42             last = null;
43             Count--;
44         }
45         else //狀況3：刪除最後節點
```

```
46        {
47            Node ptr = last.LNext;
48            last.LNext = null;
49            last = ptr;
50            last.RLink = first;
51            first.LNext = last;
52            Count--;
53        }
54     }
55     //省略部分程式碼
56 }
```

程式解說

◆ 第34~54行：定義成員方法RemoveLast()，用來刪除串列的最後一個節點。

◆ 第47~48行：須將目前節點參考ptr指向最後節點的前一個節點，然後設最後節點的左鏈結為null。

◆ 第49行：把目前節點參考ptr所指的目前節點設為最後一個節點。

◆ 第50~51行：已是最後一個節點的右鏈結指向第一個節點，把第一個節點的左鏈結指向最後節點。

4.5 鏈結串列的應用

　　鏈結串列的最大優點是視實際需要才配置記憶體空間，可以減少浪費記憶體空間，因此多項式處理與稀疏矩陣是鏈結串列最普遍的應用範例，效果上會比陣列結構來的節省空間。

4.5.1 多項式與單向鏈結串列

　　一般而言，一元多項式可如此表示：

$$A(x) = a_nx^n + a_{n-1}x^{n-1} + a_{n-2}x^{n-2} + \ldots + a_2x^2 + a_1x^1 + a_0$$

◆ a_n是第n項的係數,所以完整的多項式共有「n + 1」個係數。

　　一般來說,使用鏈結串列處理多項式會比用陣列處理多項式來得好,因為使用陣列會有以下兩個缺點:

➤ 多項式的內容若有所變動,則不論刪除或加入都不易處理。

➤ 必須事先於記憶體中尋找一塊夠大的空間,將此多項式存入,因而較不具彈性。

　　如果以鏈結串列來表示多項式的話,多項式只儲存非零項項目,其資料結構可以三個欄位表示,以Visual C#表示如下:

```
// 參考範例「CH0407.csproj/Node.cs」
public class Node
{
    //自動實作屬性
    public int Coef { get; set; }   //多項式非零係數
    public int Exp { get; set; }   //多項式指數
    public Node Next { get; set; }   //鏈結參考Next指向下一個節點
    public Node() {; } //預設建構函式
    public Node(int data, int pow) //定義建構函式 - 傳入數值
    {
        Coef = data;
        Exp = pow;
        Next = null;
    }
}
```

◆ 定義類別Node,然後把屬性Coef、Exp、Next採自動實作方式。

◆ 把建構函式多載,第一個為預設建函式無參數,第二個含有參數。

結構體表示多項式

如果有m個非零項，則可以表示如下：

例一：產生一個多項。

```
A = 3X² + 2X + 1
```

使用串列來處理多項式相加，其原理很簡單。

例二：先來看看兩個多項式的相加過程。

```
A = 3X² + 2X + 1
B = X² + 3
```

採逐一比較項次，指數相同者相加，指數大者照抄，直到兩個多項式每一項都比較完畢。可以參考下圖的說明。

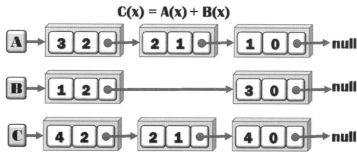

C(x) = A(x) + B(x)

鏈結串列表達多項式

　　基本上，對於兩個多項式相加，採往右逐一往比較項次，比較冪次大小，當指數冪次大者，則將此節點加到C(X)，指數冪次相同者相加，若結果非零也將此節點加到C(X)，直到兩個多項式的每一項都比較完畢為止。

範例「CH0407.csproj/Polynomial.cs」

```
01 public class Polynomial
02 {
03    protected Node item1, item2, result;
04    public Polynomial()//建構函式初始化指向相關節點的參考
05    {
06       result = null; //儲存多項式
07       item1 = null;  //儲存第一個多項式
08       item2 = null;  //儲存第二個多項式
09    }
10    public Node CreateItem(Node A, int data, int pow)
11    {
12       Node current;    //指向目前節點參考
```

```
13      Node newNode = new Node(data, pow);
14      if (A == null) //節點A是空的，就把新節點設為A
15          A = newNode;
16      else //有第一個節點就走訪
17      {
18          current = A;
19          while (current.Next != null)//走訪串列到最後節點
20              current = current.Next;
21          current.Next = newNode; //目前節點的Next指向新節點
22      }
23      return A;
24  }
25  public Node AddItem()    //兩個多項式相加
26  {
27      Node ptr1, ptr2, newNode;
28      Node previous = null;
29      ptr1 = item1;
30      ptr2 = item2;
31      while (ptr1 != null || ptr2 != null) //兩個多項式相加
32      {
33          newNode = new Node() { Next = null};
34          if (ptr1 != null && (ptr2 == null ||
35              ptr1.Exp > ptr2.Exp))
36          {
37              newNode.Coef = ptr1.Coef;
38              newNode.Exp = ptr1.Exp;
39              ptr1 = ptr1.Next;
```

```
40              }
41          else if (ptr1 == null || ptr1.Exp < ptr2.Exp)
42          {
43              newNode.Coef = ptr2.Coef;
44              newNode.Exp = ptr2.Exp;
45              ptr2 = ptr2.Next;
46          }
47          else //把兩個指數相同的多項數相加
48          {
49              newNode.Coef = ptr1.Coef + ptr2.Coef;
50              newNode.Exp = ptr1.Exp;
51              if (ptr1 != null) ptr1 = ptr1.Next;
52              if (ptr2 != null) ptr2 = ptr2.Next;
53          }
54          if (newNode.Coef != 0) //result儲存相加非零結果
55          {
56              if (result == null)
57                  result = newNode;
58              else
59                  previous.Next = newNode;
60              previous = newNode;
61          }
62          else
63              newNode = null;
64      }
65      return result;
66  }
```

```
67    public Node ShowPoly1()//取得第一個多項式
68    {
69        item1 = CreateItem(item1, 3, 7);
70        item1 = CreateItem(item1, 8, 4);
71        item1 = CreateItem(item1, 1, 3);
72        item1 = CreateItem(item1, 7, 1);
73        return item1;
74    }
75    public void Display(Node result) //輸出多項式
76    {
77        Node current = null;    //指向目前節點
78        current = result;
79        while (current != null) //串列不是空的情形下讀取節點
80        {
81            Write($"{current.Coef}X^{current.Exp}");
82            if (current.Next != null &&
83                    current.Next.Coef >= 0)
84              Write(" + ");
85            else Write(" ");
86            current = current.Next;
87        }
88        WriteLine();
89    }
90 }
```

執行結果

```
▣ D:\DS for Visual C#\CH...   —   □   ×
────────────────────────────────
多項式的表示：X^B
第一個多項式
3X^7 + 8X^4 + 1X^3 + 7X^1
第二個多項式
4X^5 + 6X^4 -2X^1
────────────────────────────────
兩個多項式相加結果
3X^7 + 4X^5 + 14X^4 + 1X^3 + 5X^1
```

程式解說

◆ 定義類別Polynomial，產生多項式之後，把兩個多項式相加，其建構函式把與節點有關的欄位先初始化為null值。

◆ 第10~24行：定義成員方法CreateItem()來產生多項式；產生新節點完成記憶體配置之後，若無第一個節點就變成第一個節點，要不然就變成其他節點。

◆ 第25~66行：定義成員方法AddItem()把兩個多項式相加，當兩個多項式確實有節點的情形下以while迴圈走訪，然後比較兩個多項式的指數的大小，再決定是否相加。

◆ 第34~40行：情形一：第一個多項式指數大於第二個多項式，把相關資料放入新節點。

◆ 第41~46行：第二種情形就是第一個多項式指數小於第二個多項式。

◆ 第47~53行：第三種情形就是第一個多項式指數等於第二個多項式，把相同的多項式相加。

◆ 第67~74行：定義成員方法ShowPoly()來取得第一個多項式。

◆ 第75~89行：定義成員方法Display()輸出多項式，並進一步判斷有下一個節點情形下以「+」字元串接多項式。

CHAPTER

4

4.5.2 稀疏矩陣與環狀鏈結串列

　　我們之前曾經介紹過使用陣列結構來表示稀疏矩陣，不過當非零項目大量更動時，需要對陣列中的元素做大規模的移動，這不但費時而且麻煩。其實環狀鏈結串列也可以用來表現稀疏矩陣，而且簡單方便許多。它的資料結構如下：

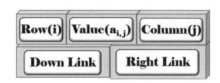

> Row：以 i 表示非零項元素所在列數。

> Column：以 j 表示非零項元素所在行數。

> Down：為指向同一行中下一個非零項元素的指標。

> Right：為指向同一列中下一個非零項元素的指標。

> Value：表示此非零項的值。

　　另外在此稀疏矩陣的資料結構中，每一列與每一行必須用一個環狀串列附加一個串列首來表示，下圖說明稀疏矩陣。

$$\begin{pmatrix} 0 & 4 & 11 & 0 \\ -12 & 0 & 0 & 0 \\ 0 & -4 & 0 & 0 \\ 0 & 0 & 0 & -5 \end{pmatrix}_{4 \times 4}$$

稀疏矩陣

把上圖的稀疏矩陣以環狀鏈結串列表示。

課後習作

一、選擇題

1. Visual C#宣告類別時，其屬性採自動實做，只使用get存取子，說明此屬性的作用為何？

    (A) 能讀取資料，也能寫入資料

    (B) 只能讀取資料，不能寫入資料

    (C) 不能讀取資料，只能寫入資料

    (D) 不能讀取資料，也不能寫入資料

2. 對於Visual C#來說，類別的成員，加入存取修飾詞「public」，代表的意義？

    (A) 不對外公開，只有該類別的成員才能存取

    (B) 對外公開，只有繼承的類別才可存取

    (C) 對外公開，任何類別皆可存取

    (D) 不對外公開，只適用目前所宣告的範圍

3. 對於建構函式的描述，何者不正確？

    (A) 把物件初始化

    (B) 預設建構函式不能有參數

    (C) 建構函式可以多載（Overloading）

    (D) 宣告時，不能跟類別同名稱

4. 對於單向鏈結串列的描述，何者有誤？

    (A) 節點只有單一方向

    (B) 鏈結欄用來指向前一個節點

    (C) 資料欄儲存資料

    (D) 透過指標的移動，能新增或刪除鏈結串的節點

5. 對於單向環狀鏈結串列的描述，何者正確？

(A) 把串列最後一個節點的指標指向串列首

(B) 只能從串列的第一個節點來追蹤串列的其他節點

(C) 只有第一個節點的指標指向NULL

(D) 把串列最後一個節點的指標指向串列尾

6. 對於雙向鏈結串列的描述，何者正確？

(A) 雙向鏈結串列不允許雙向走訪

(B) 由於使用雙指標，執行速度較單向鏈結慢

(C) 每個節點除了資料欄外，還包含左、右兩個鏈結欄

(D) 使用雙向鏈結串列能夠節省記憶體空間

二、實作與問答

1. 鏈結串列依據其種類，有哪三種？

2. 為什麼單向鏈結串列要設首、尾節點的指標？

3. 在單向鏈結串列插入新的項目，請說明有哪三種方式可供選擇？

4. 單向鏈結串列中，從前端新增節點，輸出其值並統計節點數。

5. 以環狀單向鏈結串列結構實作下列程序。

(1) 新增項目到最後節點，利用Last參考指向最後節點。

(2) 移除第一個節點。

(3) 輸出串列的節點。

6. 右列名稱「Tom、Andy、Vicky、Jan」存放在雙向鏈結串列中，如何以圖形表示？

7. 請說明環狀串列的優缺點。

8. 如何使用環狀串列來表示多項式？試以A=2X5+6X2+1說明之。如果使用環狀串列來執行多項式加法，有何優點？

第五章

堆疊和遞迴

★學習導引★

➢ 堆疊具有先進後出（LIFO）的特性

➢ 有了堆疊可以運算式由中序轉為前序或後序；或者
把前序或後序轉為中序

➢ 利用遞迴演算法，將大問題拆解成小問題；建立遞
迴關係式並找出終止條件

5.1 堆疊

　　堆疊（Stack）是一種資料結構，它也是有序串列的一種。那麼堆疊是什麼？可以把它想像成一堆盤子或者一個單向開口的紙箱，只能從頂部放進物品，拿出物品；堆放於最頂端的物品，可以最先被取出，具有「後進先出」（Last In，First Out, LIFO）的特性。日常生活中也隨處可以看到，例如大樓電梯、貨架上的貨品等，都是類似堆疊的資料結構原理。

堆疊結構

5.1.1 認識堆疊

　　一個比較有趣的例子，當我們啟動瀏覽器，進入中央氣象局官方網站，查看天氣預報的路線可能像這樣：

堆疊與瀏覽器

　　通常瀏覽器的「上一頁」或「下一頁」按鈕會記錄拜訪過的網頁，它們就是以「堆疊」結構來處理。例如進入中央氣象局官網，再進入「天氣預報」網頁；想要回到中央氣象局官方網站，會發現它最先被點擊而停留在「上一頁」的底部；若瀏覽多個網頁，可能要連按好幾個「上一頁」按鈕才能回到其官網。

　　另外，微軟的文書編輯軟體Word，它的「復原」（Undo）和「重複」兩個按鈕所儲存的操作動作也是以「堆疊」結構來運作。所以，堆疊結構在電腦的應用上可說是相當廣泛，例如遞迴呼叫、副程式的呼叫、CPU的中斷處理（Interrupt Handling）、中序法轉換成後序法、堆疊計算機（Stack Computer）等。

　　對於堆疊有了初步認識之後，順道了解與它有關的名詞。堆疊允許新增和移除的一端稱為堆疊「頂端」（Top），而閉合的一端就是堆疊「底端」（Bottom）。「空堆疊」裡通常不會有任何資料元素。從堆疊頂端加入元素稱為「推入」（push）；反之，從堆疊頂端移除元素稱為「彈出」（pop）。

堆疊的push和pop

　　堆疊結構的相關操作，包括新增一個堆疊、將資料加入堆疊的頂、刪

除資料、傳回堆疊頂端的資料及判斷堆疊是否是空堆疊；其抽象型資料結構（Abstract Data Type, ADT）如下：

> 只能從堆疊的頂端存取資料
>
> 資料的存取符合「後進先出」(Last In First Out, LIFO)的原則
>
> CREATE：建立一個空堆疊
>
> PUSH()：從頂端推入資料，並傳回新堆疊
>
> POP()：刪除頂端資料，並傳回新堆疊
>
> PEEK()：查看堆疊項目，回傳其值
>
> IsEmpty()：判斷堆疊是否為空堆疊，是則傳回true，不是則傳回false

◆ 此處要留意的地方是堆疊在非空的情況下才能一同使用方法peek()和pop()：空的堆疊當然無法移除任何項目或進一步查看其頂端的項目。

　　如何實作堆疊？有兩種方式：第一種是透過陣列結構；第二種則是利用鏈結串列和，只要維持堆疊後進先出與從頂端讀取資料的兩個基本原則即可。

5.1.2 以陣列結構建立堆疊

　　如何以陣列結構來實做堆疊？首先以陣列來存放元素時得配合堆疊結構來確認堆疊的頂、底端。雖然陣列物件具有存放順序，以push()方法加入元素，而pop()方法則能移除堆疊的元素。

範例「CH0501.csproj/StackAry.cs」

```
01 class StackAry
02 {
03     //屬性Name儲存名稱，Index取得陣列位置，皆採自動實做並設初值
04     public string[] Name { get; set; } = new string[5];
05     public int Index { get; set; } = 0;
06     public void PushItem(string data) //將元素從堆疊頂端壓入
07     {
08        if (Index <= Name.Length)
09        {
10            Name[Index] = data;   //將元素存入堆疊內
11            Index++;   //向頂端移動
12        }
13        else
14        {
15            WriteLine("堆疊已滿");
16        }
17     }
18     public void PopItem()//將元素從堆疊頂端彈出
19     {
20        if (Index > 0)
21        {
22            Index--;    //向底部移動
23            WriteLine($"{Name[Index]} 被移除");
24        }
25        else
```

```
26          WriteLine("堆疊已空");
27      }
28   public void Display()    //輸出堆疊項目
29   {
30      if (Index <= 0)
31          WriteLine("堆疊是空的");
32      else
33      {
34          Write($"堆疊項目：");
35          for(int j = 0; j < Index; j++)
36              Write($"{Name[j], 7},");
37      }
38      WriteLine();
39   }
40 }
```

範例「CH0501.csproj/StackDemo.cs」

```
41 static void Main(string[] args)
42 {
43    StackAry list = new StackAry();
44    list.PushItem("Mary"); //把項目壓入堆疊
45    list.PushItem("Tomas");
46    list.PushItem("Vicky");
47    list.Display();          //輸出堆疊內容
48    list.PopItem();          //把項目從堆端頂端彈出
49    list.PopItem();
```

```
50    list.PopItem();

51    list.Display();

52 }
```

執行結果

```
■ D:\DS for Visual C#\CH...   −   □   ×
堆疊項目：　　Mary,　Tomas,　Vicky,
Vicky 被移除
Tomas 被移除
Mary 被移除
堆疊是空的
```

程式解說

◆ 定義類別StackAry，宣告兩個屬性，實作三個成員方法。

◆ 第6~17行：定義成員方法PushItem()將傳入的參數壓入堆疊Name中，並以變數Index記錄其位置。

◆ 第18~27行：定義成員方法PopItem()將堆疊頂端的元素彈出。

◆ 第28~39行：定義成員方法Display()把堆疊的項目輸出。

◆ 第41~52行：Main()主程式中，產生StackAry類別物件list，並進一步操作其成員方法。

5.1.3 進一步使用泛型類別

　　泛型（Generic）是.NET Framework 2.0引入的型別參數（Type Parameter）。有了型別參數，即使無法得知使用者會填入哪一種型別，但有了泛型，無論是整數、浮點數或者字串皆能手到擒來。由.NET Framework類別庫的System.Collections.Generic名稱空間支援泛型。它定義了泛型集合的介面和類別，使用強化型別，提供比非泛型更好的型別安全和效能。

　　什麼是泛型？「泛」有廣泛之意，「泛型」是不是意味著有廣泛的型

別可使用呢？未認識泛型之前，先認識與泛型相關名詞：

➤ 泛型型別定義（Generic Type Definition）：宣告泛型時以類別、結構
或介面為樣版。

➤ 泛型型別參數（Generic Type Parameter）：簡稱「型別參數」；定義泛
型時所開放的資料型別，它屬於變動的資料。

➤ 建構的泛型型別（Constructed Generic Type）或稱「建構的型別」），
是定義泛型所制定的樣版，它無法實體化泛型物件。

➤ 條件約束（Constraint）：對泛型型別參數的限制。

先以下圖認識所定義的泛型。

以泛型為樣版

如何定義泛型類別？語法如下：

```
class 泛型名稱 <T1, T2, , . . . , Tn>
{
    //程式區段
}
```

◆ 定義泛型以class開頭，緊跟著泛型名稱，它其實就是泛型的「類別名
稱」。

◆ 角括號之內放入型別參數（Type Parameter）串列，每個參數代表一個資
料型別名稱，以大寫字母T做表示，多個參數間以逗點區隔。

　　如同蓋房子般，必須要有藍圖來確定房子樣式，才能一步一步施工；先定義一個簡單的泛型類別。

例一：宣告一個泛型。

```
class Student<T> {}
```

　　產生了一個泛型類別Student，只有一個型別參數以T表示。定義了泛型類別之後，當然得利用new運算子建立不同資料型別的實體物件，語法如下：

泛型類別名稱<資料型別> 物件名稱 = new 泛型類別名稱<資料型別>();

　　使用泛型建立物件時，必須明確指定型別參數的資料型別，

例二：

```
Student<string> persons = new Student<string>();
```

　　以一個簡單範例來認識泛型類別的魅力。

範例「CH0502.csproj/Student.cs」

```
01 using System.Collections;
02 class Student<T>
03 {
04    private int index;//陣列索引值
05    private T[] score = new T[5]; //儲存5個元素
06    public void StoreArray(T arrData)
07    {
08       if (index < score.Length)
```

```
09        {
10            score[index] = arrData;
11            index++;
12        }
13    }
14    public void Display()
15    {
16        foreach (T item in score)
17        {
18            Write($"{item, -6} ");
19        }
20        WriteLine();
21    }
22 }
```

範例「CH0502.csproj/GenericsDemo.cs」

```
31 static void Main(string[] args)
32 {
33    //建立泛型類別物件 -- 學生名稱
34    Student<string> persons = new Student<string>();
35    persons.StoreArray("Tomas");
36    persons.StoreArray("John");
37    persons.StoreArray("Eric");
38    persons.StoreArray("Steven");
39    persons.StoreArray("Mark");
```

```
40      persons.Display();
41      //建立泛型類別物件 -- 成績
42      Student<int> Score = new Student<int>();
43      Score.StoreArray(78);
44      Score.StoreArray(83);
45      Score.StoreArray(48);
46      Score.StoreArray(92);
47      Score.StoreArray(65);
48      Score.Display();
49 }
```

執行結果

▣ D:\DS for Visual C#\...	—	□	×
Tomas	John	Eric	Steven Mark
78	83	48	92　　 65

程式解說

◆ 第1行：要匯入「System.Collections」名稱空間。

◆ 第5行：建立含有T型別參數的陣列，可以存放5個元素。

◆ 第6~13行：定義成員方法StoreArray()利用型別參數T接收不同型別的陣列元素，利用if敘述以index做判斷，將讀取的元素放入陣列中。

◆ 第14~21行：定義成員方法Display()方法以foreach迴圈來輸出陣列元素。

◆ 第34、35行：主程式中，分別以泛型類別建立兩個物件，型別參數<string>、<int>表示它分別以字串、整數為其資料型別，呼叫StoreArray()方法能傳入名稱和分數。

　　名稱空間System.Collections.Generic中有兩個泛型類別：Stack、Queue兩個類別，先認識Stack。它的成員以下表做簡單說明。

Stack成員	說明
Count	取得實際的項目數
Peek()	回傳頂端的物件
Pop()	移除頂端物件
Clear()	移除所有項目
ToArray()	將Stack泛型類別物件複製到新陣列
Push(T)	將物件I加到Stack泛型類別頂端

例三：配合Stack泛型類別來實作堆疊。

```
// 參考範例「CH0503.csproj/Program.cs/主程式」
Stack<int> numbers = new Stack<int>();    //1.產生泛型類別物件
numbers.Push(11);    //2.Push()方法新增項目
numbers.Push(22);
numbers.Push(33);
numbers.Push(44);
foreach (int data in numbers) //3.讀取項目
   Write($"{data,3}");
WriteLine();
WriteLine($"移除了{numbers.Pop()}");//移除了Stack頂端物件
WriteLine($"堆疊頂端物件[{numbers.Peek()}]");//回傳頂端物件
```

5.1.4 使用鏈結串列（Linked List）

實做堆疊的第二個方式就是採用單向鏈結串列（Singly Linked List）。其節點的實作如下：

```
// 參考範例「CH0504.csproj∕Node.cs」
public class Node
{
    public int Item { get; set; }//自動實作屬性
    public Node Next { get; set; }
    public Node(int data)    //定義建構函式 - 傳入數值
    {
        Item = data;
        Next = null;
    }
}
```

如何把堆疊資料壓入堆疊？

Step 1. 從空的堆疊開始，並設參考「Top」來指向堆疊頂端節點；若是空的堆疊，壓入的第一個元素就成為第一個節點。

Step 2. 加入的第二個、第三個元素，第三個元素會推向堆疊頂端。

如何把堆疊內的元素彈出？實際上是彈出堆疊頂端的元素。

Step 1. 移除頂端元素「1167」，將指標「Top」指向下一個節點。

CHAPTER

5

範例「CH0504.csproj/LinkedList.cs」

```
01 public class LinkedList
02 {
03    protected Node Top;//指向堆疊頂端的參考
04    //統計堆疊的項數數，屬性採自動實做並給初值
05    public int Size { get; set; } = 0;
06    public LinkedList()//建構函式初始化頂端節為空值
07    { Top = null; }
08    public void PushItem(int data) //從堆疊頂端壓入元素
09    {
10       Node newNode = new Node(data) { Next = Top };
11       Top = newNode;
```

```
12        Size++;
13    }
14    public void PopItem()//從堆疊頂端彈出項目
15    {
16        Node ptr = Top;
17        if (Top != null)
18        {
19            Top = Top.Next;
20            WriteLine($"堆疊頂端彈出的項目 {ptr.Item}");
21            Size--;
22        }
23        else
24            WriteLine("堆疊是空的");
25    }
26    public int PeekItem()//回傳堆疊頂端元素
27    {
28        if (Top != null)
29            return Top.Item;
30        else
31            return -1;
32    }
33 }
```

程式解說

◆ 定義LinkedList類別來實作堆疊結構。

◆ 第8~13行：定義成員方法PushItem()把傳入參數壓到堆疊頂端；先產生新節點newNode，把新節點參考Next指向頂端節點Top，再把Top參考指向新節點。

◆ 第14~25行：定義成員方法PopItem()，移除堆疊頂項目並顯示其值。

◆ 第26~32行：定義成員方法PeekItem()，回傳堆疊頂端的項目。

5.2 堆疊應用

所謂的運算子（Operator）就是指數學運算符號，例如基本的「＋」、「-」、「*」、「/」四則運算符號，而運算元（Operand）則是參與運算的資料，例如1+2中的1及2，而算術運算式則是由運算元、運算子與某些間隔符號（Delimiter）所組成，在程式語言中，可能會看到如下的運算式：

```
X = A - B *(C+D) / E
```

這是較為常見是中序法，但是中序法有運算符號的優先權結合問題，再加上複雜的括號困擾，對於編譯器處理上較為複雜。由於電腦處理資料的方式是一筆一筆計算的，它不會像人類一樣懂得「先乘除後加減」的原理，因此我們就必須改變資料呈現的方式，以利電腦來運算。解決之道是將它換成後序法（較常用）或前序法。

把關注的重點就是在中序、後序及前序三種之間的轉換。如果依據運算子在運算式中的位置，可區分以下三種表示法：

➢ 中序法（Infix）：<運算元><運算子><運算元>，如A+B。例如2+3、3*5等都是中序表示法。

➢ 前序法（Prefix）：<運算子><運算元><運算元>，如+AB。例如中序運算式2+3，前序運算式的表示法則為+23。

➢ 後序法（Postfix）：<運算元><運算元><運算子>，如AB+。例如後序運算式的表示法為23+。

5.2.1 二元樹法

如何將中序法直接轉換成容易讓電腦進行處理的前序與後序表示法呢？第一個方式就是二元樹法。

　　這個方法是使用樹狀結構進行走訪來求得前序及後序運算式。到目前章節爲止，我們還沒爲各位介紹過樹狀結構，所以二元樹法的程式寫法、及樹建立方法等詳細的說明，留待第七章樹狀結構再爲您介紹。但簡單的說，二元樹法就是把中序運算式依優先權的順序，建成一棵二元樹。之後再依樹狀結構的特性進行前、中、後序的走訪，即可得到前中後序運算式。

5.2.2 括號轉換法

　　括號法就是先用括號把將中序式的優先次序分別出來，再進行運算子的移動，最後再把括號去除。我們將以實例幫助各位如何利用括號轉換法來求取中序式A-B*(C+D)/E的前序式和後序式。

(1) 中序式轉爲前序、後序式

例一：將運算式「A － B ＊ (C ＋ D) / E」由中序轉爲前序（Infix→Prefix）。

Step 1. 利用運算子的優先順序（Priority），將算術式依據先後次序加上括號。

> 中序式 A － B ＊ (C ＋ D) / E
> 對*加括號 A － (B ＊ (C ＋ D)) / E
> 對/加括號 A － ((B ＊ (C ＋ D)) / E)
> 對-加括號 (A － ((B ＊ (C ＋ D)) / E))

中序式加上括號

Step 2. 每個運算子找到離它最近的左括號來取代。

Step 3. 去掉所有右括號。

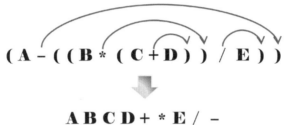

（A－（（B＊（C＋D））／E））

⬇

－A／＊B＋CDE

例二：運算式「A－B＊(C＋D)／E」；中序→後序（infix→postfix）。

Step 1. 將算術式依據先後次序完全括號起來（參考上圖）。

Step 2. 移動所有運算子來取代所有的右括號，以最近者為原則。

Step 3. 去掉所有左括號。

（A－（（B＊（C＋D））／E））

⬇

ABCD＋＊E／－

(2) 前序轉成中序式

　　對於中序轉換成前序或後序式的作法有了體驗之後，進一步來看看如何把前序或後序轉換成中序式呢？以括號法來求得運算式（前序式與後序式）的反轉為中序式的作法，若為前序必須以「運算子 + 運算元」的方式括號，若為後序必須以「運算元 + 運算子」的方式括號，最後拿掉括號即可。

例一：運算式「+*2 3*4 5」由前序轉為中序（Prefix→Infix）。

Step 1. 首先請依照「運算子＋運算元」原則括號。

$$前序式　+*23*45$$
$$對*加括號　+(*2)3(*4)5$$
$$對+加括號　(+(*2)3)(*4)5$$

Step 2. 移動所有運算子來取代所有的右括號，以最近者為原則。

$$(+(*2)3)(*4)5$$

$$((2*3+(4*5$$

Step 3. 最後拿掉括號即為所求。

$$中序式　2*3+4*5$$

例二：把運算式「-++6/*293*458」由前序式轉為中序式。

Step 1. 依照「運算子＋運算元」原則括號。

$$前序式 -++6/*293*458$$
$$對*加括號 -++6/(*2)93(*4)58$$
$$對/加括號 -++6(/(*2)9)3(*4)58$$
$$對+加括號 -+(+6)(/(*2)9)3(*4)58$$
$$對+加括號 -(+(+6)(/(*2)9)3)(*4)58$$
$$對-加括號 (-(+(+6)(/(*2)9)3)(*4)5)8$$

Step 2. 移動所有運算子來取代所有的右括號，以最近者為原則。

$$(-(+(+6)(/(*2)9)3)(*4)5)8$$

$$(((6+((2*9/3+(4*5-8$$

Step 3. 最後拿掉括號，得「6+2*9/3+4*5-8」。

(3) 後序轉成中序式

後序轉成中序（Postfix→Infix）則依次將每個運算子，以最近為原則取代前方的左括號，最後再去掉所有右括號。例如：ABC↑/DE*+AC*-

Step 1. 依「運算元＋運算子」原則括號。

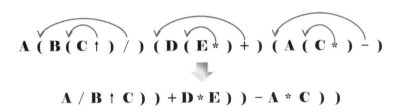

$$A (B (C ↑) /) (D (E *) +) (A (C *) -)$$

$$A / B ↑ C)) + D * E)) - A * C))$$

最後拿掉括號，得「A / B↑C + D * E - A * C」。

5.2.3 堆疊法

利用堆疊將中序法轉換成前序，需要以「運算子堆疊」來協助，它依據兩個優先權：「堆疊內優先權」（ISP，In Stack Priority）和「輸入優先權」（ICP，In Coming Priority），以堆疊法求中序式「A-B*(C+D)/E」的前序法與後序法。

如何把中序轉為前序？輸入優先權（ICP）的規則如下：
① 由右而左讀取中序式，一次讀取一個「句元」（Token）。
② 若為運算元，直接輸出成後序式。
③ 若是運算子（含左、右括號），則以ISP優先權來存放堆疊。

讀取中序式，堆疊外部的運算子如何放入堆疊內？ISP優先權依據「堆疊內存放的運算子，優先權大的壓優先順序小的」，再來細看其他的原則：
① 如果是「)」直接放入堆疊；它的優先權最小，任何運算子都可以壓它。

② 如果「(」依次輸出堆疊中的運算子，直到取出「)」為止。

③ 其他運算子，則與堆疊頂端的運算子作優先權比較。外部運算子優先順序大於堆疊內運算子，直接壓入（PUSH）；外部運算子優先順序小於堆疊內運算子，就得不斷地彈出內部運算子，直到內部運算子的優先順較小或變成空的堆疊，再壓入外部運算子。

④ 如果運算式已讀取完成，而堆疊中尚有運算子時，依序由頂端輸出。

⑤ 若以另一個堆疊存放前序式，將它反轉輸出。

　　「Infix→Prefix」有了原則之後，如何將中序式「A-B*(C+D)/E」轉成前序式？相關程序解說列示如下。

讀入字元	堆疊內容	輸出（底→）	說明
null	Empty	null	
E	Empty	E	ICP(1)運算元就直接輸出
/	/	E	ICP(3)運算子加入堆疊中
)	)/	E	ICP(3)「)」在堆疊中的先權較小
D	)/	ED	ICP(1)
+	+)/	ED	ISP(1)，運算子「+」優先權高於「)」
C	+)/	EDC	ICP(1)
(	/	EDC+	ISP(2)，彈出堆疊內運算子，直到「)」為止
*	*/	EDC+	ISP(3)，運算子「*」的優先權和「/」相等，不必彈出
B	*/	EDC+B	ICP(2)
−	−	EDC+B*/	ISP(3)，運算子「−」的優先權小於「*」，所以彈出堆疊內的運算子

讀入字元	堆疊內容	輸出（底→）	說明
A	－	EDC+B*/A	ICP(1)
null	Empty	EDC+B*/A－	讀入完畢，將堆疊內的運算子彈出 再把前序式反轉輸出－A/*B+CDE

如何把中序轉為後序，輸入優先權（ICP）的規則如下：

① 由左而右讀取中序式，一個讀取一個「句元」（Token），它可能是運算子或運算元。

② 若為運算元直接輸出成後序式。

③ 若是運算子，則以ISP優先權來存放堆疊。

ISP優先權依據「堆疊內存放的運算子，優先權大的壓優先順序小的」，再來細看其他的原則：

① 左括號「(」直接壓入（PUSH），要記住的是它的優先順序最小，任何運算子都可以壓它。

② 右括號「)」就依次輸出堆疊中的運算子，直到取出左括號「(」為止。

③ 其他運算子，則與堆疊頂端的運算子作優先權比較。外部運算子優先順序大於堆疊內運算子，直接壓入（PUSH）；外部運算子優先順序小於堆疊內運算子，就得不斷地彈出（POP）內部運算子，直到內部運算子的優先順較小或變成空的堆疊，再壓入外部運算子。

④ 如果運算式已讀取完成，而堆疊中尚有運算子時，依序由頂端輸出。

CHAPTER

5

　　　　我們把中序式「A-B*(C+D)/E」轉成後序（Infix→Postfix），從左至右讀入字元的相關解說如下：

讀入字元	堆疊內容	輸出	說明
null	Empty	null	
A	Empty	A	ICP(2)運算元直接輸出
−	−	A	ICP(3)運算子壓入（PUSH）堆疊中
B	−	AB	ICP(2)
*	*−	AB	ISP(3)，運算子「*」優於「−」壓入堆疊中
(	(*−	AB	ISP(1)規則，直接把「(」壓入堆疊內
C	(*−	ABC	ICP(2)
+	+(*−	ABC	ISP(3)，「(」在堆疊內的優先權最小
D	+(*−	ABCD	ICP(2)
)	*−	ABCD+	ISP(2)，彈出堆疊內運算子，直到「)」為止
/	/*−	ABCD+	ISP(3)，運算子「/」壓入堆疊內
E	/−	ABCD+E	ICP(2)
null	Empty	ABCD+E/*−	讀入完畢，將堆疊內的運算子依序彈出

範例說明

　　　　對於運算式有了初步了解後，下述範例將中序式以字元方式讀取後，再依據ICP和ISP的原則，把它轉換為後序式。

範例「CH0505.csproj/InfixToPostfix.cs」

```
01 class InfixToPostfix
02 {
03     protected char[] stack = new char[20];//儲存運算式
04     public int Top { get; set; } = -1;//指向堆疊頂端的參考
05     public void ToPostfix(char[] infix,
06           char[] postfix)
07     {
08        int pos = 0, k = 0;
09        char token;
10        while (infix[pos] != '\0')//讀取運算式
11        {
12           if (infix[pos] == '(')   //左括號壓入堆疊
13           {
14              PushItem(stack, infix[pos]);
15              pos++;
16           }
17           else if (infix[pos] == ')') //右括號從堆疊彈出
18           {
19              while ((Top != -1) && (stack[Top] != '('))
20              {   //輸出運算式到左括號
21                 postfix[k] = PopItem(stack);
22                 k++;
23              }
24              if (Top == -1)
25              {
```

```
26              WriteLine("運算式不正確");
27              break;
28          }
29          token = PopItem(stack); //移除左括號
30          pos++;
31      }
32      else if (Char.IsDigit(infix[pos]) ||
33              Char.IsLetter(infix[pos]))
34      {
35          postfix[k] = infix[pos];
36          k++;
37          pos++;
38      }
39      else if (infix[pos] == '+' || infix[pos] == '-'
40              || infix[pos] == '*' || infix[pos] == '/'
41              || infix[pos] == '%')
42      {
43          while ((Top != -1) && (stack[Top] != '(')
44                  && (Priority(stack[Top])
45                  > Priority(infix[pos])))
46          {                    //依運算子的優先權
47              postfix[k] = PopItem(stack);
48              k++;
49          }
50          PushItem(stack, infix[pos]);
51          pos++;
52      }
```

```
53          else
54          {
55              WriteLine("運算式的字元不對");
56              break;
57          }
58      }
59      while ((Top != -1) && (stack[Top] != '('))
60      {
61          postfix[k] = PopItem(stack);//彈出堆疊內其它運算子
62          k++;
63      }
64      postfix[k] = '\0';
65  }
66  public int Priority(char op) //依先乘除後加減的優先權
67  {
68      switch (op)
69      {
70          case '*': case '/': case '%': return 3;
71              case '+': return 2;
72              case '-': return 1;
73              default: return 0;
74      }
75  }
76  public void PushItem(char[] stack, char value)
77  {
78      if (Top == stack.Length - 1)
79          WriteLine("堆疊已滿");
```

```
80      else
81      {
82          Top++;
83          stack[Top] = value;
84      }
85   }
86   public char PopItem(char[] stack)
87   {
88      char val = ' ';
89      if (Top == -1)
90          WriteLine("堆疊是空的!");
91      else
92      {
93          val = stack[Top];
94          Top--;
95      }
96      return val;
97   }
98 }
```

執行結果

```
■ D:\DS for Visual C#\CH05...   —   □   ×
輸入中序運算式--> A-(B/C+(D%E*F)/G)*H
--中序轉為後序運算式--
ABC/DEF*%G/+H*-
```

程式解說

◆ 定義類別 InfixToPostfix 將中序運算式轉為後序運算式。

◆ 第5~65行：定義成員方法ToPostfix()，將傳入中序運算式依據ICP、ISP
　規則轉為後序運算式。

◆ 第10~58行：while迴圈依序讀取轉為字元的運算式，再依據ICP和ISP做
　判斷是否壓入堆疊或把堆疊的字元彈出。

◆ 第12~16行：由於「(」（左括號）優先權最小，呼叫PushItem()方法壓入
　堆疊。

◆ 第17~31行：將「)」（右括號）從堆疊彈出前還要確認它的ISP，把堆疊彈
　出的項目儲存到後序運算式陣列。

◆ 第19~23行：以while迴圈配合頂端參考Top來彈出「(」上方的運算子。

◆ 第32~38行：以char類別的兩個方法，IsDigit()判斷是否為十位數的數
　字，IsLetter()判斷是否為字母；符合者存入後序運算式陣列。

◆ 第39~52行：依據運算子的優先權，把彈出堆疊的運算子放入postfix的陣
　列。

◆ 第59~63行：依while迴圈的讀取，將堆疊內所餘的運算子全部彈出。

◆ 第66~75行：定義成員方法Priority()，它依據傳入的運算子來判斷其優
　先權。

◆ 第76~85行：定義成員方法PushItem()，在堆項目未滿的情形下，才把項
　目壓入堆疊。

◆ 第86~97行：定義成員方法PopItem()，在不是空的堆疊情形下，從堆疊彈
　出項目並移動Top參考。

　　前序、後序轉換為中序的反向運算做法和前面小節所陳述的堆疊法完
全不同，以堆疊法來求得運算式（前序式與後序式），反轉為中序式的作
法必須遵照下列規則：

	前序轉中序	後序轉中序
中序式結合方式	<運算元2>運算子<運算元1>	<運算元1>運算子<運算元2>
讀取資料	由右到左	由左到右
資料是運算元	放入堆疊	放入堆疊
資料是運算子	取出兩個字元，依中序式結合方式，將結果放入堆疊中	取出兩個字元，依中序式結合方式，將結果放入堆疊中

轉換過程中，前序和後序的中序式結合方式不太一樣：

➢ 前序式是<運算元2><運算子><運算元1>，如下圖所示。

前序轉中序

➢ 後序式<運算元1><運算子><運算元2>，如下圖所示。

「Prefix→Infix」如何轉換？現在就利用以上的作法，詳細為各位說明前序式「+-*/ABCD//EF+GH」轉換為中序的過程。

Step 1. 首先，從右至左讀取運算元G和H，直接放入堆疊；接下來是運算子「+」，先取出兩個運算元G、H，依中序式結合「<OP2>運算子<OP1>」變成「G + H」再放入堆疊內。

Step 2. 接著，從右至左讀取字元E和F，由於是運算元先放入堆疊；接下來是運算子「/」，先取出兩個運算元E、F，依中序式結合「<OP2>運算子<OP1>」變成「E / F」再放入堆疊內；再讀取運算子「/」，取出兩個運算式，依中序式結合變成「(E / F) / (G + H)」放入堆疊內。

Step 3. 接著，從右至左讀取字元D、C、B、A，放入堆疊。讀取運算子「/」，先取出兩個運算元A、B，依中序式結合變成「A / B」再放入堆疊內；再讀取運算子「*」，取出兩個運算元，依中序式結合變成「(A / B) * C」放入堆疊內。

Step 4. 接著，讀取運算子「−」，取出兩個運算元，依中序式結合變成「((A / B) * C) − D」然後放入堆疊內；再讀取運算子「*」，取出兩個運算元，依中序式結合變成「 (((A / B) * C) − D) + (E / F) / (G + H)」放入堆疊；最後，整理括號得「A / B * C − D + E / F / (G + H)」。

後序→中序（Postfix→Infix）：將後序式「AB + C * DE − FG +*−」轉換為中序式的過程如下：

Step 1. 首先，從左至右讀取運算元A和B，直接放入堆疊；接下來是運算子「+」，先取出兩個運算元A、B，依中序式結合「<OP1>運算子<OP2>」變成「A + B」再放入堆疊內。

Step 2. 讀取運算元C，直接放入堆疊；接下來是運算子「*」，先取出兩個運算元，依中序式結合變成「(A + B) * C」再放入堆疊內；再讀取運算元D、E，直接放入堆疊。

Step 3. 讀取運算子「－」，先取出兩個運算元D、E，依中序式結合變成
「D－E」再放入堆疊內；再讀取運算元F、G，直接放入堆疊，
讀取運算子「＋」，先取出兩個運算元F、G，依中序式結合變成
「F＋G」再放入堆疊內。

Step 4. 最後，讀取運算子「－」，先取出兩個運算元，依中序式結合變成
「((A＋B) * C)－((D－E) * (F＋G))」，整理括號得「A／B * C－
(D＋E) * (F＋G)」。

5.3 遞迴

「遞迴」（Recursion）在程式設計上是相當好用而且特殊的演算法，當然也是堆疊的一種應用。當然並非任何一種程式語言都可以提供遞迴的功能，這是因為利用遞迴來撰寫程式時，程式會遞迴呼叫多少次，只有在執行時才能得知。所以其繫結時間（Binding Time）也須延遲至執行時才能決定。如C、C++、Pascal、ALGOL、LISP、PROLOG都是具備有遞迴的功能的程式語言。

5.3.1 暫存堆疊的功用

雖然遞迴式可以增進結構化程式設計的可讀性。不過針對執行時間的考量而言，還是以所謂的for或while迴路（Iteration：又稱疊代法）更能節省執行時間。這是因為當每一次遞迴的過程在進入自身所定義的函數中，對於函數內的局部變數和參數多會重新配置。而且呼叫它的過程中，只有最近的一組才可被引用。由函數返回上一次呼叫的地方時，最近配置的那一組變數所占的記憶區被釋放（Release），而且最新的拷貝重新恢復作用。

更清楚的說，由於遞迴式並未事先定義可執行次數，程式語言就使用了暫存堆疊來解決這個問題。暫存堆疊是由系統來控制，對使用者而言是不可見的（Invisible）。當每次進入一個遞迴函數時，該函數中相關變數的新配置拷貝就以所謂活動記錄表（Activation Record）的形態置於暫存堆疊的頂端。任何對於區域變數（Local Variable）或參數的引用都必須經由目前暫存堆疊的頂端。一旦函數返回時，堆疊頂端配置的拷貝被釋放。而前一次配置的拷貝則成為目前暫存堆疊的頂端，以供下一次引用局部變數值使用。由以上的說明，我們可以簡單歸納出使用堆疊的優缺點。

優點	缺點
• 增加程式整體的可讀性，並且簡短易讀 • 能夠解答較複雜的問題與邏輯	• 需要花費較多的執行時間 • 由於利用暫存堆疊（Stack）及函數的呼叫與返回等因素，因此會增加系統記憶體的負荷

5.3.2 遞迴的定義

定義遞迴之前，先來看看底下的小程式！

```
// 參考範例「CH0506.csproj/Program.cs」
static void Main(string[] args)
{
    int N = 5;
    ShowNum(N);
}
public static void ShowNum(int num)  //靜態方法以遞呼叫本身
{
    if (num > 0)
    {
        Write($"{num, 3}");
        ShowNum(num - 1);
    }
}
```

◆ 定義一個靜態方法ShowNum()。呼叫其方法時會進入方法主體，先判斷N的值是否大於0，條件成立情形下才會輸出n的值。然後，再一次呼叫函式showNum()進行條件判斷，周而復始；直到輸出1之後，再一次呼叫函式，由於「0 > 0」條件不成立，停止函式的執行。

靜態方法ShowNum()其實就是一個簡單的遞迴函式。因此，可以把「遞迴」視爲解決問題的方法，把大問題分解成多個子問題，再把子問題再分解爲更小問題，直到問題小到可以被解決爲止；所以，想要定義「遞迴」有三個更明確的基本原則：

➤ 要有一個基本案例（Base case）。

➤ 能夠改變它的狀態，狀態的改變是由基本案例來驗收。

➤ 能夠呼叫自己本身。

　　假如一個函數或副程式，是由自身所定義或呼叫的，就稱爲「遞迴」（Recursion），它至少要定義兩項條件：

➤ 遞迴關係式：找出問題的共同關係，一個可以反覆執行或呼叫的過程。

➤ 基本案例：一個能跳出執行過程的出口來結束遞迴。

　　那麼遞迴如何解決問題？首先，我們先來看一個經典案例「連續數值加總」！要把數值由「1 + 2 + 3 + … + N」求取結果，第一種常用方法就是「重複法」，以for迴圈配合計數器，將數值一個個相加，程式碼如下：

```
// 參考範例「CH0507.csproj/Program.cs」
int total = 0;
for (int j = 1; j < 11; j++)
{
    total += j;
    Write($"{total, 4}");
}
```

　　變數total如何把相加的數值儲存？用最笨的方法，把數值一個再相另一個，直到完成其動作；例如「1+2 = 3」，「(1+2) + 3 = 6」，觀察它的運算過程。

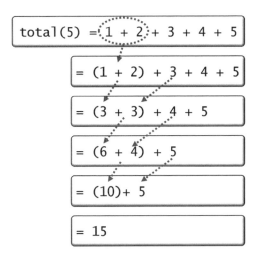

　　加總第二個方法就是使用等差級數公式，將「（前項 + 末項）*項數/2」放入程式碼，而不是以for迴圈，簡例如下：

```
// 參考範例「CH0508.csproj/Program.cs」
static void Main(string[] args)
{
    int result = TotalNums(1, 10);
    WriteLine($"1~10 累加總和: {result}");
    ReadKey();
}
public static int TotalNums(int N1, int N2) //等差級數公式
{
    int total = (N1 + N2) * 10 / 2;
    return total;
}
```

　　第三個方法就是以遞迴來處理，依據遞迴的定義；先找出遞迴關係式「total(n) = total(n – 1)」，再設定遞迴終止條件「total(n) = 1」，簡例如下：

```csharp
// 參考範例「CH0509.csproj/Program.cs」
static void Main(string[] args)    //主程式
{
    int result = TotalNums(5);
    WriteLine($"總和：{result}");
}
public static int TotalNums(int num) //靜態方法-以遞迴方式呼叫
{
    int total;
    if (num == 1)
        total = 1; //終止遞迴
    else
        total = TotalNums(num - 1) + num;    //遞迴關係式
    return total;
}
```

◆ 就以參數為「5」來了解函式TotalNums(5)遞迴運作。當「TotalNums(5)」可以把它分解為「TotalNums(4) + 5」，直到分解為「TotalNums(1 - 1) + 1」，表示達到遞迴終止條件，那麼「TotalNums(1)」的結果就是「1」，「TotalNums(2) = 3」向上回傳而得到「TotalNums(5) = 15」。

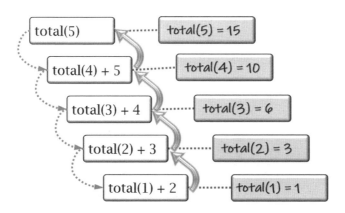

　　這種重複呼叫遞迴式的過程是有限；也就是說每次呼叫TotalNums()方法，參數值會遞減，直到「基本案例」無法再呼叫為止。上圖就是一個很簡單的「遞迴追蹤」（Recursion Trace）來解說遞迴的執行過程。再來看另一個數學上很有名的階乘函數，以「n!」表示，其中的的「n」為正整數：

當n ＝ 0時，n! ＝ 1

當n ≧ 1時，n!是從1到n的正整數相乘積

階乘函數的數學表示式：

$$n! = \begin{cases} 1 \\ n \times (n-1) \times \cdots \times 2 \times 1 \end{cases}$$

階乘函數的遞迴表示式：

$$fact(n) = n! = \begin{cases} 1 & if\ n = 0 \\ n \times (n-1) \times \cdots \times 2 \times 1 & if\ n \geq 1 \end{cases}$$

◈ n ＝ 0是遞迴演算法的基本案例。

◈ n ≧ 1，fact(n)函式呼叫自己本身。

例一：就以Visual C#來撰寫一個階乘遞迴程式。

```csharp
// 參考範例「CH0510.csproj/Program.cs」
public static int Factorial(int N)
{
    int result;        //儲存階乘計算結果
    if(N == 0)
        result = 1;    //基本案例，終止遞迴
    else               //如果階乘是2(含)以上，呼叫自己的函式
        result = N * Factorial(N - 1);//呼叫自己的函式
    return result;
}
```

◆ 「result = 1」：遞迴的第二個條件「基本案例」，讓遞迴跳出執行的缺口。

◆ 呼叫自己的函式「N * Factorial(N - 1)」：遞迴的第一個條件「遞迴關係式」，它會反覆執行。

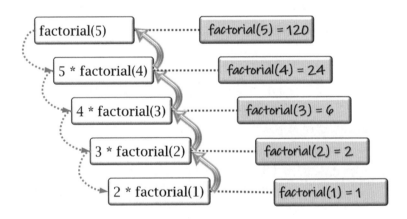

由於演算法中「N × Factorial(N-1)」就是一個反覆的過程，而N等於1時，就是遞迴式的「出口」。

CHAPTER

5

補結站

其實N!的遞迴式也稱為「尾歸遞迴」（Tail Recursion）。

■ 所謂「尾歸遞迴」就是程式的最後一個指令為遞迴呼叫，因為每
  次呼叫後，再回到前一次呼叫的第一行指令（就是return指令）；
  所以不需要再進行任何計算工作，因此也不必保存原來的環境資訊
  （如參數儲存、控制權轉移）。

■ 尾歸遞迴的一個重要特性，就是很容易利用疊代法來改寫，經過編
  譯後的執行效率可以與利用迴圈功能的疊代法相同。

　　不知道各位還記得最大公因數（GCD）否？數學上可以使用輾轉相
除法（Euclidean演算法）計算；藉由兩個數M、N之差與較小數的來找
出，直到「M = N」為止。在電腦程式的處理上，同樣可以使用遞迴來達
到目的。

➤ 遞迴關係式：若「M > N」，則gcd(M, N) = gcd(M – N, N)。

➤ 遞迴關係式：若「M < N」，則gcd(M, N) = gcd(M, N - M)。

➤ 基本案例：若「M = N」，則gcd(M, N) = M，結束函數。

例二：以數值36、28為例。

```
gcd(36, 28)      //M > N, gcd(36-28, 28)
= gcd(8, 28)     //M < N, gcd(8, 28-8)
= gcd(8, 20)     //M < N, gcd(8, 20-8)
= gcd(8, 12)     //M < N, gcd(8, 12-8)
= gcd(8, 4)      //M > N, gcd(8-4, 4)
= gcd(4, 4) = M, GCD = 4
```

　　如何撰寫其程式碼，就以下述範例為參考！

```
// 參考範例「CH0511.csproj/Program.cs」
public static int gcd(int M, int N)
{
    //如果兩個值相同，就回傳其中一個
    if(M == N)
        return M;                    //基本案例
    else if(M > N)
        return gcd(M - N, N);        //遞迴關係式
    else
        return gcd(M, N - M);
}
```

不過上述方法可能會產生效能不彰的問題，可以把「M - N」改變為「M % N」，則函式運作如下：

➤ 遞迴關係式：若「M ≠ N」，則gcd(M, N) = gcd(N, M % N）。

➤ 基本案例：若「N = 0」，則gcd(M, N) = M，結束函數。

同樣以數值36、28為例。

```
gcd(36, 28)      //M ≠ N, gcd(28, 36 % 28)
= gcd(28, 8)     //M ≠ N, gcd(8, 28 % 8)
= gcd(8, 4)      //M ≠ N, gcd(4, 8 % 4)
= gcd(4, 0)      //N = 0, gcd = M
GCD = 4
```

將範例「CH0511」修改如下：

```
// 參考範例「CH0512.csproj/Program.cs」
public static int gcd(int M, int N)
{
    if(N == 0)
        //M % N 餘數為0，M就是最大公因數
        return M;          //基本案例，終止遞迴
    else
        return gcd(N, M % N);   //遞迴關係式
}
```

例三：看一個很有名氣的費伯那（Fibonacci）數列，首先看看費伯那序
　　　列的基本定義：

$$
F_n = \begin{cases} F_0 = 0, & \text{if } n = 0 \\ F_2 = 1, & \text{if } n = 1 \\ F_n = F_{n-1}, + F_{n-2}, & \text{if } n \geq 2 \end{cases}
$$

　　　用口語化來說，就是一序列的第零項是0、第一項是1，其它每一個
序列中項目的值是由其本身前面兩項的值相加所得。對於費伯那遞迴式，
如果我們想求取第4個費伯那數Fib(4)，它的遞迴過程表示如下圖，從路
徑圖中可以得知遞迴呼叫9次，而執行加法運算4次。

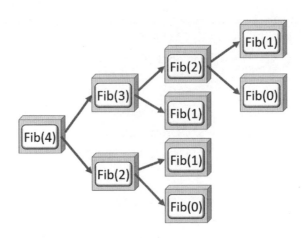

就以Visual C#配合遞迴來撰寫費氏數列。

```
// 參考範例「CH0513.csproj/Program.cs」
public static int Fibo(int num)
{
    if((num == 1) || (num == 2))
        return 1L;                          //基本案例，終止遞迴
    else
        return Fibo(num - 1) + Fibo(num - 2); //遞迴關係式
}
static void Main(string[] args) //主程式
{
    int num = 1;
    for(int n = 0; n <= 15; n++)
    {
        WriteLine($"{n, 2} -> {Fibo(num), 4}");
        num++;
    }
}
```

◆ 定義靜態方法Fibo()，傳入參數num；以「num = 1」和「num = 2」做為終止遞迴的條件。

◆ 遞迴關係式就是呼叫函式Fibo()，取得「num - 1」與「num - 2」相加之結果。

5.3.3 河內塔問題

法國數學家Lucas在1883年介紹了一個十分經典的河內塔（Tower of Hanoi）智力遊戲，是遞迴應用的最傳神表現。內容是說在古印度神廟，廟中有三根木樁，天神希望和尚們把某些數量大小不同的圓盤，由第一個木樁的圓盤全部移動到第三個木樁。不過在搬動時還必須遵守下列規則：

➢ 直徑較小的圓盤永遠置於直徑較大的套環上。

➢ 圓盤可任意地由任何一個木樁移到其他的木樁上。

➢ 每一次僅能移動一個圓盤。

問題分析：

➢ 因為愈大的盤子要放在愈下面，所以要先把最大的盤子移到目的地。

➢ 以遞迴作法把問題分解成數個小問題，每個問題的目的是把還沒移到目的地的盤子中，最大的盤子移向目的地。

參根柱子可視為：出發點、輔助移動、目的地。

當A柱只有一個圓盤時，圓盤直接移動A柱→B柱→C柱

當A柱有兩個圓盤時：

圓盤(1)從A柱→B柱

圓盤(2)從A柱→C柱

圓盤(1)再從B柱→C柱

A柱有三個圓盤時：

圓盤(1)從A柱→C柱

圓盤(2)從A柱→B柱、

圓盤(1)再從C柱→B柱

圓盤(3)從A柱→C柱

圓盤(1)再從B柱→A柱

圓盤(2)再從B柱→C柱

圓盤(1)再從A柱→C柱

依據上述的圓盤移動的規則，當有n個圓盤時，利用遞迴演算法可以歸納出如下的操作：

➤ 將n-1個圓盤，從木柱A移動到木柱B。

➤ 將第n個最大盤子，從木柱A移動到木柱C。

➤ 將n-1個盤子，從木柱B移動到木柱C。

範例「CH0514.csproj/Program.cs」

```
01 static void Main(string[] args)
02 {
03     Hanoi(3, 'A', 'B', 'C');
04     ReadKey();
05 }
06 public static void Hanoi(int num, char A, char B, char C)
07 {
08     if (num > 0)
```

```
09    {
10        Hanoi(num - 1, A, C, B);
11        WriteLine($"移動第{num}圓盤，從{A} --> {B}");
12        Hanoi(num - 1, C, B, A);
13    }
14 }
```

執行結果

```
■ D:\DS f...    —    □    ×
移動第1圓盤，從A --> C
移動第2圓盤，從A --> B
移動第1圓盤，從C --> B
移動第3圓盤，從A --> C
移動第1圓盤，從B --> A
移動第2圓盤，從B --> C
移動第1圓盤，從A --> C
```

程式解說

◆ 第6~14行：定義函式Hanoi()，傳入4個參數，其中的參數2~4來表示3根柱子A、B、C，以字元表示。

◆ 第10行：先將「num - 1」個圓盤從A柱開始向B柱移動。

◆ 第12行：將「num - 1」個圓盤從B柱移向C柱。

5.3.4 老鼠走迷宮

　　討論一個有趣的問題，就是實驗心理學中有名的「迷宮問題」（Maze Problem）。迷宮問題的陣列就是把一隻老鼠放在一個沒有頂的大盒子入口的地方，盒子中有許多牆使得大部分的路徑都有牆擋住而無法通行。老鼠可依照嘗試錯誤（Try-Error）的方法尋找到放於出口處的一塊麵包。我們之所以對迷宮問題感到興趣，就是它可以提供一種堆疊應用的思考方向。國內許多大學有所謂「電腦鼠」走迷宮的比賽，就是要設計這個

利用堆疊技巧走迷宮的程式。

如果迷宮以二維陣列表示，其結構如下：

```
// 參考範例「CH0515.csproj/Program.cs」
int[,] maze = new int[7, 10]{
                { 1, 1, 1, 1, 1, 1, 1, 1, 1, 1 },
                { 1, 0, 1, 0, 1, 0, 0, 0, 0, 1 },
                { 1, 0, 1, 0, 1, 0, 1, 1, 0, 1 },
                { 1, 0, 1, 0, 1, 1, 1, 0, 0, 1 },
                { 1, 0, 1, 0, 0, 0, 0, 0, 1, 1 },
                { 1, 0, 0, 0, 1, 1, 1, 0, 0, 1 },
                { 1, 1, 1, 1, 1, 1, 1, 1, 1, 1 } };
```

◈ 迷宮的四邊以圍牆圍住，以值「1」來表示它是圍牆；行走的路則以「0」標
  注。

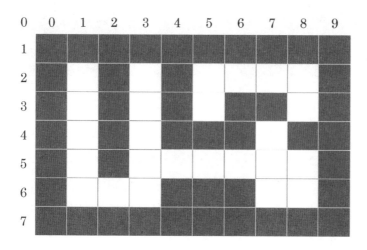

要建立一個這樣的程式，必須先來解決如何在電腦中表現一個模擬迷
宮的方法，就是利用一個二維陣列MAZE[row][col]，請按照下列規則：

```
MAZE[j, k] = 1 表示[j, k]處有牆，無法通過
MAZE[j, k] = 0 表示[j, k]處無牆，可通行
MAZE[1, 1]是入口，MAZE[5, 8]是出口
```

假設老鼠由左上角進入，由右下角出來，則在任何時候老鼠的位置爲 MAZE[j, k]。下圖可以表示從老鼠目前所在的位置及對四周可能移動的方向。共有8個：分別爲北、東北、東、東南、南、西南、西、西北。

由（X, Y）位置前進到下一個位置時，會嘗試以東、南、西、北四個方向來前進，找到其中一個方向就能繼續前進，反覆操作直到走出迷宮。以函式Visited(X, Y)來記錄走訪的位置，其演算法大致如下：

➤ 將起始位置設爲「1, 1」。

➤ 未到達迷宮出口前，必須實施如下的走法：①向上是空的，則實施「Visited(X - 1, Y)」；②往下是空的，則實施「Visited(X + 1, Y)」；③向左是空的，則實施「Visited(X, Y - 1)」；④往右是空的，則實施「Visited(X, Y + 1)」。

➤ 若能到達出口則記錄走訪過的位置「maze[X, Y] = 2」。

範例「CH0515.csproj/Program.cs」

```
01 public static bool FindPath(int[,] ary, int X, int Y)
02 {
03     string line = new string('-', 32);
04     WriteLine($"移動，X = {X}, Y = {Y}");
05     Visited(ary);
06     WriteLine(line);
07     if (X >= 7 || Y >= 10) return false;
08     if (ary[X, Y] == 1) return false;
09     if (ary[X, Y] == 0) ary[X, Y] = 2;
10     if (ary[X, Y] == 2 && (X == 6 || Y == 8)) return true;
11     if (Y < 8 && ary[X, Y + 1] == 0) //向右
12         if (FindPath(ary, X, Y + 1)) return true;
13     if (X < 5 && ary[X + 1, Y] == 0) //向下
14         if (FindPath(ary, X + 1, Y)) return true;
15     if (Y > 0 && ary[X, Y - 1] == 0) //向左
16         if (FindPath(ary, X, Y - 1)) return true;
17     if (X > 0 && ary[X - 1, Y] == 0) //向上
18         if (FindPath(ary, X - 1, Y)) return true;
19     return false;
20 }
```

CHAPTER

5

執行結果

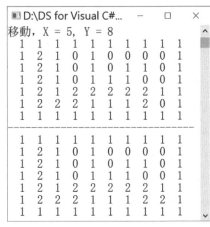

程式解說

◆ 第7、8行：若超出迷宮（二維陣列ary）範圍或陣列的元素為1的話予以忽略。

◆ 第9、10行：在迷宮可行走的範圍內，將可行走過的路以「2」標示為走過。

◆ 第11~18行：在迷宮可行走的範圍內（開始時X = 1, Y = 1，結束X = 5, Y = 8）嘗試找出走出迷宮的路徑。

課後習作

一、填充題

1. 堆疊具有＿＿＿＿＿＿的特性，從堆疊頂端加入元素稱為＿＿＿＿＿；
   反之，從堆疊頂端移除元素稱為＿＿＿＿＿。

2. 將運算式「A-B*(C+D)/E」以前序式＿＿＿＿＿＿及後序式＿＿＿＿
   ＿＿表示。

3. 將運算式以括號法轉換時，前序轉為中序式的依據原則＿＿＿＿＿
   ＿＿＿＿＿；後序轉為中序式的依據原則＿＿＿＿＿＿＿＿。

4. 將運算式採堆疊法時，中序法轉換成前序，需要以「運算子堆疊」來協
   助，它依據哪兩個優先權？＿＿＿＿＿＿和＿＿＿＿＿
   ＿。

5. 將運算式採堆疊法時，中序法轉換成前序，須＿＿＿＿＿＿＿讀
   取中序式，堆疊內，運算子＿＿＿＿優先權最小；中序法轉換成後序，
   須＿＿＿＿＿＿讀取中序式，堆疊內，運算子＿＿＿＿優先權
   最小。

6. 一個遞迴式A定義如下：請問A(1, 2)與A(2, 1)的值為何？＿＿＿＿

$$A(m, n) = \begin{cases} n + 1 & if\ m = 0 \\ A(m - 1, 1) & if\ n = 0 \\ A(m - 1, A(m, n - 1)) \end{cases}$$

7. Visual C#提供的泛型類別Stack、Queue，撰寫程式時，須匯入名稱空間
   ＿＿＿＿＿＿＿＿＿＿。

二、實作與問答

1. 請列舉堆疊在電腦上的5項應用。

2. 利用堆疊的特性，撰寫一個能反轉陣列的程式。

3. 利用堆疊特性撰寫程式，將下列中序運算式轉為前序運算式。

```
6 + 2 * 9 / 3 + 4 * 5 - 8
```

4. 利用堆疊法撰寫程式，①將下列後序運算式求取結果；②利用堆疊法繪製運算過程。

```
7 5 + 4 * 38 - 26 + * -
```

5. 請將下列中序算術式利用「括號轉換法」轉為前序與後序表示式。

```
(A+B) * D + E / (F+A*D) + C
```

6. 請將下列算術式利用「括號轉換法」轉為中序式表示式。

```
前序轉中序：-A*/+BC-DEF
```
```
後序轉中序：AB*CD+E/-
```

7. 請以堆疊法求運算式「A/B + (C+D)* E-A * C」的前序式和後序式。

8. 將Random類別產生1~200之間的隨機值儲存於一維陣列，以遞迴呼叫來計算總和。

9. 請以遞迴呼叫將陣列的元素反轉。

```
data = [2, 5, 12, 8, 6, 7, 9]
```
```
反轉後 [9, 7, 6, 8, 12, 5, 2]
```

10. 請以遞迴方式撰寫一個冪次方，例如「5 ^ 3」就是「5 * 5 * 5」。

第六章

排隊的智慧——佇列

★學習導引★

> 以陣列結構和鏈結串列來實作佇列

> 佇列有「先進先出」的規範，操作時得從前門移除
  元素，後門允許加入元素

> 透過堆積認識優先佇列的特性

6.1 認識佇列

佇列（Queue）和堆疊一樣，都屬於有序串列，也提供抽象型資料型態（ADT），它的所有加入、刪除動作發生在不同的兩端，並且符合「First In, First Out」（先進先出）的特性。佇列的觀念就好比去好市多大賣場排隊結帳，先到的人當然優先結帳，付完錢後後就從前端離去，而隊伍的後端又陸續有新的顧客加入排隊。

不過有時先進先出固然是好的，有時為了加快處理，能以現金結帳的顧客優先處理，這就是含有權值的「優先佇列」。還有哪些佇列？一起來認識它們。

6.1.1 佇列概念

佇列在電腦中的應用與堆疊不同，大多屬於硬體處理流程的控制。佇列具有先進先出的特性，經常被電腦的作業系統用來安排電腦執行工作（Job）的優先順序。尤其是多人使用（Multiuser）之多工（Multitask）電腦必須安排每一位使用者都有相等的電腦使用權。由於佇列是一種抽象型資料結構（Abstract Data Type, ADT），它必須有下列兩種特性：

➢ 具有先進先出（FIFO）的特性。

➢ 擁有兩種基本動作加入與刪除，而且使用front與rear兩個參考來分別指向佇列的前端與尾端。

佇列結構的相關操作，透過抽象型資料結構（ADT）表示如下：

```
資料的存取符合「先進先出」(First In First Out, FIFO)的原則
佇列的前端(Front)移除資料
佇列的後端(Rear)加入資料
CREATE：建立一個空堆疊
```

ENQUEUE()：將資料從佇列的後端加入，並傳回所加入資料

DEQUEUE()：把資料從佇列前端刪除

FRONT()：查看佇列前端項目，回傳其值

REAR()：查看佇列後端項目，回傳其值

6.1.2 以陣列實作佇列

　　與堆疊的實作一樣，各位也同樣可以使用陣列或串列來建立一個佇列。不過堆疊只需一個Top參考指向堆疊頂，而佇列則必須使用Front和Rear兩個參考分別指向前端和尾端，如下圖所示。

佇列有前、後端

　　佇列中的項目如何以陣列結構進行元素的新增、刪除？宣告陣列後，會從佇列後端新增元素，其運作可參考下圖。

以陣列來實作佇列

以陣列結構定義佇列，程式碼撰寫如下：

```
// 參考範例「CH0601.csproj/Queue.cs」
class Queue
{
    protected int[] list = new int[10];   //儲存佇列項目
    public int Rear { get; set; } = -1;   //指向佇列後端的參考
    public int Front { get; set; } = 0;   //指向佇列前端的參考
}
```

◆ 定義Queue類別來進行佇列的相關操作。

◆ 設儲存佇列項目的陣列list能存放10個元素。

◆ 變數Front、Rear分別為指向佇列的頭和尾之參考，設初值分別為「0」和「-1」，說明佇列是空的狀態。

佇列的Front參考會指向佇列前端的第一個元素，而Rear參考則指向佇列末端最後一個元素。新增元素時Rear參考會隨著新增元素來變更位置，以下圖來說，Rear參考原本指向元素C（最後一個元素）；加入元素D之後，它會改變位置，重新指向元素D。所以Rear參考是隨元素的新增由左向右移動。

Rear參考指向最後一個元素

定義成員方法Enqueue()。佇列新增元素時，是把Rear參考向佇列尾端移動，新增的值則以陣列list儲存。程式碼如下：

```
// 參考範例「CH0601.csproj / Queue.cs」
public void Enqueue(int data)
{
    try//捕捉可能發生的錯誤
    {
        Rear++;                     //參考Rear向後移動
        list[Rear] = data;      //把項目存入佇列
    }
    catch(IndexOutOfRangeException ex)when(Rear >= 10)
    {
        WriteLine(ex.Message); //超出陣列索引範圍就輸出錯誤訊息
    }
}
```

◆ 參考Read會隨項目新增，有可能發生超出其範圍以try/catch敘捕捉可能
　 發生的錯誤；若超出陣列的索引就以「ex.Message」來顯示其錯誤訊息。

　　參考Front通常指向第一個元素。從佇列前端刪除第一個元素A時，
但隨著元素的刪除而調整指向，參考front原本指向A而改變位置指向B。
所以，參考front恰好與rear參考相反，它會隨著前端元素的移除向後方移
動。因此，當元素被刪除時，只是把front參考移動並非元素改變位置。

　　定義成員方法Dequeue()來刪除佇列的元素，參考Front是隨元素的刪除而移動。範例如下：

```
public void Dequeue()
{
    if (Front == Rear)      //檢查佇列是否是空的
        WriteLine("空的佇列，無法刪除項目");
    else
    {
        Array.Clear(list, Front, 1);
        Front++;                //參考Front向後移動
    }
}
```

◆ 要移除陣列的第一個元素，須呼叫Array類別的Clear（陣列, 索引, 項目數）方法來移除陣列的第一個項目。

範例「CH0601.csproj/QueueDemo.cs」

```
01 static void Main(string[] args)
02 {
03     int choice, num;
04     Queue list = new Queue();
05     int[] data = { 11, 21, 31, 41, 51, 61 };
06     int len = data.Length;//取得陣列長度
07     string line = new string('*', 30);
08     while(true)
09     {
10         WriteLine(line);
```

```
11        WriteLine(" <1> 產生 佇列 ");
12        WriteLine(" <2> 輸入 新項目  (Enqueue)");
13        WriteLine(" <3> 刪除 佇項項目 (Dequeue)");
14        WriteLine(" <4> 列印 佇項項目");
15        WriteLine(" <5> 退出");
16        WriteLine(line);
17        Write(" --請輸入選項-->... ");
18        choice = int.Parse(ReadLine());
19        switch (choice)
20        {
21           case 1:
22              for (int j = 0; j < len; j++)
23                 list.Enqueue(data[j]);
24              break;
25           case 2:
26              Write("輸入新值--> ");
27              num = int.Parse(ReadLine());
28              list.Enqueue(num); break;
29           case 3:
30              list.Dequeue(); break;
31           case 4:
32              list.Display(); break;
33           case 5: Environment.Exit(0); break;
34        }
35     }
36 }
```

執行結果

```
■ D:\DS for Visual C#\CH06\CH...    −    □    ×
<1> 產生 佇列
<2> 輸入 新項目    (Enqueue)
<3> 刪除 佇項項目    (Dequeue)
<4> 列印 佇項項目
<5> 退出
******************************
--請輸入選項-->... 4
  11   21   31   41   51   61    0    0    0    0
Rear = 5, Front = 0
```

```
■ D:\DS for Visual C#\CH06\CH...    −    □    ×
<1> 產生 佇列
<2> 輸入 新項目    (Enqueue)
<3> 刪除 佇項項目    (Dequeue)
<4> 列印 佇項項目
<5> 退出
******************************
--請輸入選項-->... 4
   0    0    0   41   51   61   81    0    0    0
Rear = 6, Front = 3
```

程式解說

◆ 第4行：產生Queue類別物件list，利用它來呼叫相關的成員方法。

◆ 第19~34行：以switch/case敘述來執行所對應的選單，其中的選項1和2都呼叫Queue類別的成員方法Enqueue()來新增項目於佇列中。

◆ 第32行：呼叫成員方法Display()來印出佇列內容。

補結站

想想看，範例「CH0601.csproj」實作佇列時，可以發現Front、Rear參考會隨佇列項目的增加或移除而改變其位置；當前端的元素愈刪愈多時，留下的空間能回收利用嗎？

這些空間該怎麼辦！

? [0] [1] [2] [3]

C D

前端   Front Rear

6.1.3 使用鏈結串列實作佇列

　　實作佇列的第二種方式就是透過鏈結串列，先從單向鏈結串列來進行。當佇列由後端新增節點，可以把它想像成單向鏈結串列。

Step 1. 將原來最後一個節點的Next參考指向新節點，利用尾端參考Rear，直接把新加入的項目變成最後一個節點，再更新Rear參考。

Step 2. 新節點加到佇列後端，Rear參考指向它。

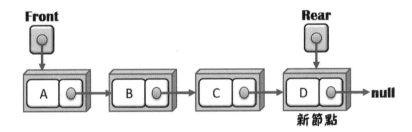

範例「CH0602.csproj/Queue.cs」

```
01 public class Queue
02 {
03    protected Node Front { get; set; } = null;
04    protected Node Rear { get; set; } = null;
05    public void Enqueue(int data)  //定義成員方法來新增佇列項目
06    {
```

```
07        Node newNode = new Node(data)
08              { Item = data, Next = null };
09        if (Rear == null)
10        {
11            Front = newNode;
12            Rear = Front;
13        }
14        Rear.Next = newNode;
15        Rear = newNode;
16    }
17 }
```

程式解說

◆ 定義類別Queue並設定操作佇列的基本方法；以自動實做屬性Front、Rear，用它們來指向佇列首、末節點的參考。

◆ 第5~16行：定義函式Enqueue()，依據傳入的值來新增佇列的項目；從佇列後端加入新節點，並把佇列尾端參考Rear指向新節點。

◆ 第7~8行：由於是串列，將新節點newNode配置記憶體空間。

◆ 第14~15行：確認非空佇列的情形下，把原為末節點的Next參考指向新節點，再把Rear參考指向新節點。

刪除佇列的項目是從前端移除，如同在鏈結串列中移除首節點，然後把參考指向下一個節點。

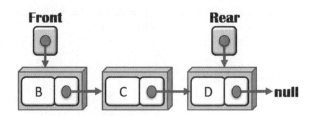

範例「CH0602.csproj/Queue.cs」

```
01 public int Dequeue()
02 {
03     int number;
04     Node current = Front;
05     if (Front == null) throw
06          new InvalidOperationException("空白佇列");
07     else
08     {
09         number = Front.Item;
10         Front = current.Next;
11     }
12     return number;
13 }
14 public int Peek()
15 {
16     if (Front == null) throw
17          new InvalidOperationException("空白佇列");
18     return Front.Item;
19 }
```

程式解說

◆ 第1~13行：定義成員方法Dequeue()，從佇列前端刪除節點；當佇列有首節點的情形下，目前參考指向首節點，刪除節點前，首節點參考Frnot指向下一個節點，以變數number回傳刪除節點的值。

◆ 第14~19行：定義成員方法Peek()來回傳佇列的第一個節點。

6.1.4 Visual C#的Queue類別

Visual C#提供泛型類別Queue<T>來實作佇列，同樣地它來自「System.Collections.Generic」；以一個簡單範例來認識它。

範例「CH0603.csproj/Program.cs」

```
01 static void Main(string[] args)
02 {
03    Queue<string> queue = new Queue<string>();
04    string[] weeks = {
05       "Mon", "Tue", "Wed", "Thu", "Fri", "Sat", "Sun" };
06    foreach (string item in weeks)
07       queue.Enqueue(item);  //將項目新增佇列尾端
08    foreach (string item in queue)
09       Write($"{item,6}");
10    WriteLine($"\n佇列有 {queue.Count} 個節點");
11    WriteLine($"佇列的首節點：{queue.Peek(), 7}");
12    WriteLine($"移除佇列的首節點：{queue.Dequeue()}");
13    WriteLine($"移除佇列的首節點：{queue.Dequeue()}");
14    WriteLine($"目前佇列有 {queue.Count} 個節點");
15 }
```

執行結果

```
D:\DS for Visual C#\CH06\CH06...    —    □    ×
--佇列項目--
    Mon   Tue   Wed   Thu   Fri   Sat   Sun
佇列有 7 個節點
佇列的首節點：        Mon
移除佇列的首節點：Mon
移除佇列的首節點：Tue
目前佇列有 5 個節點
```

程式解說

◆ 第3行：產生泛型類別Queue<T>的物件queue，其資料型別為string。

◆ 第6~7行：以foreach迴圈呼叫泛型類別的方法Enqueue()將資料新增到佇列末端。

◆ 第8~9行：以foreach迴圈讀取佇列內容。

◆ 第10行：使用泛型類別的屬性Count來統計佇列項目的個數。

◆ 第11行：使用泛型類別的方法Peek()回傳佇列的前端項目。

◆ 第12行：使用泛型類別的方法Dequeue()移除佇列的前端項目。

6.2 其他常見佇列

　　佇列在電腦上的應用非常廣泛，舉凡CPU的排程，列表機的列印，I/O緩衝區；另一個大家較為熟知就是Windows作業中的用來播放音樂和影片的Media Player，它允設使用者建立播放清單就是佇列結構的技巧。

6.2.1 環狀佇列

　　無論是以陣列或鏈結串列佇列，由於佇列為線性結構，具有後進首出的特色，當前端移出元素之後，參考Front和Rear都是往同一個方向遞增。如果Rear參考到達一維陣列的邊界MAX（佇列最大空間），就算佇列尚有一些空間，也需要位移佇列元素，才有空間存入其它佇列元素。

為了改善空間愈多的問題，就有了「環狀佇列」（Circular Queue）的作法。事實上，環狀佇列同樣使用了一維陣列來實作的有限元素數佇列，可以將陣列視為一個環狀結構，讓它的後端和前端接在一起；佇列的索引參考周而復始的在陣列中環狀的移動，解決佇列空間無法再使用的問題。

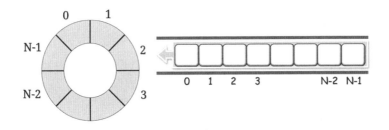

環狀佇列有幾個主要特徵：

➤ 環狀佇列使用「陣列」來實作，能存放N個元素，對記憶體做更有效之應用。

➤ 環狀佇列不須搬移資料，它有「Q[0：N-1]」的位置可以利用。

➤ 環狀佇列資料被刪除後，所留下的位置可以再利用，而「Q[N-1]」的下一個元素是「零」。

使用環狀佇列得進一步知道參考Front、Rear目前指向的位置，利用自動實做屬性把它們的初值設定如下：

```
private static readonly int maxSize = 6; //佇列最大空間
public int Rear { get; set; } =  0;  //指向佇列後端的參考
public int Front { get; set; } = 0;  //指向佇列前端的參考
```

　　在新增、刪除項目的變化要利用運算子「%」所取得之餘數來找出它們要插入資料的位置：

```
Rear = (Rear + 1) % maxSize;  //新增項目移動Rear參考
Front = (Front + 1) % maxSize;//移除項目移動Front參考
```

◆ 依據Front、Rear的值找出它們在環狀佇列的位置。

Step 1. 空的佇列新增4個元素，依據公式計算，參考Rear向指向下一個欲插入項目的位置「4」。

Step 2. 再新增兩個項目，則Front和Rear會指向同一個位置，表示佇列已滿。

Step 3. 持續移除兩個元素，參考Rear維持「4」的位置，而Front參考會隨移除的項目指向位置「2」。

Step 4. 連續刪除2個元素之後，佇列已空，會看到參考Front、Rear會指向同一個位置「4」。

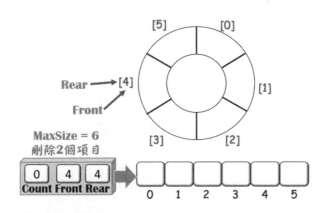

範例「CH0604.csproj/CQueue.cs」

```
01 class CQueue
02 {
03     private static readonly int maxSize = 6;
04     protected int[] list = new int[maxSize];   //儲存佇列項目
05     public int Rear { get; set; } =  0;   //指向佇列後端的參考
06     public int Front { get; set; } = 0;   //指向佇列前端的參考
07     public int Count { get; set; }          //計算佇列的項目數
08     //定義方法-判斷是否為空的佇列，使用運算式主體
09     public bool IsEmpty() => Count == 0;
10     //定義方法-判斷是否為滿的佇列，使用運算式主體
11     public bool IsFull() => Count == maxSize;
12     //定義成員方法，把資料從佇列後端存入
13     public void Enqueue(int data)
14     {
15         if (!IsFull())
16         {
```

```
17          list[Rear] = data;
18          Rear = (Rear + 1) % maxSize;
19          Count++;
20      }
21      else
22          WriteLine("佇列已滿");
23   }
24   public void Dequeue()
25   {
26      if (IsEmpty())
27          WriteLine("空的佇列，無法刪除項目");
28      else
29      {
30          WriteLine($"項目[{list[Front]}]已移除");
31          Front = (Front + 1) % maxSize;
32          Count--;
33      }
34   }
35   public void Display()//定義成員方法，輸出佇列項目
36   {
37      for (int j = Front; j < Count + Front; j++)
38          Write($"{list[j % maxSize],4}");
39      WriteLine();
40      WriteLine($" Count = {Count},
41          Rear = {Rear}, Front = {Front}");
42   }
43 }
```

執行結果

程式解說

◆ 定義一個環狀佇列CQeue類別來實作新增，刪除元素時，了解參考Front、Rear它們的變化情形。

◆ 第13~23行：定義新增元素的方法Enqueue()，以IsFull()方法來判斷佇列未滿的情形下，計算Front參考所指的插入位置。

◆ 第24~34行：定義刪除前端元素的方法Dequeue()，以IsEmpty()方法來判斷佇列不是空的情形下，計算Rear參考所指向下一個位置來移除元素。

補結站

環狀佇列是以一維陣列Q(0 To N-1)來表示，它只是邏輯的處理而非實際的環狀。

■ 參考Front永遠指向佇列前端元素

■ 參考Rear則指向佇列尾端元素的前一個位置

操作上，環狀佇列還剩餘一個空間可以使用，但是這是爲了判斷以下的情形而預留的，不可使用；因此最多只能使用N-1個空間，而浪費一個空間。

爲了區分佇列是空的？滿的？狀態，利用屬性Count來統計元素個數，再加上兩個方法：IsFull()判斷佇列已滿；IsEmpty()查看佇列是否是空的？

6.2.2 雙佇列

「雙佇列」（Deques）是「Double-ends Queues」的縮寫，通俗的說法是佇列有兩個開口，我們可以指定佇列一端來進行資料的刪除和加入。由於佇列有前端（Front）及後端（Rear），皆都允許存入或取出，如下圖所示。

雙佇列

雙佇列依其應用分爲多種存取方式。常見的雙佇列概分兩種：①輸入限制性雙佇列（Input Restricted Deque）和②輸出限制性雙佇列（Output Restricted Deque）。

電腦CPU的排程就是採用雙佇列。由於多項程序但都是使用同一個CPU，但CPU只能在每一段時間內執行一項工作。所以，而這些工作會集中擺在一個等待佇列，等待CPU執行完一個工作後，再從佇列取出下一個工作來執行，排定工作誰先誰後的處理稱爲「工作排程」。

那麼雙佇列如何新增資料？一般會有兩對參考：其中的F1用來指向左邊佇列的頭，R1用來指向左邊佇列的尾；另一邊則以F2指向右邊佇列的頭，R2用來指向右邊佇列的尾。其中的R1、R2會隨資料的新增來移動。

當雙佇列的資料被刪除時，則F1、F2的參考會移動位置。

先以陣列結構來實作一個「輸入限制性雙佇列」。

範例「CH0604.csproj/DQueue.cs」

```
01 public void Enqueue(int data)
02 {
03    if (!IsFull())
04    {
05       Rear++;
06       list[Rear] = data;
07        Count++;
08    }
09    else
10       WriteLine("佇列已滿");
```

CHAPTER

6

```
11 }
12 public void HeadDequeue()
13 {
14    if (IsEmpty())
15        WriteLine("空的佇列，無法刪除項目");
16    else
17    {
18        WriteLine($"項目[{list[Front]}]已移除");
19        Front++;
20        Count--;
21    }
22 }
23 public void TailDequeue()
24 {
25    if (IsEmpty())
26        WriteLine("空的佇列，無法刪除項目");
27    else
28    {
29        WriteLine($"項目[{list[Rear]}]已移除");
30        Rear--;
31        Count--;
32    }
33 }
```

執行結果

```
■ D:\DS for Visual C#...  −  □  ×
--請輸入選項-->... 2
項目[11]已移除
**********************************
<1> 輸入 新項目
<2> 刪除 佇項 前端項目
<3> 刪除 佇項 後端項目
<4> 列印 佇項項目
<5> 退出
**********************************
--請輸入選項-->... 4
  22  33  44  55
Count = 4, Rear = 4, Front = 1
```

```
■ D:\DS for Visual C#...  −  □  ×
--請輸入選項-->... 3
項目[55]已移除
**********************************
<1> 輸入 新項目
<2> 刪除 佇項 前端項目
<3> 刪除 佇項 後端項目
<4> 列印 佇項項目
<5> 退出
**********************************
--請輸入選項-->... 4
  22  33  44
Count = 3, Rear = 3, Front = 1
```

程式解說

◆ 第1~11行：定義成員方法Enqueue()來限定雙佇列只能由後端輸入；在佇列
  有空間的情形下，加入陣列元素並變更參考Rear。

◆ 第12~22行：定義成員方法HeadDequeue()來取出佇列前端的元素；同樣要
  移除元素前先檢查佇列是否有元素可刪除，再變更Front參考。

◆ 第23~33行：定義成員方法TailDequeue()來取出佇列後端的元素；同樣要
  移除元素前先檢查佇列是否有元素可刪除，變更參考Rear。

　　輸出限制性雙向佇列表示輸入項目能兩端進行，要取出項目只能在一
端，以單向鏈結串列實作佇列。由於佇列要有前，後端參考，初始化時就
得列出它們。

```
// 參考範例「CH0606.csproj/Node.cs」
public class Node
{
    public int Item { get; set; }//自動實作屬性
    public Node Next { get; set; }
    public Node(int data) //定義建構函式 - 傳入數值
    {
        Item = data;
        Next = null;
    }
}
```

以單向鏈結串列實作輸出限制性雙佇列，並以參考Front、Rear分別指向佇列前、後兩端。

```
// 參考範例「CH0606.csproj/QLinkedList.cs」
public class QLinkedList
{
    protected Node Front { get; set; } = null;//指向佇列前端參考
    protected Node Rear { get; set; } = null; //指向佇列後端參考
}
```

Step 1. 新節點「33」要從佇列前端加入。

Step 2. Front參考指向新節點，新節點的Next鏈結指向原來的第一個節點「22」。

Step 3. 新節點「44」從佇列後端加入。

Step 4. Rear參考指向新節點，原來的最後節點「11」的Next參考指向新節點。

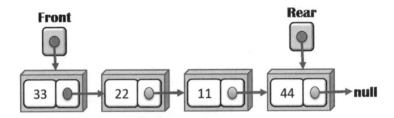

範例「CH0606.csproj/QLinkedList.cs」

```
01 public class QLinkedList
02 {
03    public void HeadEnqueue(int data)
04    {
05      Node newNode = new Node(data) { Item = data};
06      if (Front == null)          //如果沒有前端節點
07      {
08        newNode.Next = null;
09        Rear = newNode;           //參考Rear指向新節點
10      }
11      else
12        newNode.Next = Front; //新節點Next參考指向前端節點
13      Front = newNode; //前端節點參考Front指向新節點
```

```
14      }
15   public void TailEnqueue(int data)
16   {
17       Node newNode = new Node(data)
18       { Item = data, Next = null }; //產生新節點
19       if (Rear == null)    //如果佇列後端是空的
20           Front = newNode; //將Front參考指向新節點
21       Rear.Next = newNode; //原為末端節點Next參考指向新節點
22       Rear = newNode;        //再把Rear參考指向新節點
23   }
24   public void Dequeue()
25   {
26       int number;
27       Node current = Front;   //指向目前節點的參考為頂端節點
28       if (Front == null) throw
29               new InvalidOperationException("空白佇列");
30       else    //佇列有節點的情形下才做刪除
31       {
32          //取得欲刪除節點的值給變數number儲存
33          number = current.Item;
34          //Front參考指向第二個節點
35          Front = Front.Next;
36          WriteLine($"前端節點[{number}]已移除");
37       }
38   }
39 }
```

執行結果

程式解說

◆ 第3~14行：定義成員方法HeadEnqueue()，由前端加入節點；新節點完成
記憶體配置之後，才把參數值value存入節點的資料欄。

◆ 第15~23行：定義成員方法TailEnqueue()，由佇列後端加入節點，等同把
　 新節點加到末節點之後，成為串列末節點；新節點完成記憶體配置之後，才
　 把參數值value存入節點的資料欄。

◆ 第24~38行：定義成員方法Dequeue()來移除佇列前端項目，它等同把串列
　 的首節點移除。

6.2.3 優先佇列

　　什麼是優先佇列？一般而言，佇列具有「先進先出」的傳統美德，而
「優先佇列」（Priority Queue）表示在排隊之後還要依據它的優先權，
這在電腦的操作環境中，譬如：I/O設備向作業系統發出請求時，會依據
其優先順序大的做先行處理。同一間辦公室可能會共用一台列表機，當部
門經理的文件也加入列印的佇列中，如果有設好優先權，那麼「經理」的
文件就有可能提早完成列印。

　　優先佇列另外一個常見的例子就是飛機上的供餐順序，它會從頭等艙
開始，然後是商務艙，最後才是經濟艙。所以囉，醫院的急診室其實也是
優先佇列的表現。

範例「CH0607.csproj/Node.cs」

```
01 public class Node
02 {
03    public int Item { get; set; } //資料
04    public int Prior { get; set; }//權值
05    public Node Next { get; set; }//指向下一個節點
06    public Node(int data, int pri) //定義建構函式-設資料、權值
07    {
08       Item = data;
09       Prior = pri;
10       Next = null;
11    }
12 }
```

範例「CH0607.csproj/PriorityQueue.cs」

```
21 public class PriorityQueue
22 {
23    protected Node Front { get; set; } = null;//佇列前端參考
24    public Node Enqueue(int data, int precede)
25    {
26        Node ptr; //指向目前節點的參考
27        Node newNode = new Node(data, precede)
28            { Item = data, Prior = precede };
29        if (Front == null || precede < Front.Prior)
30        {
31            newNode.Next = Front;
32            Front = newNode;
33        }
34        else
35        {
36            ptr = Front; //目前節點參考指向前端節點
37            while(ptr.Next != null &&
38                 ptr.Next.Prior <= precede)
39              ptr = ptr.Next;
40            newNode.Next = ptr.Next;//新節點Next指向下一個節點
41            ptr.Next = newNode; //目前節點的參考指向新節點
42        }
43        return Front;
44    }
45    public void Dequeue()
```

```
46    {
47        int number;
48        Node current = Front;    //指向目前節點的參考為頂端節點
49        if (Front == null) throw
50                new InvalidOperationException("空白佇列");
51        else    //佇列有節點的情形下才做刪除
52        {
53            number = current.Item; //取得欲刪除節點的值
54            Front = Front.Next; //Front參考指向第二個節點
55            WriteLine($"前端節點[{number}]已移除");
56        }
57    }
58 }
```

執行結果

程式解說

◆ 定義類別PriorityQueue，以單向鏈結串列來實作優先佇列。

◆ 第24~44行：定義成員方法Enqueue()，依據傳入兩個參數「data」、

「precede」來新增佇列的項目。

◆ 第29~33行：若是空的佇列，依配置的記憶體來產生第一個節點，並把
Front參考指向它，所接收的權值會和佇列內的權值做比較。

◆ 第37~39行：有第一個節點後，while迴圈配合ptr參考，新增節點的優先
權若大於目前節點，就往下一個節點的優先權做比較。

◆ 第45~57行：定義成員方法Enqueue()來移除佇列的前端項目。

6.2.4 Josephus問題

所謂的Josephus問題就是數人圍成一個圓圈，從N開始報數，數到第M
人就得出列，然後繼續報數直到所有人都出列，最後輸出已出列的編號。

鏈結串列	28	67	8	31	57	100	30	73	43	54

如果從節點「3」開始報數，每間隔2就讓報數的人出列。由於它是
環狀鏈結串列，所以每次完成走訪後，就會變更首節點；最後只剩節點
「31」。

間隔值	1	2	3	4	5	6	7	8	9	10
	28	67	8	31	57	100	30	73	43	54
	54	28	67	31	57	30	73			
	73	54	28	31	57					
	31	57	73	54						
	54	31	57							
	31	54								
出列的數	8	100	43	67	30	28	73	57	54	

範例「CH0608.csproj/CircularLinked.cs」

```
01 public void Josephus(int len, int step)
02 {
03    Node ptr = First;
04    WriteLine("移除節點");
05    int count = 1;
06    for (count = len; count > 1; count--)
07    {
08       for (int j = 0; j < step - 1; j++)
09          ptr = ptr.Next;
10       Write($"{ptr.Item,4}");
11       RemoveAt(ptr); //從串列中移除被淘汰者
12       ptr = ptr.Next;
13    }
14 }
```

執行結果

```
D:\DS for Visual C#\CH06\CH...   —   □   ×
環狀鏈結串列：
  28  67   8  31  57 100  30  73  43  54
移除節點
   8 100  43  67  30  28  73  57  54
勝出節點-->  31
```

程式解說

◆ 定義成員方法來處理Josephus問題，依據參數step（間隔值）來逐漸移除
  串列的節點。

◆ 第6~13行：外層for迴圈依據節點數；內層for迴圈依間隔值，配合ptr
  參考來走訪串列；由於有節點會被淘汰出列，每次走訪後就呼叫成員方法
  RemoveItem()來移除節點，然後依count來變數節點數。

課後習作

1. 請列舉電腦中採用佇列結構3個有關的項目。

2. 請說明佇列中指向前端的參考front和指向後端rear參考，它們的作用。

3. 利用堆疊結構來實作佇列的兩個方法，Enqueue()來新增項目，Dequeue()移除項目。

4. 現有一個環狀佇列大小為0~7，目前「front = 3、rear = 5」，佇列內容為（A、B、C），請寫出下列結果：

   ① dequeue()，front=？、rear=？、取出值=？

   ② enqueue(D)，enqueue(E)之後，front=？、rear=？

   ③ enqueue(F)，front=？、rear=？

   ④ dequeue()，front=？、rear=？、取出值=？

   ⑤ enqueue(G)、enqueue(H)之後，front=？、rear=？

第七章

樹狀結構

★學習導引★

➢ 認識樹狀結構和其相關名詞

➢ 開始二元樹的旅程，也認識了規格特殊的二元樹

➢ 以中序、前序和後序來巡行二元樹

➢ 介紹二元搜尋樹，亦利用它來做搜尋

➢ 什麼是平衡樹？它與平衡係數有什麼關係？

7.1 何謂樹？

　　日常生活中樹狀結構是一種應用相當廣泛的非線性結構。舉凡從企業內的組織架構、家族內的族譜係，再到電腦領域中的作業系統與資料庫管理系統都是樹狀結構的衍生運用。

　　檢視上圖，它是一個簡易的家族族譜，從祖父母的第一代開始看起，父母是第二代，自己為第三代；我們可以發現它雖然是一個具有階層架構，但是無法像線性結構般有前後的對應關係，所以要處理這樣的資料，樹狀結構就能派上場啦！

7.1.1 「樹」的定義

　　一棵樹會有樹根、樹枝和樹葉；可以把樹狀結構（Tree Structure）想像成一棵倒形的樹（Tree）。此外，它還可分成不同種類，像二元樹（Binary tree）、B-Tree等，在很多領域中都被廣泛的應用。基本上，「樹」（Tree）由一個或一個以上的節點（Node）配合「關係線」（Edge）組成，如下圖所示。節點由A到H，用來儲存資料。其中的節點A是樹根，稱為「根節點」（Root），在根節點之下是B和C兩個父節點（Parent），它們各自擁有0到n個「子節點」（Children），或稱為樹的「分支」（Branch）。

樹狀結構只有一個根節點

　　樹狀結構是由一個或多個節點組合而成的有限集合，它必須要滿足以下兩點：

➤ 樹不可以為空，至少有一個特殊的節點稱「樹根」或稱「根節點」（Root）。

➤ 根節點之下的節點為n≧0個互斥的子集合T_1、T_2、T_3…T_n，每一個子集合本身也是一棵樹。

　　樹狀結構中，除了父、子節點之外，尚有「兄弟」（Siblings）節點，觀察下圖做更多的認識。

含有兄弟節點的樹狀結構

　　除了根節點A之外，沿著關係線來到第二層樹枝，其中的D、E和F是節點B的「子節點」，G、H是節點C的子節點。所以節點B是D、E、F的「父節點」，節點C是G和H的父節點；節點D、E、F擁有同一個父節，它們彼此之間互稱為「兄弟節點」；同樣地，節點G和H，節點B跟C也是兄弟節點。此外，節點F和G則是「堂兄弟」。

　　樹狀結構具有明確的層級關係，將上圖倒過來之後，它長得就像一棵樹；同樣地把它和前圖對照，其階層關係就一目了然。所以樹狀結構具有「階層」（Level），根節點是第一層，父節點是第二層，子節點位在第三層。

7.1.2 樹的相關名詞

　　探討樹狀結構更多屬性之前，先認識它的一些術語。

➤ 節點（Node）：用來存放資料，節點A～H皆是。

➤ 根節點（Root）：位於最上面的節點A，一般來說，一棵樹只會有一個根節點。

➤ 父節點（Parent）：某節點含有子節點，節點B和C分別有子節點D、E、F和G、H，所以是它們各自的父節點。

➤ 子節點（Children）：某節點連接到父節點。例如：父節點B的子節點有D、E、F。

➤ 兄弟節點（Siblings）：同一個父節點的所有子節點互稱兄弟。例如：B、C為兄弟，D、E、F也為兄弟。

➤ 分支度（Degree）：每一個節點擁有的子節點數，節點B的分支度為3，而節點C的分支度為2。

➤ 階層（level）：樹中節點的層級數量，一代為一個階層。樹根A的階層是「1」，而子節點就是階層「3」。

➤ 樹高（Height）：也稱樹深（depth）：指樹的最大階層數，下圖的樹高為「3」。

樹與樹葉

樹狀結構中，會將節點分為兩大類，有子樹的節點和沒有子樹的節點。有子樹的節點稱為「內部節點」（Internal node），沒有子樹的節點稱為「外部節點」（External node），或者由下列的名詞做通盤認識。

➢ 樹葉（Leaf）節點：沒有子樹的節點，或稱做「終端節點」（Terminal Nodes），它的分支度為零，如上圖中節點D、E、F、G、I、J。

➢ 非終端節點（Nonterminal Nodes）：有子樹的節點，如A、B、C、H等。

➢ 祖先（Ancestor）：所謂祖先是指從樹根到該節點路徑上所有包含的節點。例如：J節點的祖先為A、C、H節點，E節點的祖先為A、B節點。

➢ 子孫（Descendant）：為該節點的子樹中所包含任一節點。例如：節點C的子孫為F、G、H、I、J等。

➢ 子樹（Sub-tree）：本身是樹，其節點能形成後代，檢視上圖，節點A以下有兩棵子樹，左子樹以節點B開始，右子樹由節點C開始。

➢ 樹林：是由n個互斥樹所組合成的，移去樹根即為樹林，上圖若節點A被移除，即有兩棵樹，即樹根為B、C的樹林。

例一：下圖中，哪一種才是樹（Tree）？

《Ans》①、②、③皆不符合樹的定義。圖①不相連，節點A和B沒有使
用關係線來相連。②重邊，關係線不能再一次連接節點B和C。
③節點A和C形成迴路，不符合樹的定義。

例二：依據上圖，節點B、C、G、H的分支度為少？其終端節點數有多少
個？

《Ans》B節點分支度為「2」、C節點為「3」、G節點為「0」、H節點
為「2」；終端節點數「6」個。

7.1.3 樹的儲存方式

　　如何表達一棵樹？鏈結串列（Linked List）存放樹的節點，並使用鏈
結來表達樹的有向邊。由於每個節點分支度不一樣，儲存的欄位長度也是
變動的情形下，須採用固定長度來達到儲存所有節點。因此，會依據此棵
樹某一節點所擁有的最多子節點數來做決定，其資料結構如下圖所示。

以鏈結串列儲存一般樹

　　依據上圖，假設有一棵樹的分支度為k，總共有n個節點，那麼它需
要：

```
需要的LINK欄位n*k = 6*3 = 18個
有用的LINK欄位n-1 = 6-1 = 5個
浪費的LINK欄位n*k-(n-1) = 18 - 5 = 13個
```

　　如此看來，估計約有三分之二的鏈結空間都是空的，爲了改善記憶體空間浪費的缺點，將樹化爲二元樹（Binary Tree）有其必要性。

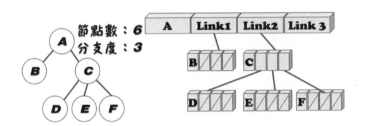

7.2 二元樹

　　樹依據分支度的不同可以有多種形式，而資料結構中使用最廣泛的樹狀結構就是「二元樹」（Binary Tree）。所謂的二元樹是指樹中的每個「節點」（Nodes）最多只能擁有2個子節點，即分支度小於或等於2。二元樹的定義如下：

> 二元樹的節點個數是一個有限集合，或是沒有節點的空集合
> 二元樹的節點可以分成兩個沒有交集的子樹，稱爲「左子樹」(Left Subtree)和「右子樹」(Right Subtree)
> 每個節點左子樹的讀序優於右子樹的順序

7.2.1 二元樹的特色

　　二元樹（又稱Knuth樹），它由一個樹根及左右兩個子樹所組成，因

爲左、右有次序之分，也稱爲「有序樹」（Ordered Tree）。簡單的說，二元樹最多只能有左、右兩個子節點，就是分支度小於或等於2，其資料結構可參考下列示意圖。

左鏈結欄	資料欄	右鏈結欄

繼續觀察其結構，「左鏈結欄」及「右鏈結欄」會分別指向左邊子樹和右邊子樹，而「資料欄」這個欄位乃是存放該節點（Node）的基本資料。以上述宣告而言，此節點所存放的資料型態爲整數。至於二元樹和一般樹有何不同？歸納如下：

➤ 樹不可爲空集合，但是二元樹可以。

➤ 樹的分支度爲d ≧ 0，但二元樹的節點分友度爲「0 ≦ d ≦2」。

➤ 樹的子樹間沒有次序關係，二元樹則有。

藉由下圖實地了解一棵二元樹。由根節點A開始，它包含了以B、C爲父節點的兩棵互斥的左子樹與右子樹。其中的左子樹和右子樹都有順序，不能任意顛倒。

二元樹

參考下圖，下列五種形式皆是二元樹。

➤ 空二元樹。

➤ T2只有一個根節點。

➤ T3的根節點只有左子樹。

➢ T4的根節點只有右節點。

➢ T5的根節點下，分別含有左子樹和右子樹。

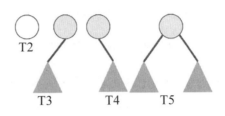

二元樹的形式

7.2.2 特殊二元樹

通常二元樹與階層、分支度和節點數皆習習相關；假設二元樹的第K階層中，最大節點數為「2^{k-1}，k >= 1」；利用數學歸納法證明，步驟如下：

Step 1. 當階層「i = 1」時，「$2^{1-1} = 2^0 = 1$」，只有樹根一個節點。

Step 2. 假設階層為i，「i = j」，且「$0 \leq j < k$」時，節點數最多為2^{j-1}。

Step 3. 因此得到「i = k – 1」，節點數為「2k – 2」。

Step 4. 由於二元樹中每一節點的分支度d為「$0 \leq d \leq 2$」；所以，階度k的節點數為$2*2^{k-1} = 2^{k-1}$個。

以一個簡例來解析階層和節點數的關係：當「k = 1」表示第1層只有一個節點A；而「k = 2」則第2層有兩個節點B和C，依此類推。

二元樹		第k階層	2^{k-1}
(A) 第1層		k = 1	$2^{1-1} = 2^0 = 1$
(B) (C) 第2層		k = 2	$2^{2-1} = 2^1 = 2$
D E F G 第3層		k = 3	$2^{3-1} = 2^2 = 4$
H I J K L M N O 第4層		k = 4	$2^{4-1} = 2^3 = 8$

　　假設二元樹的高度為h，最大節點數為「$2^h - 1$，h >= 1」，解析步驟如下：

Step 1. 當樹高h為1時，只有一個節點A。

Step 2. 樹高為「2」則最大節數則是A、B和C共3個，依此類推。

二元樹	高度h	節點數（$2^k - 1$）
	h = 1	$2^1 - 1 = 1$
	h = 2	$2^2 - 1 = 3$
	h = 3	$2^3 - 1 = 7$
	h = 4	$2^4 - 1 = 15$

　　完滿二元樹（Full Binary Tree）是指分支節點都含有左、右子樹，而其樹葉節點都在位於相同階層中；其定義如下：

有一棵階層為k的二元樹，k ≥ 0的情形下，有$2^k - 1$個節點

完滿二元樹

　　由上圖得知，其樹高為「3」，此棵樹會有「$2^h - 1$」，節點數為「$2^3 - 1 = 7$」。

　　完全二元樹（Complete Binary Tree）是指除了最後一個階層外，其他各階層節點完全被填滿，且最後一層節點全部靠左，其定義如下：

> 一棵二元樹的高度爲h，節點數爲n
> 所含節點數介於「$2^{h-1}-1<n<2^h-1$」個

完全二元樹

　　將完滿二元樹和完全二元樹對照，其節點A~F要完全相符，所以當二元樹的樹高爲「3」，其節點數爲「$2^2-1<n<2^3-1$」，也就是節點數至少爲「6」。

　　嚴格二元樹（Strictly Binary Tree）是指二元樹中的每一個非終端節點均有非空的左右子樹，以下圖示意之。

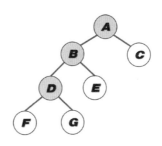

嚴格二元樹

　　由上述不同型式的二元樹得知：

> 完整二元樹並不一定是完滿二元樹；
> 但是，完滿二元樹則必定是完整二元樹

　　經由「嚴格二元樹」、「完滿二元樹」及「完全二元樹」的三種定義，可以歸納它們的關係如下：

「完滿二元樹」≧「完全二元樹」≧「嚴格二元樹」

完滿二元樹　　　　全完二元樹　　　　嚴格二元樹
(Full Binary Tree) (Complete Binary Tree) (Strictly Binary Tree)

當一棵二元樹沒有右節點或左節點時，稱為歪斜樹（Skewed Tree），可分成兩種：

> 左歪斜（Left-skewed）二元樹：表示二元樹沒有右子樹，如上圖左側。

> 右歪斜（Right-skewed）二元樹：表示此二元樹沒有左子樹，如上圖右側。

7.2.3 二元樹以陣列表示

　　前文提及要處理樹狀結構，大多使用鏈結串列來處理，變更鏈結串列的指標即可。此外，陣列也能使用連續的記憶體空間來表達二元樹。那麼它們各有哪些利弊，一起來探討之。

　　如果要使用一維陣列來儲存二元樹，首先將二元樹想像成一個完滿二元樹，而且第k個階層具有2^{k-1}個節點，並且依序存放在一維陣列中。首先來看看使用一維陣列建立二元樹的表示方法及索引值的配置。

　　完滿二元樹圖共有四個階層，依據其節點編號，把它們以一維陣列表示如下圖所示。

樹狀結構以一維陣列表示

　　通常以陣列表示法來儲存二元樹，如果此二元樹愈接近完滿二元樹，愈節省空間，如果是歪斜樹（Skewed Binary Tree）則最浪費空間。另外，樹的中間節點做插入與刪除時，可能要大量移動來反應節點的變動。

二元樹

上圖二元樹的輸入順序如下：

E、D、F、B、H、A、C、G、I

依完滿二元樹為陣列，依其節點編號，並採取①左子樹等於「父節點 * 2」，②右子樹等於「父節點 * 2 + 1」，二元樹儲存如下：

範例「CH0701.csproj/Program.cs」

```
01 static void Main(string[] args)
02 {
03    char[] fbtree = new char[16]; //以完滿二元樹儲存
04    char[] ary = {
05      ' ', 'E', 'D', 'F', 'B', 'H', 'A', 'C', 'G', 'I' };
06    int j;
07    CreateBTree(fbtree, ary, 9);
08    string line = new string('-', 46);
09    WriteLine(line);
10    for (j = 1; j < 16; j++)
11      Write($"|{fbtree[j], 2}");
12    WriteLine();
13    WriteLine(line);
14    for (j = 1; j < 16; j++)
15      Write($"|{j, 2}");
16    ReadKey();
17 }
```

```
18 public static void CreateBTree(char[] tree,
19       char[] ary, int len)          //定義靜態方法
20 {
21    int j, level;                      //level樹的階層
22    tree[1] = ary[1];                  //產生根節點
23    for (j = 2; j <= len; j++)    //產生其它節點
24    {
25       level = 1;                      //從第一個階層開始
26       while (tree[level] != 0)   //是否有子樹
27       {
28          if (ary[j] > tree[level]) //左？右子樹
29             level = level * 2 + 1; //右子樹
30          else
31             level = level * 2;      //左子樹
32       }
33       tree[level] = ary[j];          //存入節點
34    }
35 }
```

執行結果

程式解說

◇ 第18~35行：定義靜態方法CreateBTree()來建立二元樹，依據傳入的陣列

元素,再依據完滿二元樹存入ary陣列。

◆ 第23~34行:以for迴圈從第一個階層開始,依據讀取的字元來產生樹的節
  點。

7.2.4 鏈結串列表示法

　　所謂二元樹的串列表示法,就是利用鏈結串列來儲存二元樹,使用鏈
結串列來表示二元樹的好處是對於節點的增加與刪除相當容易,缺點是很
難找到父節點,除非在每一節點多增加一個父欄位。

```csharp
//參考範例「CH0702.csproj/Node.cs」
public class Node
{
    public char Item { get; set; }      //自動實作屬性-資料欄
    public Node LNext { get; set; }    //指向前一個節點鏈結
    public Node RLink { get; set; }    //指向下一個節點鏈結
    public Node(char data) //定義建構函式 - 傳入字元資料
    {
        Item = data;
        LNext = null;
        RLink = null;
    }
}
```

◆ 以雙向鏈結結構來定義其Node類別,除了資料欄,鏈結LNext指向前一個節
  點,鏈結RLink指向下一個節點。

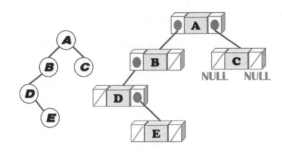

二元樹如何以鏈結串列來實作透過下述範例來了解。

範例「CH0702.csproj/BitTree.cs」

```
01 public class BitTree
02 {
03    protected Node root;
04    public BitTree() => root = null; //定義預設建構函式
05    public void CreateBTree(char[] ary, int len) //二元樹
06    {
07        for (int j = 0; j < len; j++)
08            root = AppendItem(ary[j]);
09    }
10    public Node AppendItem(char data) //把節點新增到二元樹
11    {
12      Node ptr, papa = null;
13      Node newNode = new Node(data)
14      {Item = data, LNext = null, RLink = null};
15      if (root == null)
16          return newNode;
17      else
18          {
```

```
19        ptr = root;
20        while (ptr != null)
21        {
22            papa = ptr;
23            if (ptr.Item > data)
24                ptr = ptr.LNext;
25            else
26                ptr = ptr.RLink;
27        }
28        if (papa.Item > data) //父節點的值 > 接收的參數值
29            papa.LNext = newNode; //新節點為左子節點
30        else
31            papa.RLink = newNode; //新節點為右子節點
32        }
33     return root;
34    }
35 }
```

程式解說

◆ 定義類別BitTree來產生二元樹，建構函式把指向根節點的參考root初始
  化為null值。

◆ 第5~9行：定義成員方法CreateBTree()，依傳入的陣列元素呼叫
  AppendItem()方法來產生節點。

◆ 第10~34行：定義成員方法AppendItem()，依據傳入參數產生新節點。

◆ 第20~27行：while迴圈走訪二元樹，從父節點papa開始，若目前節點的值
  大於接收的參數數就往左子節點前進；否則就向右子節點走訪。

7.3 走訪二元樹

　　走訪二元樹（Binary Tree Traversal）最簡單的說法就是「從根節點出發，依照某種順序拜訪樹中所有節點，每個節點只拜訪一次」；走訪後，將樹中的資料轉化爲線性關係。其實二元樹的走訪，並非像線性資料結構般單純，就以下一個簡單的二元樹節點而言，每個節點都可區分爲左右兩個分支：所以，有ABC、ACB、BAC、BCA、CAB、CBA等6種走訪方法。

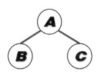

　　如果是依照二元樹特性，一律由左向右，就只剩下三種走訪方式，分別是BAC、ABC、BCA。把這三種方式的命名與規則列示如下：

> 前序走訪（ABC）：樹根→左子樹→右子樹
> 中序走訪（BAC）：左子樹→樹根→右子樹
> 後序走訪（BCA）：左子樹→右子樹→樹根

　　對於這三種走訪方式，各位讀者只需要記得樹根的位置就不會前中後序給搞混。也就是說，將整棵二元樹的資料以遞迴方式讀取與走訪。

7.3.1 中序走訪

　　中序走訪順序：「左子樹→樹根→右子樹」。

中序走訪(In Order Traversal)

就是沿著樹的左子樹一直往下，直到無法前進後退回父節點，再往右子樹一直往下。如果右子樹也走完了就退回上層的左節點，再重覆左、中、右的順序走訪。中序走訪節點順序為「DBEAFCG」。二元樹的中序走訪，其相關程式碼如下：

```
// 參考範例「CH0703.csproj/BitnaryTree.cs」
public void Inorder(Node root)
{
    if (root != null)
    {
        Inorder(root.LNext);          //1.先走訪左子樹
        Write($"[{root.Item}]->");    //2.再拜訪樹根
        Inorder(root.RLink);          //3.最後走訪右子樹
    }
}
```

◆ 定義成員方法Inorder()，確認根節點「root」存在的情形下，以遞迴呼叫方式，依照中序走訪的方式從左子樹開始，然後根節點，最後走訪右子樹。

7.3.2 前序走訪

前序走訪的順序為：「樹根→左子樹→右子樹」。

前序走訪(PreOrder Traversal)

　　前序走訪就是從根節點開始處理，根節點處理完往左子樹走，直到無法前進再處理右子樹；前序走訪節點順序為「ABDECFG」。二元樹的前序走訪，其相關程式碼如下：

```
// 參考範例「CH0703.csproj/BitnaryTree.cs」
public void Preorder(Node root)
{
    if (root != null)
    {
        Write($"[{root.Item}]->");    //1.先拜訪樹根
        Inorder(root.LNext);          //2.再走訪左子樹
        Inorder(root.RLink);          //3.最後走訪右子樹
    }
}
```

◆ 定義成員方法Preorder()，確認根節點「root」存在的情形下，以遞迴呼叫方式，依照前序走訪的方式從樹根開始，然後左子樹，最後走訪右子樹。

7.3.3 後序走訪

　　後序走訪的順序為：「左子樹→右子樹→樹根」。

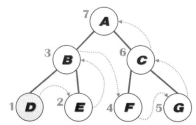

後序走訪(PostOrder Traversal)

後序走訪和前序走訪的方法相反，它是把左子樹的節點和右子樹的節點都處理完了才處理樹根。後序走訪節點順序為「DEBFGCA」。二元樹的後序走訪，其相關程式碼如下：

```
// 參考範例「CH0703.csproj∕BitnaryTree.cs」
public void Postorder(Node root)
{
    if (root != null)
    {
        Inorder(root.LNext);        //1.先走訪左子樹
        Inorder(root.RLink);        //2.再拜訪右子樹
        Write($"[{root.Item}]->");  //2.最後走訪樹根
    }
}
```

◆ 定義成員方法Postorder()，確認根節點「root」存在的情形下，以遞迴呼叫方式，依照後序走訪方式從左子樹開始，然後走訪右子樹，最後才是根節點。

7.3.4 二元運算樹

對於一般的數學算術式而言，各位也可以轉換成二元運算樹的方式，轉換規則如下：

➤ 考慮運算子的優先權與結合性，再適當的加以括號。

➤ 由內層的括號逐次向外，且運算子當樹根，左邊運算元當左子樹，右邊
運算元當右子樹。

　　例如：將下述運算式轉換為二元運算樹，它的作法很簡單，首先請將
此運算式加上括號，再依照以上的兩點規則逐次展開。

```
A/B*C+D*E-A*C  Ž  ((A/B*C)+((D*E))-(A*C)))
```

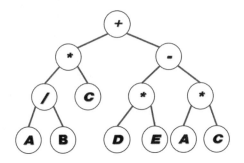

中序表示法（Infix）：

```
(A/B*C)+((D*E))-(A*C))
```

前序表示法（Prefix）：

```
-*/ABC-*DE*AC
```

後序表示法（Postfix）：

```
AB/C*DE*AC*-+
```

　　將原有的中序轉成後序時，它的好處是：

➤ 表示法轉換時不需要處理運算子的先後順序問題。

➤ 利用「堆疊」做計算即可。

如何以後序表示法來處理？

Step 1. 由字串開始讀取，「ABC+…」。

Step 2. 遇到運算元就放入堆疊中，遇到運算子就做計算。

Step 3. 重複前兩項步驟，直到字串讀取完畢。

```
假設 A = 16, B = 4, C = 2, D = 8, E = 10
中序表示法：(16/4*2)+((8*10))-(16*2))
後序表示法：16 4 / 2 * 8 10 * 16 2 * - +
```

使用後序表示法的步驟如下：

Step 1. 將數值16和4放入堆疊中，遇到運算子「/」就將兩個運算元以pop方式彈出來做運算，再將結果「4」存回堆疊中。

Step 2. 遇到運算子「*」和運算元「2」，同樣把數值4彈出來運算再存回結果於堆疊。

Step 3. 將數值8和10放入堆疊，遇到運算子「*」就將運算元8和10做運算，其結果存回堆疊。

Step 4. 將數值16和2放入堆疊，遇到運算子「*」就將運算元16和2做運算，其結果存回堆疊，碰到運算子「-」，將數值80和32相減。

Step 5. 最後碰到運算子「+」，彈出運算元並把它們相加再存回堆疊。

二元樹的走訪練習！以二元樹的不同範例，來讓大家進行中序、前序與後序走訪的練習。請把握以下走訪的三個原則：

➤ 中序走訪（BAC）：左子樹→樹根→右子樹

➤ 前序走訪（ABC）：樹根→左子樹→右子樹

➤ 後序走訪（BCA）：左子樹→右子樹→樹根

例一：請利用後序走訪將下圖二元樹的走訪結果依節點的值列示出來。

《Ans》把握左子樹→右子樹→樹根的原則，可得DBHEGIFCA。

例二：請問下列二元樹的中序、前序及後序走訪的結果為何？

《Ans》前序：ABDHIECFJKGLM

中序：HDIBEAJFKCLGM

後序：HIDEBJKFLMGCA

例三：一棵樹表示成A(B(CD)E(F(G)H(I(JK)L(MNO))))，請畫出後序與前序走訪的結果。

《**Ans**》後序走訪：CDBGFJKIMNOLHEA

前序走訪：ABCDEFGHIJKLMNO

例四：請問以下二元運算樹的中序、後序與前序表示法為何？

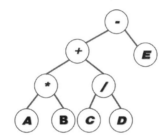

《**Ans**》前序：-+*AB/CDE

中序：A*B+C/D-E

後序：AB*CD/+E-

例五：寫出下列算術式的二元運算樹與後序表示法。

```
(a+b)*d+e/(f+a*d)+c
```

《**Ans**》

例六：求下圖樹林的中序、前序與後序走訪結果。

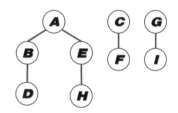

《**Ans**》中序走訪：DBHEAFCIG
　　　　前序走訪：ABDEHCFGI
　　　　後序走訪：DHEBFIGCA

7.4 二元搜尋樹

　　「二元搜尋樹」（Binary Search Tree，簡稱BST）本身就是二元樹，
每一節點都會儲存一個值，或者稱為「鍵值」。既然稱為二元搜尋樹，表
示它支援搜尋；如何定義二元搜尋樹，一同來學習之。

7.4.1 認識二元搜尋樹

二元搜尋樹T是一棵二元樹；可能是空集合或者一個節點包含一個值，稱為鍵值，且滿足以下條件：

> 整棵二元樹中的每一個節點都擁有不同值
>
> T的每一個節點的鍵值大於左子節點的鍵值
>
> T的每一個節點的鍵值小於右子節點的鍵值
>
> T的左、右子樹也是一個二元搜尋樹

以下圖來說，T1是一棵二元搜尋樹，而T2的節點「34」違反規則，其鍵值比父節點「15」大，所以它不是BST。

BST與非BST

如果我們打算將一組將資料31、28、16、40、55、66、14、38依照順序建立一棵二元搜尋樹。輸入的資料相同，但是順序不同就會出現不同的搜尋樹。請看底下的詳細建立規則：

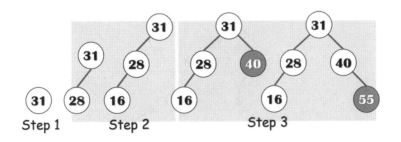

Step 1. 先設根節點31為其鍵值。

Step 2. 數值28比根節點小，所以設為左子節點，數值16比28小，設為左子樹28的左子節點。

Step 3. 數值40比根節點大，就設為右子節點；數值55比右子樹的40大，設成右子樹的右節點。

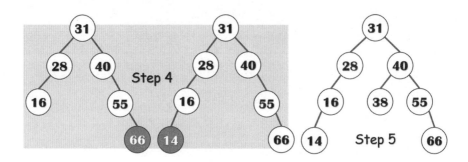

Step 4. 數值66設為節點55的右子節點，數值14設為節點16的左子節點。

Step 5. 最後，數值35設為節點40的左子節點。

例一：請依照「7, 4, 1, 5, 13, 8, 11, 12, 15, 9, 2」順序，建立的二元搜尋樹。

《Ans》

7.4.2 產生二元搜尋樹

　　輸入一連串的數字再把它轉換為二元搜尋樹的作法有了初步體驗之後，透過下述範例並配合鏈結串列，以插入節點方式來建立一棵二元搜尋樹；輸入的值「60、25、93、34、18、79」。

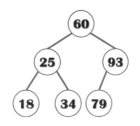

範例「CH0704.csproj/BSTDemo.cs」

```
01 static void Main(string[] args)
02 {
03    Node first = null;
04    SearchBinaryTree bstree = new SearchBinaryTree();
05    int[] data = { 60, 25, 93, 34, 18, 79 };
06    first = bstree.CreateBTree(data, data.Length);
07    WriteLine("--------中序走訪二元樹--------");
08    bstree.Inorder(first);
09 }
```

執行結果

```
■ D:\DS for Visual C#\CH07...   –   □   ×
--------中序走訪二元樹--------
[18]->[25]->[34]->[60]->[79]->[93]->
```

程式解說

◆ 第6行：呼叫成員方法CreateBTree()來產生節點，相關程式碼請參考範例「CH0702.csproj」的CreateBTree()方法。

◆ 第8行：以中序走訪輸出結果，相關程式碼請參考範例「CH0703.csproj」的Inorder()方法。

7.4.3 二元搜尋樹的搜尋

要找出二元搜尋樹的某個鍵值十分簡單，依據下述原則走訪二元樹，就可找到打算搜尋的值。

> 左子樹鍵值 ≦ 父節點鍵值 ≦右子樹鍵值

因為右子節點的鍵值一定大於左子節鍵值，所以只需從根節點開始做比較，就能知道其欲搜尋鍵值是位在右子樹或左子樹。例如找出鍵值「18」。

Step 1. 從根節點60開始做比較，18比根節點小，往左子樹方向。

Step 2. 由於比父節點25小，所以再與左子樹的左子節點做比對，鍵值相同就找到了。

Step 3. 如果欲搜尋的值比根節點「60」要大，就往右子樹查找，直到找不到為止。

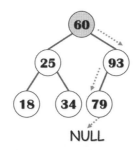

NULL

範例「CH0704.csproj/SearchBinaryTree.cs」

```
01 public Node FindBSTItemTo(Node ptr, int data)
02 {
03   Node left, right;
04   if (ptr != null)
05   {
06     if (ptr.Item == data)
07       return ptr;
08     else
09     {
10       left = FindBSTItemTo(ptr.LNext, data); //往左子樹找
11       right = FindBSTItemTo(ptr.RLink, data);//往右子樹找
12     }
13     if (left != null)//左子樹有此值
14       return left;
15     else
16     {
17       if (right != null)//右子樹有此值
18         return right;
```

```
19          else
20              return null;
21      }
22  }
23  else
24      return null;
25 }
```

執行結果

```
■ D:\DS for V...    ─    □    ×
輸入欲查找的節點--> 34
找到二元搜尋樹的節點-->34
```

程式解說

◆ 定義成員方法FindBSTItemTo()，以遞迴呼叫來尋找二元搜尋樹的某個節點。

◆ 第6~12行：如果有找到節點就回傳其值，否則的話就繼續往左、右子樹查找。

◆ 第13~21行：欲查找的節點是否在左或右子樹裡。

7.4.4 刪除二元搜尋樹的節點

通常刪除BST的節點有三種做考量：

➢ 刪除葉節點，表示它沒有左、右節點可直接做刪除。如下圖葉節點「18」只要移除指標，就能直接刪除它。

CHAPTER

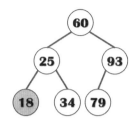

BST中直接刪除葉節點「18」

➤ 刪除的節點含有一個子節點：刪除此節點之後，要將後代節點取代成原
有被刪除的節點。如下圖節點「93」含有一個子節點，所以當它被刪除
後，其後代節點「79」比根節點的值大，所以取代了被刪除節點。

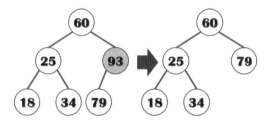

BST中節點「93」含有一個子節點

➤ 刪除的節點含有左、右兩個子節點會比較麻煩；它的作法：找出左子樹
最大節點或右子樹最小節點為「中序前繼者S」，先複製「中序前繼者
S」，與「欲刪除節點者N」相互交換位置後，然後才刪除節點N。

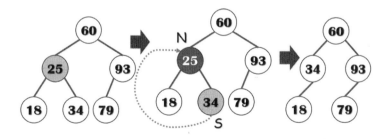

BST中節點「25」含有兩個子節點

參考範例「CH0706.csproj/SearchBinaryTree.cs」。

7.5 平衡樹

　　二元搜尋樹的缺點是無法永遠保持在最佳狀態。當輸入之資料部分已排序的情況下，極有可能產生歪斜樹，因而使樹的高度增加，導致搜尋效率降低。為了能夠儘量降低搜尋所需要的時間，讓我們在搜尋時能很快找到所要的鍵值，或者很快知道目前的樹中沒有所要的鍵值，則必須保持樹的高度在某個範圍內。所以二元搜尋樹較不利於資料的經常變動（加入或刪除），相對地比較適合不會變動的資料，像是程式語言中的「保留字」等。

　　所謂平衡樹（Balanced Binary Tree）又稱之為AVL樹，它是由Adelson-Velskii和Y. M. Landis兩人所發明的，本身也是一棵二元搜尋樹，但是當資料加入或刪除時，先會檢查二元樹的高度是否「平衡」，如果不平衡就設法調整為平衡樹。適用於經常異動的動態資料，像編譯器（Compiler）裡的符號表（Symbol Table）等。

7.5.1 平衡樹的定義

　　由於AVL樹也是一棵二元搜尋樹。所以，要在二元平衡樹中加入或刪除節點做諸如此類的運算，其效率的好壞，往往與樹的高度有很大的關連性。因此，沒有適當的控制樹高，經過一段時間的插入與刪除等動態維護工作，會造成存取上效率的降低。

　　為了提高效率，AVL樹在每次插入和刪除資料後，必要時會對二元樹作一些高度的調整動作，讓二元搜尋樹的高度隨時維持平衡。以下說明平衡樹的正式定義：

> T是一個非空的二元樹，左子樹T_L、右子樹T_R分別都是高度平衡樹

◈ $|h_L - h_R| \leq 1$，h_L及h_R分別為T_L與T_R的高度。

　　AVL樹中，所有內部節點的左、右子樹的高度差，必須小於或等於1。

7.5.2 AVL的平衡系數

　　參考下圖：T_1為平衡樹，T_2不是平衡樹。說明原因之前，首先認識平衡樹中使用的專有名詞「平衡係數」（Balance Factor, BF）。要判斷一個節點的平衡係數，是指將該節點的左子樹高度減去右子樹高度，例如：

> 左子樹高度為3，右子樹高度為2，節點的平衡係數：3 - 2 = 1
> 左子樹高度為3，右子樹高度為3，節點的平衡係數：3 - 3 = 0
> 左子樹高度為3，右子樹高度為4，則這個節點的平衡係數為3 - 4 = -1

　　這意味有內部節點的左右子樹的高度差，必須「≦ 1」以符合平衡樹的定義。任意節點的平衡係數只有三種情況會出現，即-1、0、1。也就是說，當如果找到樹中內部節點的平衡係數不是這三個數字，就可以推斷出該樹並非是一顆平衡樹。

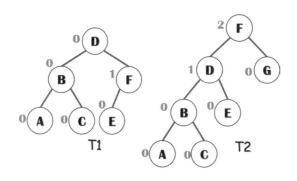

上圖的T1，每個節點旁邊的數字為該節點的平衡係數，如何取得？

Step 1. 由下往上，節點A、C、E無子節點，所以「BF = –1 – (–1) = 0」。

Step 2. 由依左子樹樹高減右子樹樹高的原則，所以節點B的平衡係數是「1 – 1 = 0」；節點F的平衡係數是「1 – 0 = 1」。

Step 3. 根節點D的平衡係數則是「2 – 2 = 0」（節點B、F的樹高為2）。

我們得知T1所有節點的平衡係數的絕對值均小於或等於1，所以T1是一棵平衡樹。那麼T2呢？就直接來看根節點F，它的平衡係數是「3 – 1 = 2」（左樹高3，右樹高1）而違反其中一個原則，其平衡係數非-1、0、1這三個數字，所以T2就不是一棵AVL樹。

7.5.3 調整為AVL樹

如何調整二元搜尋樹成為一平衡樹？首先得依據AVL樹提供的LL型、LR型、RR型、RL型之四種調整，找出「不平衡點」，依其類型以左旋或右旋重新調整其左、右子樹的高度。

➢ LL型：新加入節點C形成左子樹節點B的左子節點，造成關鍵節點A的平衡係數為「2」而失去平衡。以右旋做調整，值小的節點C放在左子樹，節點B向上提成為父節點。節點A以順時針方向旋轉，成為節點B的右子樹，確保所有節點中左、右子樹的高度差小於或等於1。

➢ LR型：新加入節點C形成左子樹節點B的右子節點，造成關鍵節點A的

平衡係數爲「2」而失去平衡。先左旋再右轉的雙旋轉調整，節點C、B先以左旋互換位置後。再做右轉，節點C向上提成爲父節點，值小的節點B成了左子樹，值大的節點A向下右旋成右子樹，確保所有節點中左、右子樹的高度差小於或等於1。

➢RR型：新加入節點C形成右子樹節點B的右子節點，造成關鍵節點A的平衡係數爲「-2」而失去平衡。以左旋做調整，將節點B向上提，成爲父節點。值小的節點A逆時針方向旋轉後變成節點B的左子樹，值大的節點C放在右子樹，確保所有節點中左、右子樹的高度差小於或等於1。

➢RL型：新加入節點C形成右子樹節點B的右子節點，造成節點A的平衡係數爲「-2」而失去平衡。先右旋再左轉的雙旋轉調整。節點B、C先以右旋互換位置。再做左轉，節點C向上提成爲父節點，值小的節點A向下左旋成爲左子樹，值大的節點B成右子樹，確保所有節點中左、右子樹的高度差小於或等於1。

例一：實作一個BST範例，加入鍵值「98」後，試繪出其圖形。

Step 1. BST圖形，加入節點98，造成關鍵節點65的BF為-2，形成RR不平
　　　　衡。

Step 2. 使用左旋調整，節點75向上提成為父節點，節點65向下左旋，成
　　　　為節點65的左子節點。

如何實作AVL樹的程式碼？同樣先以雙向鏈結串列的節點來實作。

```
// 參考範例「CH0707.csproj/Node.cs」
public class Node
{
    public int Item { get; set; }       //自動實作屬性，資料欄
    public int Balance { get; set; } //平衡係數
    public Node LNext { get; set; }    //指向前一個節點鏈結
    public Node RLink { get; set; }    //指向下一個節點鏈結
    public Node(int data) //建構函式 - 初始化相關屬性
    {
        Item = data;
        Balance = 0;
        LNext = null;
        RLink = null;
    }
}
```

◆ 節點裡，除了屬性Item是用來儲存資料，而Balance是AVL樹的平衡係
　數。

範例「CH0707.csproj/AVLTree.cs」

```
01 public Node AddItem(Node ptr, int data, ref bool ht)
02 {
03    Node pivot, crucial;
04    Node newNode = new Node(data)    /*產生新節點*/
05    { Balance = 0, LNext = null, RLink = null};
06    if (ptr == null)
07    {
```

```
08        ptr = newNode;
09        ht = true;
10     }
11     if (data < ptr.Item) //輸入的值 < 目前節點的值
12     {
13        ptr.LNext = AddItem(ptr.LNext, data, ref ht);
14        if (ht == true)
15        {
16           switch (ptr.Balance) //平衡係數三種狀況：1, 0, -1
17           {
18              case -1: ptr.Balance = 0;//右子樹重
19                 ht = false; break;
20              case 0: ptr.Balance = 1; break; //兩邊平衡
21              case 1: crucial = ptr.LNext;//左子樹重，進行調整
22                 if (crucial.Balance == 1)
23                 {
24                    WriteLine("以LL型做調整");
25                    ptr.LNext = crucial.RLink;
26                    crucial.RLink = ptr;
27                    ptr.Balance = 0;
28                    crucial.Balance = 0;
29                    ptr = crucial;
30                 }
31                 else
32                 {
33                    WriteLine("以LR型做調整");
34                    //把關鍵節點的右子樹旋轉
```

CHAPTER

7

```
35              pivot = crucial.RLink;
36              //把關鍵點的右子樹旋轉為左子樹
37              crucial.RLink = pivot.LNext;
38              pivot.LNext = crucial;
39              ptr.LNext = pivot.RLink;
40              pivot.RLink = ptr;
41              if (pivot.Balance == 1)
42                  ptr.Balance = -1;
43              else
44                  ptr.Balance = 0;
45              if (pivot.Balance == -1)
46                  crucial.Balance = 1;
47              else
48                  crucial.Balance = 0;
49              pivot.Balance = 0;
50              ptr = pivot;
51          }
52          ht = false; break;
53      }
54   }
55 }
56 if (data > ptr.Item)    //輸入的值 > 目前節點的值
57 {
58     //以遞迴呼叫新增節點到右子樹
59     ptr.RLink = AddItem(ptr.RLink, data, ref ht);
60     if (ht == true)
61     {
```

```
62              switch (ptr.Balance) //平衡係數三種狀況：1, 0, -1
63              {
64                  case 1: ptr.Balance = 0;//左子樹重
65                      ht = false; break;
66                  case 0: ptr.Balance = -1; break; //兩邊平衡
67                  case -1:    //右子樹重，對它進行調整
68                      crucial = ptr.RLink;
69                      if (crucial.Balance == -1)
70                      {
71                          WriteLine("以RR型做調整");
72                          //調整右子樹的右節點，旋轉後置為左子樹
73                          ptr.RLink = crucial.LNext;
74                          //目前節點參考指向調整後節點
75                          crucial.LNext = ptr;
76                          ptr.Balance = 0;
77                          crucial.Balance = 0;
78                          ptr = crucial;
79                      }
80                      else
81                      {
82                          WriteLine("以RL型做調整");
83                          //把關鍵節點的左子樹旋轉
84                          pivot = crucial.LNext;
85                          //把關鍵節點的左子樹旋轉為右子樹
86                          crucial.LNext = pivot.RLink;
87                          pivot.RLink = crucial;
88                          ptr.RLink = pivot.LNext;
```

```
89                      pivot.LNext = ptr;
90                      if (pivot.Balance == -1)
91                          ptr.Balance = 1;
92                      else
93                          ptr.Balance = 0;
94                      if (pivot.Balance == 1)
95                          crucial.Balance = -1;
96                      else
97                          crucial.Balance = 0;
98                      pivot.Balance = 0;
99                      ptr = pivot;
100                     }
101                 ht = false; break;
102             }
103         }
104     }
105     return ptr;
106 }
```

執行結果

程式解說

◆ 定義成員方法AddItem()，依據輸入的值做判斷，值小於目前節點的值就加入到左子樹；值大於目前節點的值就加入到右子樹。

◆ 第11~55行：第一種情形就是輸入的值小於目前節點值，依BST加到左子樹。

◆ 第13行：以遞迴呼叫AddItem()方法，把新節點加到左子樹。

◆ 第16~53行：switch/case敘述依據AVL樹的balance係數來判斷，若為「-1」表示插入的節點會讓右子樹不平衡；若為「1」表示插入的節點會讓左子樹不平衡；若為「0」表示插入的節點讓左、右子樹平衡就不做調整。

◆ 第21~51行：若「balance = 1」就是新插入節點會造成左子樹不平衡，以「LL型」或「LR型」做調整。

◆ 第22~30行：以LL型調整；把目前節點的左子節點調整為關鍵點crucial，原為目前節點參考ptr所指的節點變更為關鍵節點的右子節點。

◆ 第56~104行：第一種情形就是輸入的值大於目前節點值。

◆ 第67~101行：若「balance = -1」則以「RR型」或「LR型」調整右子樹。

◆ 第69~79行：以RR型調整；設目前節點的右子節點為關鍵邊點，逆時旋轉，原為目前節點參考ptr所指的節點變更為關鍵節點的左子節點。

課後習作

一、填充題

1. 對於二元樹的描述，下列何者有誤？

   (A) 可以是空的二元樹。

   (B) 根節點下必須有左、右子樹。

   (C) 根節點下只有左子樹。

   (D) 只有根節點。

2. 對於樹（Tree）的描述何者不正確？

   (A) 一個節點

   (B) 環狀串列

   (C) 一個沒有迴路的連通圖（connected graph）

   (D) 一個邊數比點數少1的連通圖

3. 關於二元搜尋樹（Binary Search Tree）的敘述，何者為非？_____。

   (A) 二元搜尋樹是一棵完整二元樹（Complete Binary Tree）

   (B) 可以是歪斜樹（Skewed Binary Tree）

   (C) 一節點最多只有兩個子節點（Child node）

   (D) 一節點的左子節點的鍵值不會大於右節點的鍵值

4. 一棵二元樹，樹高為3，它的最大節點數為多少？_____。

5. 請依下圖樹的結構，填入相關名詞：根節點_____，父節點_____，節點B的子節點有_____，節點D、E、F是_____，節點F、G是_____，節點H的祖先是_____，節點A的子孫是_____。

6.一棵二元樹，又稱_____樹，它最多只能有左、右_____個節點。

7.一棵二元樹，若分支節點都含有左、右子樹，其樹葉節點者位於相同階層，稱為_____，當二元樹沒有左節點或右節點，稱為_____。

8.填寫二元樹和一般樹的不同：①樹不可為_____，但是二元樹可以；②樹的分支度為d≧0，但二元樹的節點分支度為_____；③樹的子樹間_____，二元樹則有。

9.二元搜尋樹刪除節點時，有三種考量：①_____直接刪除；②刪除的節點含有_____；③刪除的節點含有_____。

10.AVL樹的平衡係數是以_____減去_____所得，須維持其值_____、_____、_____。

二、實作與問答

1.下圖是否為合法的樹狀結構？試說明之。

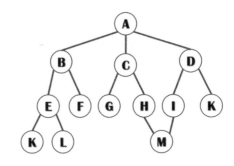

2. 將數列繪製成二元搜尋樹並找出最小值。

```
63, 24, 90, 37, 12, 84, 41, 29, 23, 103, 7, 71
```

3. 對於任何非空二元樹T，如果n_0為樹葉節點數，且分支度為2的節點數是n_2，試證明$n_0 = n_2 + 1$。

4. 請問以下二元樹的中序、後序以及前序表示法為何？

5. 請問以下二元樹的中序、前序以及後序表示法為何？

6. 請找出下列樹林的中序、前序與後序走訪結果。

7 .將下列二元樹轉換成樹。

8. 在下圖平衡二元樹中，加入節點11後，重新調整後的平衡樹爲何？

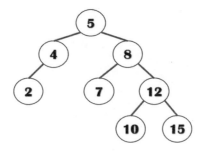

9. 請比較完滿二元樹與完整二元樹兩者間的不同？

第八章

圖形結構

★學習導引★

- ➢ 從肯尼斯堡的七座橋談圖形，了解圖形的相關名詞
- ➢ 以相鄰矩陣法、相鄰串接法表達圖形結構
- ➢ 追蹤圖形有BFS和DFS
- ➢ 要找出最低成本擴張樹有Prim's演算法和Kruskal's演算法

8.1 認識圖形和其定義

假如從高雄出發要去參觀台南的奇美博物館，開車的話有哪些道路可供選擇？拜網路發達所賜，很多人可能去看了看谷歌大神的地圖，或者使用手機上提供的導航軟體；這些都來自圖形的應用。手上有了地圖指南之後，可能還有些想法！走哪條道路可以快速抵達（最短路徑問題）？或者想加入美食熱點，如何走才能不錯過它們（路徑的搜尋問題）。

所謂的「圖形」（Graph）就是由頂點（美食熱點）和邊線（道路）所組成；此處的「圖形」或「圖」並非我們日常所見的圖片。

8.1.1 圖形的故事

圖形（Graph）理論是起源於西元1736年，有一位數學家尤拉（Eular）為了解決「肯尼茲堡七橋問題（Koenigshberg Seven Bridge Problem）而想出的一種資料結構理論。尤拉當時就知道利用頂點（Vertices）表示每塊土地，所以有A、B、C、D四塊區域；邊（Edge）代表每一座橋樑，所以編號1~7座橋樑；定義與頂點所連接的邊的個數為分支度；例如編號1的橋樑就連接A、B兩塊區域。

肯尼斯堡七橋   圖形理論

　　尤拉（Eular）針對「肯尼斯堡七橋」問題所找出的規則是「如果每一個頂點的分支度皆為偶數時，才能從某一個頂點出發，經過每一個邊後，再回到出發的頂點」。而肯尼斯堡七橋的情況為：四個頂點的分支度都是奇數。

> A的分支度為5，B的分支度為3，C的分支度為3，D的分支度為3

　　得到的結論：人們不可能走過所有的橋樑，所以問題無解。不過經由尤拉提供的規則，定義了尤拉路徑：

> 由某一個頂點出發，經由所有邊線再回到原頂點

　　如何判斷某張無向圖形具有「尤拉路徑」？也有人稱它是「一筆畫」，也就是圖形能一筆完成，而且所有頂點皆具有偶數分支度，透過下圖來了解。其中的圖形G1，除了能一筆完成並回到原頂點之外，某個頂點的分支度為偶數，所以它具有尤拉路徑。圖形G2來說它不是尤拉路徑；雖然能一筆畫完但是未回到原頂點，而且某一個頂點的分支度為3，非偶數。那麼頂點究竟是什麼？分支度如何算出來？就從圖形的基本定義開始吧！

圖形G1　　　　　　圖形G2

8.1.2 圖形的基本定義

　　圖形結構是一種探討兩個頂點間是否相連的一種關係圖，與樹狀結構的最大不同是樹狀結構用來描述節點與節點間的層次關係。如何表示圖形？前面章節中會以節點（Node）來儲存資料，來到了圖形世界，依然會以圓圈代表頂點（Vertices，或稱點、節點），它是儲存資料或元素的所在。頂點之間的連線是邊線（Edges，或稱邊）。圖形由有限的點和邊線集合所組成，圖形G是由V和E兩個集合組成其定義，表示如下：

```
G = (V, E)
```

◆ V：頂點（Vertices）組成的有限非空集合。

◆ E：邊線（Edges）組成的有限集合，這是成對的點集合。

　　依據邊線是否具有方向性，圖形結構概分無向圖形與有向圖形兩種；先來認識它們的不同之處。

　　邊線表達資料間的關係，參考下列的「無向圖形」（Undirected Graph），頂點A與頂點B能去能回，意味著它的邊線無方向性，頂點A到頂點B以邊線（A, B）或邊線（B, A）是相同的。

無向圖形G1

　　進一步來看，G1圖形擁有A、B、C、D、E五個頂點，若V(G1)是圖形G1的點集合，表示如下：

```
V(G1) = {A, B, C, D, E}
E(G1) = {(A, B),(A, E),(B, C),(B, D),(C, D),(C, E),(D, E)}
|V| = 5, |E| = 6
```

◈ 無方向性的邊線以括號( )表示。

　　「有向圖形」（Directed Graph）是指它的每個邊皆有方向性，檢視下圖，邊線<A, B>中，A為頭（Head），B為尾（Tail），方向為「A→B」。

有向圖形G2

　　G2圖形有A、B、C、D、E五個頂點，V(G2)是圖形G2，如下所示：

```
V(G2) = {A, B, C, D, E}
E(G2) = {<A, B>, <B, C>, <C, D>, <C, E>, <E, D>, <D, B>}
|V| = 5, |E| = 6
```

◈ 有方向性的邊線以< >表示。

8.1.3 圖形相關名詞

　　認識跟圖形有關的專有名詞。

➤ 完整圖形：含有N個頂點的無向圖形中，正好有「N(N-1)/2」邊線，稱為「完整圖形」。所以，「N=5, E=5(5-1)/2」得邊線為「10」，可以進一步查看完整無向圖G1是否有10條邊。完整有向圖形必須有N(N-1)個邊線，當「N=4, E=4(4-1)」得邊線「12」。因此，細審一下下圖右邊的G2有向圖，是否有12條邊？

完整無向圖形G1　　　完整有向圖形G2

➤ 相鄰（Adjacent）：無論是無向圖或有向圖，A、B是相異的兩個頂點，它們具有邊線來連接，因此稱頂點A與B相鄰。

➤ 子圖（Sub-graph）：當G'和G"兩個集合能滿足「V(G' ⊆ V(G)且E(G') ⊆ E(G))」，「V(G" ⊆ V(G)且E(G") ⊆ E(G))」，稱G'和G"為G的子圖。

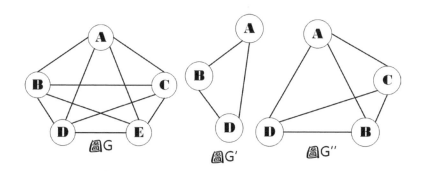

圖G　　　圖G'　　　圖G"

➤ 路徑（Path）：兩個不同頂點間所經過的邊線稱為路徑，如上列的圖G，頂點A到E的路徑有「{(A, B)、(B, E)}及{(A, B)、(B, C)、(C, D)、(D, E)}」等。

➤ 路徑長度（Length）：路徑上所包含邊的總數為路徑長度。

➤ 循環（Cycle）：起始點及終止點為同一個點的簡單路徑稱為循環。如上列的圖G，{(A, B), (B, D), (D, E), (E, C), (C, A)}起點及終點都是A，所以是一個循環路徑。

➤ 相連（Connected）：在無向圖形中，若頂點Vi到頂點Vj間存在路徑，

則Vi和Vj是相連的；檢視上圖，G1中頂點A至頂點B間有存在路徑，則頂點A和B相連。

➤ 相連圖形（Connected Graph）：檢視下圖，G3的任兩個點均相連，所以是相連圖形。

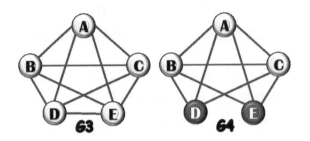

➤ 不相連圖形（Disconnected Graph）：圖形內至少有兩個點間是沒有路徑相連的；檢視上列的圖G4，它有D、E兩個點不相連所以是非相連圖形。

➤ 緊密相連（Strongly Connected）：參考圖下方的有向圖形G5，若兩頂點間有兩條方向相反的邊稱為緊密相連。

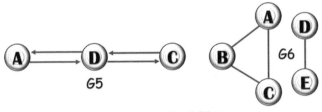

緊密的圖和相連單元

➤ 相連單元：圖形中相連在一起的最大子圖總數，上方的G6圖，可以看做是2個相連單元。

➤ 分支度（Degree）：無向圖形中，不考慮其方向性，一個頂點所擁有邊數總和而稱之；圖G3的頂點A，其分支度為4。

➢ 出／入分支度：有向圖形中，考量方向性的情形下，以頂點V為箭頭終點的邊之個數為入分支度，反之由V出發的箭頭總數為出分支度。下方的G7圖，頂點A的入分支度為1，出分支度為3。

補結站

所謂複線圖（multigraph），圖形中任意兩頂點只能有一條邊，如果兩頂點間相同的邊有2條以上（含2條），則稱它為複線圖，以圖形嚴格的定義來說，複線圖並不能算是一種圖形。

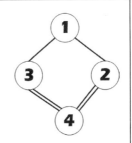

8.2 圖形的資料結構

介紹表示圖形的資料結構有兩種：①相鄰矩陣表示法（Adjacency Matrix)、②相鄰串列表示法（Adjacency Lists）。

8.2.1 相鄰矩陣法

已經知道圖形「G = (V,E)」，假設它有N個頂點且N ≥ 1，利用「N × N」二維矩陣來表示其大小，共需N^2個空間。其相鄰矩陣的定義如下：

$$A_{N \times N} = [a_{i,j}]$$

　　$A_{N \times N}$是一個N×N的矩陣，若$a_{i,j}$為「0」，表示圖形的邊線（V_i, V_j）不存在。若$a_{i,j}$為「1」，表示圖形有一條邊線（V_i, V_j）存在。

　　「無向圖」使用相鄰矩陣表示時，會以對角線來產生對稱，儲存矩陣上的上三角形或是下三角形即可。所以，任何一張圖G(V, E)，頂點「i∈V」的分支度（deg）是這個頂點在相鄰矩陣對應之列的所有元素和。

$$\sum_{V_i \in V} \deg(V_i) = 2\,|E|$$

　　對於有向圖形來說，分支度有二項：欄數是以頂點的入分支度（In-degree）做計算，列之和是算出頂點的出分支度（Out-degree）。

例一：試寫出圖形G1、G2、G3的相鄰矩陣。

　　無向圖形G1含有4個頂點，二維矩陣以「4×4」表示。從頂點「V1」開始，它與頂點V2、V3有相連，所以陣列元素以「1」儲存，與頂點4則無相連，則以「0」表示。完成的矩陣透過下方的示意圖也能看出無向圖的相鄰矩陣呈對稱狀態，只需保存上三角或下三角即可，大約可節省一半以上的空間。

下方示意圖中，G2為有向圖，以相鄰矩陣表示時，算出每列「出分支度」。所以頂點1到頂點2只有一條邊，出分支度為「1」。同樣地，頂點2到頂點3的出分支度為「1」，而頂點3到頂點2的出分支度也是「1」。比較特殊的地方是頂點2的入分友度為「2」。

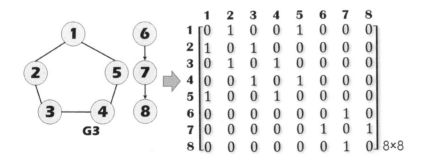

如何以相鄰矩陣法來儲存圖形？檢視下方的右側G3圖，它包含左邊的無向圖和中間的有向圖，共有8個頂點，以「8×8」矩陣儲存。

```
      1  2  3  4  5  6  7  8
   1 ⌈0  1  0  0  1  0  0  0⌉
   2 │1  0  1  0  0  0  0  0│
   3 │0  1  0  1  0  0  0  0│
   4 │0  0  1  0  1  0  0  0│
   5 │1  0  0  1  0  0  0  0│
   6 │0  0  0  0  0  0  1  0│
   7 │0  0  0  0  0  1  0  1│
   8 ⌊0  0  0  0  0  0  1  0⌋ 8×8
```

從上述簡例中，可以看出無向圖形的相鄰矩陣必定是上三角形（Upper-triangular）或下三角形（Lower-triangular）矩陣，但有向圖形

則不是。反而往往是稀疏矩陣（Sparse Matrix），而要求出所有頂點分支
度的時間複雜度為$O(n^2)$，儲存上也十分浪費空間。

無向圖G1如何以二維矩陣輸出：首先以二維陣列來儲存頂點的路
徑，簡述如下：

```
int admatrix[8][2] = {{1, 2}, {2, 1}, {1, 3}, {3, 1},
                       {2, 4}, {4, 2}, {3, 4}, {4, 3}};
```

◆ 以矩陣記錄兩個頂點之間以邊線連接，圖形有4個頂點，當頂點v_1和v_2鄰
接，表示要有頂點v_1到v_2，頂點v_2到v_1的路徑，共2條路徑。

◆ 如此一來，任意兩個頂點之間的資訊，都有對應的地方可用於記錄。

範例「CH0801.csproj/Program.cs」

```
01 static int[,] matrix = new int[5, 5]; //二維矩陣
02 static void Main(string[] args) //主程式
03 {
04    int j, k;
05    int[,] data = {{1, 2}, {2, 1}, {1, 3}, {3, 1},
06                   {2, 4}, {4, 2}, {3, 4}, {4, 3}};
07    GraphCreate(data, data.GetLength(0));
08    WriteLine("圖形以相鄰矩陣儲存");
09    WriteLine("-----1--2--3--4");
10    for (j = 1; j < 5; j++)//讀取圖形
11    {
12       Write($"{j} |");
13       for (k = 1; k < 5; k++)
14          Write($"{matrix[j, k], 3}");
15       WriteLine();
16    }
```

```
17 }
18 public static void GraphCreate(int[,] ary, int len)
19 {
20    int start, finish, j;
21    for (j = 0; j < len; j++)
22    {
23       start = ary[j, 0];
24       finish = ary[j, 1];
25        matrix[start, finish] = 1;
26    }
27    WriteLine();
28 }
```

執行結果

程式解說

◈ 第18~28行：定義靜態方法GraphCreate()來產生圖形。

◈ 第21~26行：for迴圈利用邊線來讀取相關之頂點並存入圖形陣列matrix。

8.2.2 相鄰串列法

　　相鄰串列（Adjacency Lists）是以單向鏈結串列來表示圖形。已知圖形「G = (V, E)」包含N個頂點（N≧1）時，使用N個鏈結串列來存放圖形，每個鏈結串列分別代表一個頂點及其相鄰的頂點。將圖形中的每個頂

點皆形成串列首，而在每個串列首後的節點表示它們之間有邊相連。如此一來可以有效避免儲存空間的浪費，其特性解說如下：

➤ 每一個頂點使用一個串列。

➤ 無向圖中，N頂點E邊共需N個串列首節點及2*E個節點；有向圖則需N個串列首節點及E個節點。在相鄰串列中，計算所有頂點分支度所需的時間複雜度O(N + E)。

由於相鄰串列會將圖形的N個頂點形成N個串列首，而每個串列中的節點皆由頂點和鏈結欄位兩個欄位組成，和首節點之間有邊線相連，每個節點資料結構示意如下圖。

例一： 下方的G1無向圖如何以相鄰串列表示？圖形先轉為矩陣，把陣列中存有元素「1」者以相鄰串列表達。以頂點「1」來說，它分別與頂點2、3、4有連接，與頂點5並無相連，就以「0」表示，後續者無鏈結欄位就以null表示。

無形圖G1以相鄰串列法表示如下：

例二：將有向圖G2以相鄰串列來表示。

將無向圖G1產生的相鄰串列，透過範例撰寫相關程式碼。

範例「CH0802.csproj/GraphLinked.cs」

```
01 public class GraphicsLinked
02 {
03     protected Node first;//指向第一個節點的參考
04     protected Node last;  //指向最後節點的參考
05     public GraphicsLinked()//定義預設建構函式
06     {
```

```
07        first = null;//初始化首、尾節點為空值
08        last = null;
09    }
10    public void AddItem(int data) //串列加入新節點
11    {
12        Node newNode = new Node(data);
13        if (first == null)
14        {
15            first = newNode;
16            last = newNode;
17        }
18        else
19        {
20            last.Next = newNode;
21            last = newNode;
22        }
23    }
24    public void Display()//輸出節點
25    {
26        Node current;    //指向目前節點
27        if (first == null)
28            WriteLine("鏈結串列是空的");
29        current = first; //從第一個節點開始準備走訪串列
30        while (current != null) //空串不是空的情形下讀取節點
31        {
32            Write($"[{current.Edge}]->");
33            current = current.Next;
```

```
34          if (current == null)
35              Write("null");
36      }
37      WriteLine();
38  }
39 }
```

範例「CH0802.csproj/Program.cs」

```
01 static void Main(string[] args)
02 {
03    int item = 0;
04    const int Row = 14;
05    int[,] vertex = {  //宣告二維矩陣來儲存圖形頂點
06         {1, 2}, {2, 1}, {1, 3}, {3, 1}, {1, 4},
07         {4, 1}, {2, 5}, {5, 2}, {2, 6}, {6, 2},
08         {4, 7}, {7, 4}, {4, 8}, {8, 4} };
09    GraphicsLinked[] graphics = new GraphicsLinked[10];
10    WriteLine("---圖形以相鄰串列表示---\n");
11    for (int j = 1; j < 9; j++)
12    {
13       graphics[j] = new GraphicsLinked();
14       Write($"頂點[{j}] ==> ");
15       for (int k = 0; k < Row; k++)
16       {
17          if (vertex[k, 0] == j)
```

```
18          {
19              item = vertex[k, 1];
20              graphics[j].AddItem(item);
21          }
22      }
23      graphics[j].Display();
24  }
25 }
```

執行結果

程式解說

◆ 定義類別GraphicsLinked，以單向鏈結串列結構來實作圖形。

◆ 第10~23行：定義成員方法AddItem()，配合指向第一個、最後節點的參考來新增節點。

◆ 第24~38行：定義成員方法Display()，配合while迴圈來走訪節點。

◆ 第9、13行：實體化GraphicsLinked，利用它來產生陣列，儲存鏈結串列的節點。

◈ 第19~20行：讀取邊線(1, 2)、(2, 1)所加入的節點。

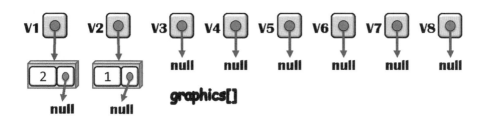

8.2.3 加權圖形

無論是有向或無向圖形，每一個邊都未加任何權重，亦即任一頂點到其他頂點之間的關係強度都是相同的。但是，若要表示資料間不同的強度關係，就必須利用到「加權圖形」（Weight graph）來呈現。這種作法常見於圖形的查詢！例如高雄到台南，有不同的路徑，何者優？何者劣？碰到塞車路線時所標示的時間就是「加權圖形」。它可以在圖形上的每一個邊上給予一個權重值（weight），用來表示距離、成本、時間或關係強度等，參考下圖，頂點1與頂點2之間邊的加權值為18。

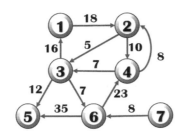

加權圖形如何以「相鄰矩陣」
表示？它跟原有的無向圖有異曲之
妙。在加權圖形中相異兩個頂點若
有邊線相連，則以加權值表示，若
無，則以符號「∞」表示。依據上
方的加權圖，轉換後的相鄰矩陣如
右圖所示。

$$\begin{array}{c}\begin{array}{ccccccc} \mathbf{1} & \mathbf{2} & \mathbf{3} & \mathbf{4} & \mathbf{5} & \mathbf{6} & \mathbf{7} \end{array}\\ \begin{array}{c}\mathbf{1}\\\mathbf{2}\\\mathbf{3}\\\mathbf{4}\\\mathbf{5}\\\mathbf{6}\\\mathbf{7}\end{array}\left(\begin{array}{ccccccc} 0 & 18 & \infty & \infty & \infty & \infty & \infty \\ \infty & 0 & 5 & 10 & \infty & \infty & \infty \\ 16 & \infty & 0 & \infty & 12 & 7 & \infty \\ \infty & 8 & 7 & 0 & \infty & \infty & \infty \\ \infty & \infty & \infty & \infty & 0 & \infty & \infty \\ \infty & \infty & \infty & 23 & 35 & 0 & \infty \\ \infty & \infty & \infty & \infty & \infty & 8 & 0 \end{array}\right)\end{array}$$

含有權重的相鄰矩陣

無庸置疑，加權圖形可以轉換
為相鄰矩陣，也能以相鄰串列來表
示。如何轉換？依下方的示意圖，就是在串列中再加上一個「權重」欄
位。

轉換後的相鄰串列如下圖所示。

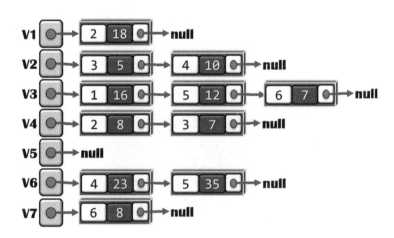

8.3 圖形追蹤

　　追蹤圖形的作法是從圖形的某一頂點出發，然後走訪圖形的其它頂點。經由圖形追蹤可以判斷該圖形的某些頂點是否連通，也可以找出圖形連通單元。我們知道樹的追蹤目的是欲拜訪樹的每一個節點一次，可用的方法有中序法、前序法和後序法等三種，而圖形追蹤的方法有兩種：「先深後廣走訪」及「先廣後深走訪」。

8.3.1 先廣後深搜尋法（BFS）

　　先廣後深（Breadth-First Search, BFS）走訪方式則是以佇列及遞迴技巧來走訪，也是從圖形的某一頂點開始走訪，被拜訪過的頂點就做上已走訪的記號。接著走訪此頂點的所有相鄰且未拜訪過的任意一個頂點，並標上已走訪記號，再以該頂點為新的起點繼續進行先廣後深的搜尋。我們使用下方的無向圖來實際模擬先廣後深搜尋法的追蹤過程；基本程序如下：

(1) 選擇一個起始頂點V，並做上一個已拜訪過的記號。

(2) 將所有與V相連的頂點放入佇列。

(3) 從佇列取出一個節點X，標示一個已拜訪過的記號，並將與X相連且未拜訪過的頂點放入佇列中。

(4) 重複步驟(3)直到佇列空了為止。

例一：求出下方圖形的BFS。

Step 1. 從圖形選擇欲拜訪的頂點1（以灰底表示）放入佇列中。

Step 2. 從佇列取出頂點1，並將相鄰的2、4、3放入佇列；然後把頂點1標示為已走訪過頂點（黑底白字表示）。

已拜訪過的頂點	1					

Step 3. 頂點2、4並無相鄰頂點，從佇列取出頂點2，然後把它標示為已走訪過頂點。

Step 4. 再從佇列取出頂點4，然後把頂點4標示為已走訪過頂點。

已拜訪過的頂點	1	2	4			

Step 5. 從佇列取出頂點3，再把它標記為已拜訪過，然後把相鄰的頂點5放入佇列中。

Step 6. 從佇列取出頂點5，標示為已走訪，然後把相鄰的頂點6放到佇列中。

已拜訪過的頂點	1	2	4	3	5	

Step 7. 從佇列取出頂點5，標示為已走訪，由於佇列已空，表示所有頂點都已走訪過。

已拜訪過的頂點	1	2	4	3	5	6

例二：BFS路徑為「1324567」；要留意的是使用BFS做搜尋的順序並非唯一，選擇的開始頂點會有不同的順序。

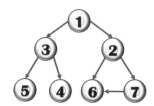

使用BFS搜尋把走訪的無向圖撰寫相關程式碼。

範例「CH0803.csproj/GraphDemo.cs」

```
01 class GraphDemo
02 {
03    static readonly bool[] visited = new bool[7];
04    static readonly int[] list = new int[10];//儲存佇列項目
05    static readonly GraphLinked[] travel =
06          new GraphLinked[7];
07    static readonly Node[] head = new Node[7];
08    static int Rear { get; set; } = -1;  //指向佇列後端的參考
09    static int Front { get; set; } = -1;//指向佇列前端的參考
10    static void Main(string[] args)//主程式
11    {
12       int item = 0;
13       const int Row = 14;
14       int[,] vertex = { //宣告二維矩陣來儲存圖形頂點
15             {1, 2}, {2, 1}, {1, 4}, {4, 1}, {1, 3},
16             {3, 1}, {4, 2}, {2, 4}, {4, 3}, {3, 4},
17             {3, 5}, {5, 3}, {5, 6}, {6, 5} };
18       WriteLine("---圖形以相鄰串列表示---\n");
19       for (int j = 1; j < 7; j++)
20       {
21          visited[j] = false;
22          travel[j] = new GraphLinked();
23          for (int k = 0; k < Row; k++)
24          {
```

```
25              if (vertex[k, 0] == j)
26              {
27                  item = vertex[k, 1];
28                  travel[j].AddItem(item);
29              }
30          }
31      }
32      for (int j = 1; j < 7; j++)
33      {
34          Write($"頂點[{j}] ==> ");
35          travel[j].Display();
36      }
37      WriteLine("先廣後深搜尋法(BFS)的搜尋順序如下：");
38      SearchBFS(1);
39  }
40  //省略部分程式碼
41  public static void SearchBFS(int data)//BFS搜尋法
42  {
43      Node current;
44      head[data] = new Node(data);
45      Enqueue(data);          //將第一個頂點存入佇列
46      visited[data] = true;   //將走訪過的頂點設定為1
47      Write($"頂點[{head[data].Edge}] > ");//輸出走訪過頂點
48      while (Front != Rear)
49      {
50          data = Dequeue();   //從佇列取出頂點
51          current = travel[data].First; //先記錄目前頂點的位置
```

```
52              while (current != null)
53              {
54                  if (visited[current.Edge] == false)
55                  {
56                      Enqueue(current.Edge);
57                      visited[current.Edge] = true; //已走訪過則記錄
58                      Write($"頂點[{current.Edge}] > ");
59                  }
60                  current = current.Next;
61              }
62          }
63      }
64 }
```

執行結果

程式解說

◆ 第3~9行：以「static readonly」來表示這些屬性為靜態，而陣列
  visited用來記錄已走訪的陣列。

◆ 第10~39行：主程式，宣告二維陣列來儲存矩陣再以靜態方法SearchBFS()
  做圖形的走訪。

◈ 第41~63行：定義靜態方法SearchBFS()做先廣後深的走訪，先處理第一個
頂點標記為走訪過；將目前走訪頂點的相鄰頂點，並利用陣列visited存放
已走訪的頂點。

8.3.2 先深後廣搜尋法（DFS）

先深後廣走訪的方式有點類似前序走訪。它同樣從圖形的某一頂點開
始走訪，被走訪過的頂點就做上標記，接著走訪所有與此頂點相鄰且未被
走訪的任一觀點，並做上已走訪記號，再以該點為新起點繼續進行先深後
廣的搜尋。由於圖形的節點會形成迴圈，程式執行很容易進入無窮迴圈。
為了避免此問題，當演算法則進行到某一節點，它可在搜尋某一節點之相
鄰節點，只去拜訪尚未標示記號的節點。它的程序如下：

(1) 選擇某一點V為起點，並且標示記號。

(2) 拜訪此頂點的下一個相鄰頂點。

(3) 先深後廣遞迴地追蹤此頂點之所有相鄰且尚未標示記號之頂點。

把下列的圖以DFS做走訪並撰寫相關程式碼。

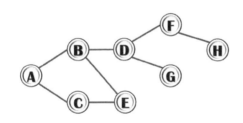

Step 1. 將頂點A放入堆疊內，再從堆疊彈出頂點A並標示已拜訪過（黑底
白字）、將頂點A與之相鄰且未走訪的頂點B、C（灰色）壓入堆
疊。

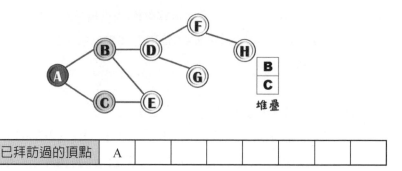

已拜訪過的頂點	A							

Step 2. 從佇列彈出頂點B，並標示為已拜訪過，並把頂點B與之相鄰且未
走訪的頂點D、E壓入佇列。

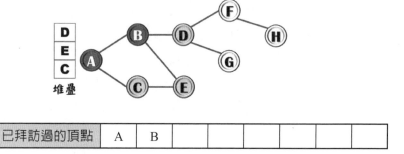

已拜訪過的頂點	A	B						

Step 3. 從佇列取出頂點D，並標示為已拜訪過，並把頂點D與之相鄰且未
走訪的頂點F、G放入佇列。

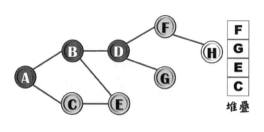

已拜訪過的頂點	A	B	D					

Step 4. 從佇列取出頂點F，並標示為已拜訪過，並把頂點F與之相鄰且未
走訪的頂點H放入佇列。

已拜訪過的頂點	A	B	D	F				

Step 5. 從佇列取出頂點H，並標示為已拜訪過，與之相鄰頂點已走訪，
再從堆疊彈出頂點G。

已拜訪過的頂點	A	B	D	F	H	G		

Step 6. 從佇列取出頂點E並標示已走訪，與之相鄰的頂點皆已走訪；再把
頂點C標示為已走訪過頂點，堆疊已空而停止。

已拜訪過的頂點	A	B	D	F	H	G	E	C

　　圖共有8個頂點，先以程式碼建立一個「8×8」的二維矩陣，藉由範例一同來了解。

範例「CH0804.csproj/GraphDFS.cs」

```
01 public static void SearchDFS(int data)
02 {
03    visited[data] = true;
04    Write($"頂點[{data}] > ");
05    while ((travel[data].First) != null)
06    {
07        //如果尚未走訪，進行DFS遞迴呼叫
08        if (visited[travel[data].First.Edge] == false)
09            SearchDFS(travel[data].First.Edge);
10        travel[data].First = travel[data].First.Next;
11    }
12    WriteLine();
13 }
```

執行結果

程式解說

◆ 定義靜態方法SearchDFS()，由陣列visited來記錄其頂點是否已走訪過，並以遞迴來處理。

8.4 擴張樹

擴張樹（Spanning Trees）又稱「花費樹」或「值樹」，它能把無向圖的所有頂點使用邊線連接起來，但邊線並不會形成迴圈，擴張樹的邊線數將比頂點少1，因為再多一條邊線，圖形就會形成迴圈。

8.4.1 定義擴張樹

假設G = (V,E)是一個圖形，將所有的邊分成兩個集合T及B，代表T為拜訪過程中所經過的邊；B為追蹤後，未被走訪過的邊。所以，擴張樹S具有下列特性：

```
S是一棵樹
S = (V, T)，所以S是G的子圖
E = T + B
```

擴張樹的圖形示意如下。

擴張樹範例：圖形能擁有四個點六條邊線的，依擴張樹的定義，可以得三棵不同的擴張樹，示意如下：

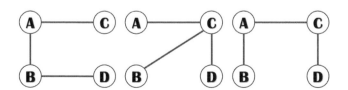

　　擴張樹若要進行搜尋，可採用走訪搜尋。作法很簡單，只需將圖形走訪過的頂點順序，再以邊線一一連接，就能產生成擴張樹，依照搜尋法的不同分成兩種。

➢ 深度優先擴張樹（DFS Spanning Trees）：使用先深後廣方式（DFS）追蹤產生的擴張樹。

➢ 寬度優先擴張樹（BFS Spanning Trees）：使用先廣後深方式（BFS）追蹤產生的擴張樹。

　　依據擴張樹的定義，以下圖為例，可以得到下列多棵不同的擴張樹。

　　一張圖形通常不會只有一棵擴張樹。上圖的先深後廣擴張樹為「A→B→C→D→E」，形成下方的G1圖，先廣後深擴張樹則為「A→B→E→C→D」，形成G2圖。

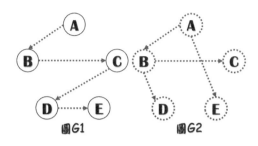

圖G1　　　圖G2

8.4.2 花費最小擴張樹（MST）

　　圖形在解決問題時通常需要替邊線加上一個數值，這個數值稱為「權值」（Weights），它代表頂點到頂點間的距離（Distance），或是從某頂點到相鄰點所需的花費（Cost）。常見的權值有：時間、成本或長度，擁有權值的圖形（如下圖所示意）稱為「加權圖形」，它可以分別使用鄰接矩陣和鄰接串列來表示。

　　根據MST定義，當擴張樹的邊線擁有權值，可以計算邊線的權值和。換句話說，由圖形建立的擴張樹會因連接的邊線權值不同，而建立出不同成本的擴張樹。以下方有向圖來說，同樣是擴張樹但權值卻有不同結果，左邊的權值和為「101」，而右邊擴張樹的權值和是「102」；這也是為什麼要找出「最小擴張樹」的原由。

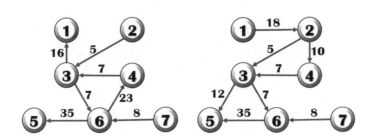

　　如何找出「最低成本擴張樹」（Minimum Cost Spanning Trees, MST）？關鍵便是「邊線」（Edge）的挑選。解決方法之一就是以「貪婪法則」（Greedy Rule）為基礎，求取一個無向連通圖形中的最小花費樹。它有兩種常見方法，一種是Prim's演算法（簡稱P氏法），另一種則是Kruskal's演算法（簡稱K氏法）；接下來即說明這兩種演算法如何求得圖形MST樹的過程。

8.4.3 Prim's演算法

　　Prim's演算法又稱P氏法，有一個加權圖形G = (V,E)，其規則如下：

> U及V是兩個頂點的集合
> 假設V = {1, 2,……, n}，U = {1}

　　如何執行此演算法？程序如下：

(1) 每次集合U-V所得差集中找出一個頂點x，與U集合中的某一頂點形成最小成本的邊，且不會造成迴圈。

(2) 將頂點x加入U集合中。

(3) 反覆執行步驟1、2，一直到U集合等於V集合（即U = V）為止。

例一：利用P氏法求出下圖的最小成本擴張樹。

Step 1. 有兩個集合：「U = {1}」、「V = {1, 2, 3, 4, 5, 6}」。

Step 2. 透過頂點1找到最小的邊；由於(1, 5)形成最小成本的
邊，把頂點5加到集合U。

U = {1, 5}	V – U = {2, 3, 4, 6}

Step 3. 透過頂點5找到最小的邊；由於(5, 6)形成最小成本的邊，把頂點6
加到集合U。

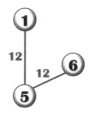

U = {1, 5, 6}	V – U = {2, 3, 4}

Step 4. 找到(5, 4)為最小成本15，把頂點4加到集合U。

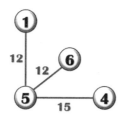

U = {1, 4, 5, 6}	V – U = {2, 3}

Step 5. 透過頂點4找到最小的邊；由於(4, 3)形成最小成本的邊，把頂點3
加到集合U。

U = {1, 3, 4, 5, 6}	V – U = {2}

Step 6. 找到(3, 2)為最小成本8，把頂點2加到集合U。

U = {1, 2, 3, 4, 5, 6}	V = U，得最小擴張樹圖形

8.4.4 Kruskal's演算法

　　Kruskal's演算法也是以一次加入一個邊的步驟來建立一個最小花費
擴張樹，並將各邊成本利用遞增方式加入此最小花費擴張樹。有一個加權
圖形G=(V,E)，其規則如下：

```
V = {1, 2,……, n}
E中每一邊皆有成本，找出最小成本的邊
T = (V, ∮)表示開始無邊
```

　　Kruskal's演算法是將各邊線依權值大小由小到大排列，從權值最低的邊線開始架構最小成本擴張樹，如果加入的邊線會造成迴路則捨棄不用，直到加入了n-1個邊線為止。

Step 1. 將圖依Kruskal's演算法，將各邊線依權值從小到大排列如下表。

邊線	權值
(3, 4)	6
(2, 3)	8
(2, 4)	10
(1, 5)	12
(5, 6)	14
(4, 5)	15
(1, 2)	18
(4, 6)	23
(1, 6)	25
(2, 6)	26

Step 2. 從權值最低的一條邊線(3, 4)開始建立最低成本擴張樹。

Step 3. 選擇權值第二低的邊線(2, 3)加入擴張樹。

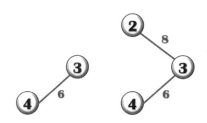

Step 4. 邊線(2, 4)雖是權值第三低，但會形成迴路，故不考量；而選擇下一個權值低的邊線(1, 5)。

Step 5. 邊線(5, 6)加入擴張樹。

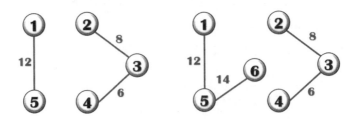

Step 6. 邊線(1, 6)會形成迴路，故不考量；最後，邊線(5, 4)加入，完成最小成本擴展樹。

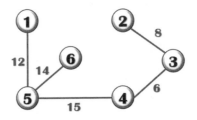

Kruskal's演算法藉由下述範例了解。

範例「CH0805.csproj/Node.cs」

先產生兩個類別，Node類別來建立圖形的頂點和節線，Graph類別用來儲存與圖形有關的頂點和邊線，程式碼如下：

```
public class Node
{
    public int Start { get; set; }//自動實做屬性，開始頂點
    public int Halt { get; set; } //結束頂點
    public int Cost { get; set; } //權值
    public bool IsDouble { get; set; } //是否重複項
}
```

```
public class Graph//定義圖形
{
    private const int MAX = 100;      // 最大節點數
    public int[] vertex = new int[MAX];
    public int Edges { get; set; }
}
```

◆ 屬性Start、Halt來儲存頂點的開始和終止，Cost儲存其權值，皆採自動
  實做屬性。

範例「CH0805.csproj/MSTree.cs」

```
01 public class MSTree
02 {
03     const int MAX = 100;
04     readonly Node[] newNode = new Node[MAX];
05     private Graph Gr = new Graph();      //圖形物件
06     readonly int[,] matrix = new int[MAX, MAX];
07     public int Vertices { get; set; }    //總頂點數
08     public int TotalEdge { get; set; }   //總邊線數
09
10     //產生含有權值的相鄰陣列
11     public void MakeAdjust()
12     {
13         Node ptr;
14         int j, k, weight = 0;
15         //讀取7*7 二維陣列
16         for (j = 0; j <= Vertices; j++)
```

```
17          {
18              for (k = j + 1; k <= Vertices; k++)
19              {
20                  weight = matrix[j, k];
21                  if (weight != 0)
22                  {
23                      ptr = new Node()
24                      {
25                          Start = j,
26                          Halt = k,
27                          Cost = weight,
28                          IsDouble = false
29                      };
30                      newNode[++TotalEdge] = ptr;
31                  }
32              }
33          }//外層for迴圈結束
34      }
35      //成員方法-取得花費最小擴張樹
36      public void Kruskal()
37      {
38          Node ptr = new Node();
39          for (int j = 1; j <= Vertices; j++)
40              Gr.vertex[j] = 0;
41          Gr.Edges = 0;
42          string line = new string('*', 22);
43          WriteLine(line);
```

```
44          WriteLine("圖形的最小擴張樹(MST)");
45          //走訪圖形取得最小權值
46          while (Gr.Edges != Vertices - 1)
47          {
48              ptr = SmallestCost();
49              if (!IsCompare(ptr))
50                  Write($"(V{ptr.Start}, V{ptr.Halt})" +
51                          $", cost = {ptr.Cost, 2}");
52              WriteLine();
53          }
54      }
55 }
```

程式解說

◆ 定義類別MSTree類別來實作Kruskal's演算法，完整程式碼請參考 MSTree.cs檔案。

◆ 第10~34行：定義成員方法MakeAdjust()產生含有權值的相鄰串列。

◆ 第16~33行：以雙層for迴圈讀取7 × 7二維陣列資料。

◆ 第36~54行：定義成員方法Kruskal()來實現最小擴張樹。

8.5 最短路徑

　　想要知道從高雄到台南，如果開車上路的話，使用地圖查詢的交通網絡可能有好幾條路線可供參考。究竟哪一種路徑能在最短時間到達目的，或者走哪一條路最符合經濟效益，這就是「最短路徑」（The Shortest Path Problem）的作法。再認真考慮高雄到台南路線（Path）所花費的時間（權值Weight），以圖形作思考的話，就是任意兩個頂點之間其邊線和

頂點的關係。從出發的頂點到目的的頂點，如何選擇最短路徑，從兩個方面來討論：

➢ 由單一頂點到其他頂點的最短路徑。

➢ 各個頂點之間的最短路徑。

有了這些初淺的概念，就可以一同來探討單點對全部頂點的最短距離及所有頂點兩兩之間的最短距離。

8.5.1 單點到其他頂點

從單一頂點到其他頂點的最短路徑中，較著名的就是Dijkstra（戴克斯特拉，荷蘭的計算機科家，1972年獲得圖靈獎）演算法。它的定義如下：

> 假設S = { V_i | $V_i \in V$ }，且在已發現的最短路徑，其中$V_0 \in S$是起點
> 假設$w \notin S$，定義Dist(w)是從V_0到w的最短路徑，這條路徑除了w外必屬於S

從上述的演算法我們可以推演出如下的程序：

(1) G = (V, E)。

```
D[k] = A[F, k], (k = 1, N)
S = {F}, V = {1, 2,……, N}
```

◆ D為含有N個項目的陣列，用來存放某一頂點到其他頂點最短距離。

◆ F代表起始頂點；A[F, k]為頂點F到k的距離。

◆ V、S皆為頂點的集合。

(2) 從**V-S**集合中找到一個頂點**x**，使得**D(x)**為最小值，並把**x**放入**S**集合中。

(3) 依下列公式調整陣列**D**的值：

```
D[k] = min(D[k], D[x] + A[x ,k]) ((k, x) ∈ E)
```

◆ 其中$(x, k) \in E$來調整D陣列的值，k是指x的相鄰各頂點。

(4) 重複執行步驟**2**，一直到**V-S**是空集合為止。

例一：參考下方的有向圖，共有8個頂點，求取頂點5到每個頂點的最短距離。

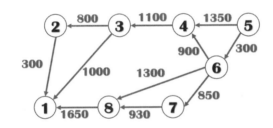

將含有權值的有向圖以相鄰矩陣表示如下：

	1	2	3	4	5	6	7	8
1	0	∞	∞	∞	∞	∞	∞	∞
2	300	0	∞	∞	∞	∞	∞	∞
3	1000	800	0	∞	∞	∞	∞	∞
4	∞	∞	1100	0	∞	∞	∞	∞
5	∞	∞	∞	1350	0	300	∞	∞
6	∞	∞	∞	900	∞	0	850	1300
7	∞	∞	∞	∞	∞	∞	0	930
8	1650	∞	∞	∞	∞	∞	∞	0

Step 1. V = {1, 2, 3, 4, 5, 6, 7, 8}，F = 5, S = {5}，由於頂點5無法由直接
到達頂點7和頂點8；所以把D[7]、D[8]的值設定爲∞。

1	2	3	4	5	6	7	8
∞	∞	∞	1350	0	300	∞	∞

Step 2. 陣列D的D[6]是最小值，將頂點6放入集合S，S = {5, 6}（表格中
以灰色網底來表示某頂點加入S集合中）。

```
V - S = {1, 2, 3, 4, 7, 8}
```

頂點6有相鄰頂點4、7、8，最小值調整如下：

```
D[4] = min(D[4], D[6] + A[6, 4]) = min(1350, 300 + 900) = 1200
D[7] = min(D[7], D[6] + A[6, 7]) = min(∞, 300 + 850) = 1150
D[8] = min(D[8], D[6] + A[6, 8]) = min(∞, 300 + 1300) = 1600
```

◆ 頂點5到頂點4，原來的距離爲「1350」，經由頂點6縮短爲「1200」；而
頂點5到頂點8，可經由頂點6，其距離爲「1600」，所以陣列D的內容變更
如下：

陣列D	1	2	3	4	5	6	7	8
距離	∞	∞	∞	1200	0	300	1150	1600

Step 3. 繼續從{1, 2, 3, 4, 7, 8}集合中，找到陣列D的D[7]是最小值，將頂
點7放入集合S，S = {5, 6, 7}。

```
V - S = {1, 2, 3, 4, 8}
```

頂點7有相鄰頂點8，最小值調整如下：

```
D[8] = min(D[8], D[7] + A[7 , 8])
     = min(1600, 1150 + 930) = 1600
```

◆ 頂點5到頂點8，通過頂點6，所以最短距離就是「1600」，所以陣列D變更
　後的內容如下：

1	2	3	4	5	6	7	8
∞	∞	∞	1200	0	300	1150	1600

Step 4. 繼續從{1, 2, 3, 4, 8}集合中，找到陣列D的D[4]是最小值，將頂點
　　　　　4放入集合S，S = {4, 5, 6, 7}

```
V - S = {1, 2, 3, 8}
```

　　　頂點4有相鄰頂點3，最小值調整如下：

```
D[3] = min(D[3], D[4] + A[4 , 3])
     = min(∞, 1200 + 1100) = 2300
```

◆ 陣列D變更後的內容如下：

1	2	3	4	5	6	7	8
∞	∞	2300	1200	0	300	1150	1600

Step 5. 繼續從{1, 2, 3, 8}集合中，找到陣列D的D[8]是最小值，將頂點8
　　　　　放入集合S，S = {4, 5, 6, 7, 8}

```
V - S = {1, 2, 3}
```

　　　頂點8有相鄰頂點1，最小值調整如下：

```
D[1] = min(D[1], D[8] + A[8 , 1])
    = min(∞, 1600 + 1650) = 3250
```

◈ 陣列D變更後的內容如下：

1	2	3	4	5	6	7	8
3250	∞	2300	1200	0	300	1150	1600

Step 6. 繼續從{1, 2, 3}集合中，找到陣列D的D[3]是最小值，將頂點3放入集合S，S = {3, 4, 5, 6, 7, 8}

```
V - S = {1, 2}
```

頂點3有相鄰頂點2、1，最小值調整如下：

```
D[2] = min(D[2], D[3] + A[3 , 2])
    = min(∞, 2300 + 800) = 3100
D[1] = min(D[1], D[3] + A[3 , 1])
    = min(3250, 2300 + 1100) = 3250
```

◈ 從頂點5到頂點1，可通過頂點6、8，所以最短距離為「3250」，所以陣列D的內容如下：

1	2	3	4	5	6	7	8
3250	3100	2300	1200	0	300	1150	1600

Step 7. 繼續從{1, 2}集合中，找到陣列D的D[2]是最小值，將頂點2放入集合S，S = {5, 6, 7, 4, 8, 3, 2}

```
V - S = {1}
```

頂點2有相鄰頂點1，最小值調整如下：

```
D[1] = min(D[1], D[2] + A[2 , 1])
     = min(3250, 3200 + 300) = 3250
```

◆ 從頂點5到頂點2，可通過頂點6、4、3，所以最短距離為「3200」，最後得
　到頂點5到各頂點的距離。

1	2	3	4	5	6	7	8
3250	3100	2300	1200	0	300	1150	1600

範例「CH0806.csproj/Matrix.cs」

```
01 class Dijkstra : Matrix
02 {
03    public int[] Cost { get; set; }
04    public int[] Visited { get; set; }
05    public Dijkstra(int[,] weight, int len) :
06          base(weight, len) // 建構函式
07    {
08      Cost = new int[len];
09      Visited = new int[len];
10      for (int i = 1; i < len; i++) Visited[i] = 0;
11    }
12    public void OneToAllPath(int single)      //單點到其它頂點
13    {
14      int limitless, j, k;
15      int target = 1;
16      for (j = 1; j < Plot.GetLength(0); j++)
17          Cost[j] = Plot[single, j];
```

```
18          Visited[single] = 1;  //儲存找過的頂點
19          Cost[single] = 0;
20          for (j = 1; j < Plot.GetLength(0) - 1; j++)
21          {
22              limitless = INFINITE;
23              for (k = 1; k < Plot.GetLength(1); k++)
24                  if (limitless > Cost[k] && Visited[k] == 0)
25                  {
26                      target = k;
27                      limitless = Cost[k];
28                  }
29              Visited[target] = 1;
30              for (k = 1; k < Plot.GetLength(1); k++)
31              {
32                  if (Visited[k] == 0 &&
33                      Cost[target] + Plot[target, k] < Cost[k])
34                      Cost[k] = Cost[target] + Plot[target, k];
35              }
36          }
37          WriteLine("\n頂點[5]到各頂點的最短距離");
38          for (k = 1; k < Plot.GetLength(0); k++)
39              WriteLine($"(V5 <==> V{k})" +
40                  $"最短距離 = {Cost[k],5:N0}");
41      }
42  }
```

執行結果

```
D:\DS for Visual C#\CH08\CH...    —    □    ×
圖形以相鄰矩陣表示
    0     ∞     ∞     ∞     ∞     ∞     ∞     ∞
  300     0     ∞     ∞     ∞     ∞     ∞     ∞
 1000   800     0     ∞     ∞     ∞     ∞     ∞
    ∞     ∞  1100     0     ∞     ∞     ∞     ∞
    ∞     ∞     ∞  1350     0   300     ∞     ∞
    ∞     ∞     ∞   900     ∞     0   850  1300
    ∞     ∞     ∞     ∞     ∞     ∞     0   930
 1650     ∞     ∞     ∞     ∞     ∞     ∞     0
```

```
D:\DS for Visu...    —    □    ×
頂點[5]到各頂點的最短距離
(V5 <==> V1)最短距離 = 3,250
(V5 <==> V2)最短距離 = 3,100
(V5 <==> V3)最短距離 = 2,300
(V5 <==> V4)最短距離 = 1,200
(V5 <==> V5)最短距離 =     0
(V5 <==> V6)最短距離 =   300
(V5 <==> V7)最短距離 = 1,150
(V5 <==> V8)最短距離 = 1,600
```

程式解說

◆ 定義類別Dijkstra，繼承了類別Matrix，其建構函式以base()函式來呼叫父類別的建構函式，把屬性Cost、Visited初始化，並以for迴圈讀取已走訪過的頂點。

◆ 第12~41行：定義成員方法OneToAllPath()用來取得某個頂點到各頂點之間的距離。

◆ 第16~17行：for迴圈走訪頂點，先取得頂點「5」到「4」和「6」的路徑。

◆ 第20~36行：for迴圈讀取頂點，並計算出從頂點「5」到各頂點的最短路徑方案來取代陣列元素原有的值；並記錄走訪過的頂點。

8.5.2 頂點兩兩之間的最短距離

　　由於Dijkstra演算法只能求出某個固定頂點到其他頂點的最短距離，如果要求出圖形中任兩點甚至所有頂點間最短的距離，就必須透過Floyd-Warshall演算法（中文譯爲「弗洛伊德」演算法，續文以Floyd替代）。Floyd演算法能用來求取任意兩點間的最短路徑，以非固定頂點爲主；它屬於動態規劃（Dynamic Programming）演算法的一環。所謂任意兩點最短路徑有兩種情形：(1)是指頂點i到頂點j的路徑；(2)從頂點i經過若干個頂點k到頂點j。

　　演算法定義如下：

$A^k[i][j] = \min\{A^{k-1}[i][j], A^{k-1}[i][k] + A^{k-1}[k][j]\}, k \geqq 1$

$A^0[i][j] = COST[i][j]$（即A^0便等於COST）

A^0爲頂點i到j間的直通距離

$A^n[i, j]$代表i到j的最短距離，即A^n便是所要求的最短路徑成本矩陣

◈ k表示經過的頂點，$A^k[i][j]$爲從頂點i到j的經由k頂點的最短路徑。

　　這樣看起來似乎覺得Floyd演算法相當複雜難懂，我們將直接以實例說明它的演算法則。簡例：試以Floyd演算法求得下圖各頂點間的最短路徑。

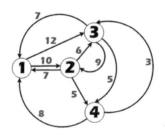

(1) 首先令原圖形爲A^0，使用相鄰矩陣表示如下。

$$A^0 = \begin{array}{c} \\ 1 \\ 2 \\ 3 \\ 4 \end{array} \begin{array}{cccc} 1 & 2 & 3 & 4 \\ \left[\begin{array}{cccc} 0 & 10 & 12 & \infty \\ 7 & 0 & 6 & 5 \\ 7 & 9 & 0 & 5 \\ 8 & \infty & 3 & 0 \end{array} \right] \end{array}$$

如何求得 A¹ 矩陣？利用下列公式來求取。

$$A^k(i,j) = \min\{A^{k-1}(i,j), A^{k-1}(i,k) + A^{k-1}(k,j)\}, k \geq 1$$

所以頂點1、2、3、4的計算公式如下：

$k = 1, A^1(i, j) = min\{A^0(i, j), A^0(i, 1) + A^0(1, j)\}$

$k = 2, A^2(i, j) = min\{A^1(i, j), A^1(i, 2) + A^1(2, j)\}$

$k = 3, A^3(i, j) = min\{A^2(i, j), A^2(i, 3) + A^2(3, j)\}$

$k = 4, A^4(i, j) = min\{A^3(i, j), A^3(i, 4) + A^3(4, j)\}$

矩陣其頂點1、2、3、4計算結果如下：

$A^1(1, 1) = min\{A^0(1, 1), A^0(1, 1) + A^0(1, 1)\} = 0$

$A^1(1, 2) = min\{A^0(1, 2), A^0(1, 1) + A^0(1, 2)\} = 10$

$A^1(1, 3) = min\{A^0(1, 3), A^0(1, 1) + A^0(1, 3)\} = 12$

$A^1(1, 4) = min\{A^0(1, 4), A^0(1, 1) + A^0(1, 4)\} = \infty$

$A^1(2, 1) = min\{A^0(2, 1), A^0(2, 1) + A^0(1, 1)\} = 7$

$A^1(2, 2) = min\{A^0(2, 2), A^0(2, 1) + A^0(1, 2)\} = 0$

$A^1(2, 3) = min\{A^0(2, 3), A^0(2, 1) + A^0(1, 3)\} = 6$

$A^1(2, 4) = min\{A^0(2, 4), A^0(2, 1) + A^0(1, 4)\} = 5$

$A^1(3, 1) = min\{A^1(3, 1), A^1(3, 1) + A^1(1, 1)\} = 7$

$A^1(3, 2) = min\{A^1(3, 2), A^1(3, 1) + A^1(1, 2)\} = 9$

$A^1(3, 3) = min\{A^1(3, 3), A^1(3, 1) + A^1(1, 3)\} = 0$

$A^1(3, 4) = min\{A^1(3, 4), A^1(3, 1) + A^1(1, 4)\} = 5$

CHAPTER

8

$A^1(4, 1) = min\{A^1(4, 1), A^1(4, 1) + A^1(1, 1)\} = 8$
$A^1(4, 2) = min\{A^1(4, 2), A^1(4, 1) + A^1(1, 2)\} = min\{\infty, 8 + 10\} = 18$
$A^1(4, 3) = min\{A^1(4, 3), A^1(4, 1) + A^1(1, 3)\} = 3$
$A^1(4, 4) = min\{A^1(4, 4), A^1(4, 1) + A^1(1, 4)\} = 0$

$$A^1 = \begin{array}{c} \\ 1 \\ 2 \\ 3 \\ 4 \end{array} \begin{array}{cccc} 1 & 2 & 3 & 4 \\ \left[\begin{array}{cccc} 0 & 10 & 12 & \infty \\ 7 & 0 & 6 & 5 \\ 7 & 9 & 0 & 5 \\ 8 & 18 & 3 & 0 \end{array}\right] \end{array}$$

(2) 依上述程序後欲計算矩陣 A^2 公式如下：

$$k = 2, A^2(i, j) = min\{A^1(i, j), A^1(i, 2) + A^1(2, j)\}$$

矩陣 A^2 其頂點1、2、3、4所得結果如下：

$A^2(1, 1) = min\{A^1(1, 1), A^1(1, 2) + A^1(2, 1)\} = 0$
$A^2(1, 2) = min\{A^1(1, 2), A^1(1, 2) + A^1(2, 2)\} = 10$
$A^2(1, 3) = min\{A^1(1, 3), A^1(1, 2) + A^1(2, 3)\} = 12$
$A^2(1, 4) = min\{A^1(1, 4), A^1(1, 2) + A^1(2, 4)\} = \{\infty, 10 + 5\} = 15$

$A^2(2, 1) = min\{A^1(2, 1), A^1(2, 2) + A^1(2, 1)\} = 7$
$A^2(2, 2) = min\{A^1(2, 2), A^1(2, 2) + A^1(2, 2)\} = 0$
$A^2(2, 3) = min\{A^1(2, 3), A^1(2, 2) + A^1(2, 3)\} = 6$
$A^2(2, 4) = min\{A^1(2, 4), A^1(2, 2) + A^1(2, 4)\} = 5$

$A^2(3, 1) = min\{A^1(3, 1), A^1(3, 2) + A^1(2, 1)\} = 7$
$A^2(3, 2) = min\{A^1(3, 2), A^1(3, 2) + A^1(2, 2)\} = 9$
$A^2(3, 3) = min\{A^1(3, 3), A^1(3, 2) + A^1(2, 3)\} = 0$
$A^2(3, 4) = min\{A^1(3, 4), A^1(3, 2) + A^1(2, 4)\} = 5$

$A^2(4, 1) = min\{A^1(4, 1), A^1(4, 2) + A^1(2, 1)\} = 8$

$A^2(4, 2) = min\{A^1(4, 2), A^1(4, 2) + A^1(2, 2)\} = 18$

$A^2(4, 3) = min\{A^1(4, 3), A^1(4, 2) + A^1(2, 3)\} = 3$

$A^2(4, 4) = min\{A^1(4, 4), A^1(4, 2) + A^1(2, 4)\} = 0$

$$A^2 = \begin{array}{c} \\ 1 \\ 2 \\ 3 \\ 4 \end{array} \begin{array}{cccc} 1 & 2 & 3 & 4 \\ \left[\begin{array}{cccc} 0 & 10 & 12 & 15 \\ 7 & 0 & 6 & 5 \\ 7 & 9 & 0 & 5 \\ 8 & 18 & 3 & 0 \end{array} \right] \end{array}$$

(3) 依上述程序後欲計算矩陣公式如下：

$$k = 3, A^3(i, j) = min\{A^2(i, j), A^2(i, 3) + A^2(3, j)\}$$

矩陣A^3其頂點1、2、3、4所得結果如下：

$A^3(1, 1) = min\{A^2(1, 1), A^2(1, 3) + A^2(3, 1)\} = 0$

$A^3(1, 2) = min\{A^2(1, 2), A^2(1, 3) + A^2(3, 2)\} = 10$

$A^3(1, 3) = min\{A^2(1, 3), A^2(1, 3) + A^2(3, 3)\} = 12$

$A^3(1, 4) = min\{A^2(1, 4), A^2(1, 3) + A^2(3, 4)\} = 15$

$A^3(2, 1) = min\{A^2(2, 1), A^2(2, 3) + A^2(3, 1)\} = 7$

$A^3(2, 2) = min\{A^2(2, 2), A^2(2, 3) + A^2(3, 2)\} = 0$

$A^3(2, 3) = min\{A^2(2, 3), A^2(2, 3) + A^2(3, 3)\} = 6$

$A^3(2, 4) = min\{A^2(2, 4), A^2(2, 3) + A^2(3, 4)\} = 5$

$A^3(3, 1) = min\{A^2(3, 1), A^2(3, 3) + A^2(3, 1)\} = 7$

$A^3(3, 2) = min\{A^2(3, 2), A^2(3, 3) + A^2(3, 2)\} = 9$

$A^3(3, 3) = min\{A^2(3, 3), A^2(3, 3) + A^2(3, 3)\} = 0$

$A^3(3, 4) = min\{A^2(3, 4), A^2(3, 3) + A^2(3, 4)\} = 5$

$A^3(4, 1) = min\{A^2(4, 1), A^2(4, 3) + A^2(3, 1)\} = 8$

$A^3(4, 2) = min\{A^2(4, 2), A^2(4, 3) + A^2(3, 2)\} = \{18, 3 + 9\} = 12$

$A^3(4, 3) = min\{A^2(4, 3), A^2(4, 3) + A^2(3, 3)\} = 3$

$A^3(4, 4) = min\{A^2(4, 4), A^2(4, 3) + A^2(3, 4)\} = 0$

$$A^3 = \begin{array}{c} \\ 1 \\ 2 \\ 3 \\ 4 \end{array} \begin{array}{cccc} 1 & 2 & 3 & 4 \\ \left[\begin{array}{cccc} 0 & 10 & 12 & 15 \\ 7 & 0 & 6 & 5 \\ 7 & 9 & 0 & 5 \\ 8 & 12 & 3 & 0 \end{array} \right] \end{array}$$

(4) 依上述程序後欲計算矩陣A⁴公式如下：

$$k = 4, A^4(i, j) = min\{A^3(i, j), A^3(i, 4) + A^3(4, j)\}$$

最後，矩陣A⁴其頂點1、2、3、4所得兩兩之間的最短距離。

$A^4(1, 1) = min\{A^3(1, 1), A^3(1, 4) + A^3(4, 1)\} = 0$

$A^4(1, 2) = min\{A^3(1, 2), A^3(1, 4) + A^3(4, 2)\} = 10$

$A^4(1, 3) = min\{A^3(1, 3), A^3(1, 4) + A^3(4, 3)\} = 12$

$A^4(1, 4) = min\{A^3(1, 4), A^3(1, 4) + A^3(4, 4)\} = 15$

$A^4(2, 1) = min\{A^3(2, 1), A^3(2, 4) + A^3(4, 1)\} = 7$

$A^4(2, 2) = min\{A^3(2, 2), A^3(2, 4) + A^3(4, 2)\} = 0$

$A^4(2, 3) = min\{A^3(2, 3), A^3(2, 4) + A^3(4, 3)\} = 6$

$A^4(2, 4) = min\{A^3(2, 4), A^3(2, 4) + A^3(4, 4)\} = 5$

$A^4(3, 1) = min\{A^3(3, 1), A^3(3, 4) + A^3(4, 1)\} = 7$

$A^4(3, 2) = min\{A^3(3, 2), A^3(3, 4) + A^3(4, 2)\} = 9$

$A^4(3, 3) = min\{A^3(3, 3), A^3(3, 4) + A^3(4, 3)\} = 0$

$A^4(3, 4) = min\{A^3(3, 4), A^3(3, 4) + A^3(4, 4)\} = 5$

$A^4(4, 1) = min\{A^3(4, 1), A^3(4, 4) + A^3(4, 1)\} = 8$

$A^4(4, 2) = min\{A^3(4, 2), A^3(4, 4) + A^3(4, 2)\} = 12$

$A^4(4, 3) = min\{A^3(4, 3), A^3(4, 4) + A^3(4, 3)\} = 3$

$A^4(4, 4) = min\{A^3(4, 4), A^3(4, 4) + A^3(4, 4)\} = 0$

$$A^4 = \begin{array}{c} \\ 1 \\ 2 \\ 3 \\ 4 \end{array} \begin{array}{cccc} 1 & 2 & 3 & 4 \\ \left(\begin{array}{cccc} 0 & 10 & 12 & 15 \\ 7 & 0 & 6 & 5 \\ 7 & 9 & 0 & 5 \\ 8 & 12 & 3 & 0 \end{array}\right) \end{array}$$

這4個頂點兩兩之間的最短距離即可用A^4表示。

課後習作

一、填充題

1. 如何判斷某張無向圖形具有「尤拉路徑」？圖形由_____完成，而且所有頂點皆具有_____。

2. 圖形是由_____和_____兩個有限集合組成，_____圖形表示邊線具有方向性，有去有回；_____圖形表示邊線不具方向性，無有去回？

3. 無向圖形中，如果N個頂點中恰好擁有N*(n-1)/2條邊，稱為_____。

4. 有向圖或無向圖，頂點A與頂點B有邊線相連，稱為_____；而頂點B與頂點C也有邊線相連，從頂點A，經頂點B到頂點C，稱為_____。

5. 儲存圖形有兩種表示方式，①_____、②_____。

6. 以相鄰矩陣來儲存圖形，若為無向圖形必定是_____或_____矩陣，而有向圖形則是_____。

7. 圖形追蹤的方法有兩種：①_____、②_____。

8. 找出「最低成本擴張樹」有兩種常見方法，一種是_____演算法，第二種則是_____演算法。

二、問答題

1. 圖形以頂點D為起點，求它DFS擴張樹與BFS擴張樹。

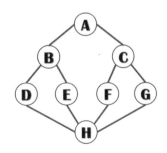

2. 下圖是否為雙連通圖形（Biconnected Graph）？有哪些連通單元
（Connected Components）？試說明之。

3. 參考下圖以頂點A為起點，求出下圖的DFS與BFS結果。

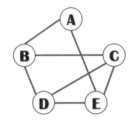

4. 試說明假設無向圖形「G = (V, E)」，e' ∈ E，如果e'的加權值為最大，
那麼任一G的MST也有可能包含e'。

5. 請寫出以Floyd演算法求得下圖各頂點間的距離（請依序寫出A^0、A^1、
A^2、A^3）。

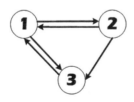

6. 請寫出圖形常見的四種表示法。

7. 試簡述圖形追蹤的定義。

8. 在求得一個無向連通圖形的最小花費樹Prim's演算法的主要作法為何？
試簡述之。

第九章

條理分明有排序

★學習導引★

➤ 從排序的種類和影響排序的因素談起

➤ 認識以比較為的排序法，包括氣泡、Shaker和快速排序法

➤ 玩撲克牌嗎？插入排序法小試身手，謝耳排序法熟練技巧

➤ 簡單的選擇排序法，化樹為堆的堆積排序法

➤ 分而治的合併排序法，不參與比較的基數排序法

9.1 認識排序

　　所謂「排序」（Sorting）是將一群資料按照某一個特定規則重新排列，使其具有遞增或遞減的次序關係。針對某一欄位按照特定規則用以排序的依據，稱為「鍵」（Key），它所含的值就稱為「鍵值」（Value）。資料在經過排序後，會有下列三點好處：

➢ 資料較容易閱讀。

➢ 資料較利於統計及整理。

➢ 可大幅減少資料搜尋的時間。

9.1.1 排序相關分類

　　日常生活會經常利用到排序技巧。例如學校段考後各科成績中找出優秀者；熱映的電影依據票房收入找出口碑最佳者。排序依儲存位置及所使用的記憶體來區分有「內部排序」（Internal Sort）和「外部排序」（External Sort）。

➢ 內部排序：排序的資料量小，可以完全在記憶體內進行排序。

➢ 外部排序：排序的資料量無法直接在記憶體內進行排序，而必須使用到輔助記憶體（如硬碟）。

CHAPTER

9

本章節討論範圍會以「內部排序」為主。在排序過程會影響其效率就是比較或資料交換的次數。可以把它區分為「直接移動」與「邏輯移動」兩種。直接移動是直接移動資料的位置；而邏輯移動則是改變資料的指標位置。

最後，數列中幾個相同「鍵值」（Value）經由排序後，相同的鍵值是否仍然保持原來的次序？若能維持位置不變，表示它是一個「穩定排序」（Stable Sort），相反地，改變了位置就是「不穩定排序」（Unstable Sort）。

```
原始資料順序：15_left,  12,  9,         15_right,  61
穩定的排序：   9,       12, 15_left,    15_right,  61
不穩定的排序：9,        12, 15_right,  15_left,    61
```

如上述簡例中「15_{left}」的原始位置在「15_{right}」的左邊（因鍵值相同以15_{left}、15_{right}區分），排序後，倘若「15_{left}」仍然在「15_{right}」的左邊，為「穩定排序」。不穩定排序則有可能「15_{left}」會跑到「15_{right}」的右邊。

9.1.2 排序大小事

如何去評估一個排序法的效能？不外乎資料數目、時間複雜度、空間複雜度、比較次數、具有穩定性否？位置是否發生了交換？

排序時，時間複雜度可分為最佳情況（Best Case）、最壞情況（Worst Case）及平均情況（Average Case）。當原本資料完成了遞增排序，若再進行一次遞增排序所使用的時間複雜度就是「最佳情況」。也有可能原本已是完成遞增排序，沒有想到重新排序變為遞減，每一鍵值均得須重新排列就是「最壞情況」。

　　空間複雜度是指執行排序的過程所需付出的額外記憶體空間。無論是哪一種排序法都會發生資料交換的動作，要讓資料完成互換就得有一個暫時性的額外空間，它影響了排序效能，這也是空間複雜度要納入考慮的問題：使用到的額外空間愈少，它的空間複雜度就愈佳。影響排序的相關因素列於下表說明之。

排序法名稱	類型	穩定性	交換位置
氣泡排序法（Bubble Sort）	交換	是	是
Shaker排序法（Shaker Sort）	交換	是	是
快速排序法（Quick Sort）	交換	否	是
插入排序法（Insertion Sort）	插入	是	是
謝耳排序法（Shell Sort）	插入	否	是
選擇排序法（Selection Sort）	選擇	否	是
堆積排序法（Heap Sort）	選擇	否	是
合併排序法（Merge Sort）	合併	是	是
基數排序法（Radix Sort）	分配	是	MSD是
			LSD否

　　將各項排序法的時間複雜度和空間複雜度列於下表。

演算法	時間複雜度			空間複雜度
	平均	最佳	最壞	額外空間
氣泡排序法	$O(n^2)$	$O(n)$	$O(n^2)$	$O(1)$
Shaker排序法	$O(n^2)$	$O(n)$	$O(n^2)$	$O(1)$
快速排序法	$O(n\ long(n))$	$O(n\ log_2(n))$	$O(n^2)$	$O(long_2(n))\sim O(n)$
插入排序法	$O(n^2)$	$O(n^2)$	$O(n^2)$	$O(1)$
謝耳排序法	$O(n\ log_2(n))\sim O(n)$，較複雜，由時間決定			$O(1)$
選擇排序法	$O(n^2)$	$O(n^2)$	$O(n^2)$	$O(1)$

演算法	時間複雜度			空間複雜度
	平均	最佳	最壞	額外空間
堆積排序法	O(n log₂(n))	O(n log₂(n))	O(n log₂(n))	O(1)
合併排序法	O(n log₂(n))			O(n)
基數排序法	O(n logₚ(k))			O(n*p)

◈ 基數排序法：n為原始資料的個數，p為基數，k是原始資料最大值。

9.2 換位置的交換排序

「交換排序」（Interchange Sort）簡單來說就是互換位置後並留下記錄。以數列而言是把兩個有利害關係的資料或項目（以陣列元素為主）比大或比小之後，再調整這兩者的位置。排序定算法中採用此方式的有氣泡排序、Shaker排序和快速排序。

9.2.1 氣泡排序法

氣泡排序法（Bubble Sort）（或稱冒泡排序法）可以說是最簡單的排序法之一，氣泡隨著水深壓力而改變，藉由觀察水中氣泡變化構思而成。氣泡在水底時，水壓最大，氣泡最小；慢慢浮上水面時，氣泡由小漸漸變大。

氣泡排序法的原理是從元素位置開始，把陣列中相鄰兩元素之鍵值做比較，若第i個的元素大於第(i+1)的元素，則交換這兩個元素的位置。比較過所有的元素後，最大的元素將會沉到最底部，演算法如下：

```
// 實作範例「CH0901.csproj」
Algorithm BubbleSort(A[], N)
    Input :陣列A含有N個可比較的元素
```

```
    Output:陣列A之元素以遞增完成排序
BEGIN
    var i, j
    for i ← N - 1 down to 1 do
        for j ← 0 to i - 1
            if A[j] > A[j + 1] then
                SWAP A[j] and A[j + 1]
            end if
        end for
    end for
END
```

◈ 由第一個元素開始，相鄰之兩個資料項A[j]與A[j + 1]互相比較。

◈ 若次序不對呼叫SWAP()將兩個資料項對調，直到所有資料項不再對調為止，最大元素會沉到最底部。

◈ 重複以上動作，直到N-1次或互換動作停止。

藉由數列「25、33、11、78、65、57」來演示氣泡排序法遞增排序的過程。

Step 1. 一開始資料都放在同一陣列中，比較相鄰的陣列元素大小，依照「左小右大」原則決定是否要做交換。

Step 2. 開始第一回合，從陣列的第一個元素開始「25」，與第二個元素做第一次比較；由於「25 < 33」所以兩個不互換。

Step 3. 繼續第一回合，將陣列第2、3個元素做第二次比較：「33 > 11」兩個得互換。

Step 4. 繼續第一回合，將陣列第3、4個元素做第三次比較：「33 < 78」兩個不互換。

Step 5. 繼續第一回合，將陣列第4、5個元素做第四次比較：「78 > 65」兩個得互換。

Step 6. 繼續第一回合，將陣列第5、6個元素做第五次比較：「78 > 57」兩個互換，至此完成第一回合的排序，共比較5次，最大元素「78」沉到底。

Step 7. 進入第二回合；將陣列第1、2個元素做第一次比較：「25 > 11」兩個得互換。

Step 8. 繼續第二回合；將陣列第2、3個元素做第二次比較；「25 < 33」兩個不互換。

Step 9. 繼續第二回合；將陣列第3、4個元素做第三次比較；「33 < 65」兩個不互換。

Step 10. 繼續第二回合；將陣列第4、5個元素做第四次比較；「65 > 57」兩個互換。至此完成第二回合的排序，次大元素「65」也沉底而整個陣列的遞增排序完成。

完成排序

25	11	33	65	57	78
A[0]	A[1]	A[2]	A[3]	A[4]	A[5]

　　將數列中最大的元素排到定位的過程稱為一個「回合」（pass）。如前述簡例步驟2~6的過程。所以，「第二回合」範圍是從「A[0] ~ A[N - 2]」，經過每一回合的比較，要比較的元素就會愈來愈少。因此，每一回合之後，至少會有一個元素可以就定位到正確位置；繼續下一回合的比較。

　　有N個元素的話會進行「N - 1」回合；第一回合的比較次數「N - 1」，第二回合則是「N - 2」依此類推。所以數列有6個元素會進行「6 −

1 = 5」回合，第一回合會比較「6 – 1 = 5」次，各回合的比較次數如下：

回合	每回合比較後的鍵值						比較次數
原始資料	25	33	11	78	65	57	比較次數
1	25	11	33	65	57	78	5
2	11	25	33	57	65	78	4
3	11	25	33	57	65	78	3
4	11	25	33	57	65	78	2
5	11	25	33	57	65	78	1
總次數							15

9.2.2 貼身觀察氣泡排序法

如何計算執行總次數？依據範例「CH0901.csproj」中數列排序時迴圈執行的次數，公式計算如下：

```
(N-1) + (N-2) + (N-3) + … + 3 + 2 + 1 = N(N - 1) / 2 次
```

當鍵值數目「N = 8」，依公式可以得到總次數「8(8 – 1) / 2 = 28」，將範例的數列交換的次數列示如下：

回合	每回合比較後的鍵值（灰色網底為已完成排序）								比較次數
	25	33	11	514	78	65	57	321	
1	25	11	33	78	65	57	321	514	7
2	11	25	33	65	57	78	321	514	6
3	11	25	33	57	65	78	321	514	5
4	11	25	33	57	65	78	321	514	4
5	11	25	33	57	65	78	321	514	3

回合	每回合比較後的鍵值（灰色網底為已完成排序）								比較次數
	25	33	11	514	78	65	57	321	
6	11	25	33	57	65	78	321	514	2
7	11	25	33	57	65	78	321	514	1
總次數									28

　　得到如下結果：陣列有8個項目，要進行「7」回合；第一回合比較了7次，元素進行了5次交換。要曉得「比較次數」是每一回合要進行的次數，要比較幾次跟元素多寡有關，它跟「交換次數」不太一樣！兩個元素是否要交換跟元素先後順序有關；數列「11、25、33」接近於正向順序就不用交換，但「33、25、11」則是反向順序就得比較之後還要做交換。

　　歸納之後可以得到如下的結論：

➢ 氣泡排序法適用於資料量小或有部份資料已經過排序。

➢ 取得比較和交換次數，時間複雜度為「$O(n^2)$」。

➢ 只需一個額外空間來交換資料，所以空間複雜度為O(1)。

　　大家是否發現範例中的陣列有8個項目，要進行「7」回合；實際上在第「4」回合已完成排序，要如何做才能讓程式提前結束！藉由課後習作了解其程式碼的改進。

9.2.3 Shaker排序法

　　Shaker排序法又稱為「雞尾酒排序」（Cocktail Sort）或「雙向氣泡排序」（Bidirectional Bubble Sort），可以把它視為氣泡排序法的進階版。無庸置疑，Shaker排序法也是穩定排序法的一員。一般的氣泡排序法會由低到高來比較數列裡的每個元素，或者說以氣泡排序法只能每次由前向後以單一方向來比對，迴圈只能移動一個元素。

　　但是Shaker排序法略有不偊，它採取雙向交替，記錄兩個元素發生交換的位置，走訪元素分成兩個方向，每一回合由低到高，再從高到低。如此比較，不僅可以使小的浮上水面，同時也會使大的沉到水底，會比氣泡演算法在效率上有所改進。Shaker排序演算法如下：

```
// 參考範例「CH0902.c」
Algorithm ShakerSort(A[], N)
    Input ：陣列A含有N個可比較的元素
    Output：陣列A之元素以遞增完成排序
BEGIN
    var i, shift, firs ← 0, last ← N - 1
    while i ← first to last do
        for i ← first to last
            if A[j] > A[j + 1] then
                SWAP A[j] and A[j + 1]
                shift ← i
            end if
```

```
      first ← shift
      end for
   end for
END
```

例一：將數列「82、16、9、195、27、75、69、43、34」分別以氣泡排
　　　序法、Shaker排序法做比較。

回合	每回合比較後的鍵值（灰色網底為已完成排序）								
	82	16	9	195	27	75	69	43	34
1	16	9	82	27	75	69	43	34	195
2	9	16	27	75	69	43	34	82	195
3	9	16	27	69	43	34	75	82	195
4	9	16	27	43	34	69	75	82	195
5	9	16	27	34	43	69	75	82	195

◆ 使用氣泡排序法在第「5」回合完成排序。

回合	每回合比較後的鍵值（灰色網底為已完成排序）								
	82	16	9	195	27	75	69	43	34
1（左到右）	16	9	82	27	75	69	43	34	195
1（右到左）	9	16	27	82	69	75	34	43	195
2（左到右）	9	16	27	69	75	34	43	82	195
2（右到左）	9	16	27	34	69	75	43	82	195
3（左到右）	9	16	27	34	69	43	75	82	195
3（右到左）	9	16	27	34	43	69	75	82	195

◆ 使用Shaker排序在第「3」回合就完成由小而大的排序。

9.2.4 快速排序法

快速排序法（Quick Sort）是一種分而治之（Divide and Conquer）的排序法，所以也稱為分割交換排序法（Partition-exchange Sort），最早由 C. A. R. Hoare（暱稱東尼·霍爾）提出，是目前公認最佳的排序法。它的運作方式和氣泡排序法類似，利用「交換」達成排序。它的原理是以遞迴方式，將陣列分成兩部份：不過它會先在資料中找到一個虛擬的中間值，把小於中間值的資料放在左邊而大於中間值的資料放在右邊，再以同樣的方式分別處理左右兩邊的資料，直到完成為止。

假設有n筆記錄R1、R2、R3…Rn，其鍵值為K_1、K_2、K_3、…、K_n。快速排序法的程序如下：

(1) 設陣列第一個元素為K_p（基準點pivot）「分割」陣列，小於基準點元素放在左邊子陣列，大於基準點的元放在右邊的陣列。

(2) 由左而右掃瞄陣列（F遞增），由第一個元素K_F開始與K_p比對直到「$K_F > K_p$」；從右到左掃瞄陣列（L遞減），從第一個元素K_L開始與K_p比對直到「$K_L < K_p$」。

(3) 「F > L」成立時，依程序(2)將K_F與K_L互換，直到「F < L」。

(4) 以遞迴分別處理左、右子陣列；當「F < L」則將K_p與K_L交換，並以L為基準點再分割為左、右陣列，直至完成排序。

　　快速排序演算法如下：

```
// 實作範例「CH0903.csproj」
Algorithm BubbleQuick
    Input  :陣列A含有N個可比較的元素
    Output:陣列A之元素以遞增完成排序
  (A[], First, Last)
BubbleQuick(A[], First, Last)
    BEGIN
        var pos
        if(First < Last)
            pos ← Division(A[], First, Last) then
                CALL Sorting(A[], First, pos - 1)
                CALL Sorting(A[], pos + 1, Last)
            end if
    END
Function Division(A[], First, Last)
    Begin
        var i, j, pivot
        i ← First
        j ← Last
        pivot ← A[First]
        while i < j do
            while(i < j and A[j] ≥ pivot do
                i ← i - 1
            if i < j then
                SWAP A[i] and A[j]
            while i < j and A[j] ≤ pivot
```

```
            j ← j + 1
        if i < j then
            SWAP A[i] and A[j]
      end while
    return i
    END
End Function
```

　　藉由數列「35、40、86、54、16、63、75、21」演示快速排序法進行遞增排序的過程。

Step 1. 將數列的第一個元素設為pivot（基準點），first指標指向數列的第二個數值，而last指標指向數列最後一個數值。

Step 2. first指標向右移動，由於「first > pivot」（40 > 35）而暫停；last指標向左移動且「last < pivot」（21 < 35），所以40、21對調其位置。

Step 3. first指標向右前進到「86」，「86 > 35」表示first比pivot大得暫停；last指標持續向左移動到「16」，「16 < 35」表示last小於pivot做暫停；把first(86)、last(16)對調。

Step 4. first指標繼續向右移到「54」，大於「35」而暫停；last指標則向左移到「16」；此時「first > last」，將last與pivot對調（16、35互換）。

Step 5. 經過步驟1~4已將數列分割成兩組，左側的子集合比基準點「35」小，右側的子集合比pivot「35」大。由於左側子集合已完成排序，所以依照步驟1~4繼續右側子集合的排序動作。

Step 6. 繼續數列中的右側子集合，設「54」為pivot，依據規則，將first的值「86」和last的值「40」對調。

Step 7. 最後，再把54和40互換來完成排序。

利用範例「CH0903.csproj」的數列說明它們的交換過程。

	A[0]	A[1]	A[2]	A[3]	A[4]	A[5]	A[6]	A[7]	A[8]	A[9]	說明
	37	141	86	254	113	67	141'	92	75	21	
回合	37	21	86	254	113	67	141'	92	75	141	141、21互換
1	21	37	86	254	113	67	141'	92	75	141	37、21互換
2	21	37	86	254	113	67	141'	92	75	141	
2	21	37	86	75	113	67	141'	92	254	141	254、75互換
2	21	37	86	75	67	113	141'	92	254	141	113、67互換
2	21	37	67	75	86	113	141'	92	254	141	86、67互換
3	21	37	67	75	86	113	92	141'	254	141	141'、92互換
3	21	37	67	75	86	92	113	141'	254	141	113、92互換
4	21	37	67	75	86	92	113	141'	254	141	254、141互換
4	21	37	67	75	86	92	113	141'	141	254	完成排序
「21」灰色網底表示完成排序，「37」黑底白字為基準點											

可以查看兩個相同的數字「141」（前）和「141'」（後），排序後「141」在「141'」後面，因此快速排序法不是一個穩定的排序法。

数列有N個鍵值的話，其時間爲T(N)，快速排序法分割時要N次比較。分割陣列後以遞迴來處理，可能有「N/2」個資料，時間爲T(N/2)，其時間複雜度如下：

➢ 最佳、平均情況：$O(n \log_2(n))$。

➢ 最壞情況就是每次挑中的中間值不是最大就是最小，其時間複雜度爲 $O(n^2)$。

➢ 最差的情況下，空間複雜度爲$O(n)$，而最佳情況爲$O(n \log(n))$。

9.3 能插隊的插入排序

插入排序是表示一個已經排好序的數列允許插入另一個資料；即使插入了資料數列還是保持了排好序的狀態。所以「插入排序法」當然就不能缺席，爲了加快插入效率，也簡單介紹「二元插入排序法」。不過，爲了減少插入排序法中元素搬移的次數，有人也提出「謝耳排序法」，一同來認識它們。

9.3.1 插入排序法

插入排序法（Insertion Sort）的運作原理是將N個鍵值的數列區分爲「已排序」、「未排序」兩個陣營；如同玩撲克牌一般，將拿到的撲克牌（未排序）依順序插入到手中已排完序的撲克牌堆。插入排序演算法簡列如下：

```
// 實作範例「CH0904.csproj」
Algorithm InsertionSort(A[], N)
    Input: 陣列A含有N個可比較的元素
    Output:陣列A之元素以遞增完成排序
BEGIN
```

```
    var i, precede, key
    for i ← 0 to N do
        precede ← i - 1
        key ← A[i]
        while A[precede] < key and precede ≥ 0 do
            A[precede + 1] ← A[precede]
            precede ← precede - 1
        A[precede + 1] ← key
END
```

◆ 將N筆鍵值區分「已排序」和「未排序」兩大類。

◆ 從第一個元素開始，假設該元素已經被排序；將未排序的key插入到「已排序」鍵值中，A[0]至A[i-1]的正確位置。

◆ 從第一回合開始，重覆以上動作，直到「N-1」回合為止。

　　藉由數列「78、56、43、12、63、23」演示插入排序法做遞增排序的運作。

Step 1. 先將數列中前兩個數值做比較，由於「56 < 78」，所以78向後移
出一個位置，56插入到78之前。

Step 2. 將鍵值「43」先與78比較而小於78；向前跟56比也小於56，共比
較「2」次，插入到56之前。

Step 3. 鍵值「12」先與78比較而小於78；向前跟56比也小於56，向前再
跟43比也小於43，共比較「3」次，插入到43之前索引「0」之位
置。

Step 4. 鍵值「63」小於78；向前跟56比而大於56，共比較「2」次，所以插入到78、56之間，索引「3」之位置。

Step 5. 鍵值「23」小於78；向前跟63、56、43比較皆小於它們，共比較「4」次，所以插入到12、43之間，索引「1」之位置；同時也完成了遞增排序。

9.3.2 討論插入排序法

將範例「CH0904.csproj」的數列「12、135、56、43、12'、458、63、32、91」以插入排序法列出每合回的比較次數（有兩個12，加單引號區別位置）。

	每回合比較後的鍵值（灰色網底為已完成排序）									比較次數
索引	[0]	[1]	[2]	[3]	[4]	[5]	[6]	[7]	[8]	
原始資料	12	135	56	43	12'	458	63	32	91	
pass 1	12	135	56	43	12'	458	63	32	91	1
pass 2	12	56	135	43	12'	458	63	32	91	2
pass 3	12	43	56	135	12'	458	63	32	91	3
pass 4	12	12'	43	56	135	458	63	32	91	4
pass 5	12	12'	43	56	135	458	63	32	91	1
pass 6	12	12'	43	56	63	135	458	32	91	3
pass 7	12	12'	32	43	56	63	135	458	91	6
pass 8	12	12'	32	43	56	63	91	135	458	3

　　插入排序法適用於多數資料已經過排序或已排序資料，新增資料後產生排序。數列有9個鍵值，可以進一步了解時間複雜度：

➤ 最佳狀況是「(N – 1) = 8」，「比較次數」與元素的位置有關，鍵值已正向排列；每個回合只比較一次，時間複雜度為O(n)。

➤ 最壞情形則是「N(N - 1) / 2 = 28」，鍵值是反向做排列；每個回合中鍵值都要做比較，時間複雜度為$O(n^2)$。

➤ 需要一個額外的空間（程式使用的變數perid）來插入資料，所以空間複雜度為O(1)。

➤ 插入排序法會造成資料的大量搬移，所以建議在鏈結串列上使用。

9.3.3 變形金剛-二元插入排序法

　　「二元插入排序法」（Binary Insertion Sort）可視為插入排序法的變形版；數列中的資料若比較次數過多，使用二元插入排序法，配合二元尋找法來減少其次數，簡單來說，就是欲插入位置的前端元素已是排序狀態。它的執行程序如下：

(1) 將第一筆資料放在陣列的第一個位置（索引為0），然後跟下一筆資料比較其大小。

(2) 欲插入鍵值大於目前元素：把它加到目前元素的後端。

(3) 欲插入鍵值小於目前元素：把它加到目前元素的前端。

　　二元插入排序演算法如下：

```
// 實作範例「CH0905.csproj」
Algorithm BinaryInsertionSort(A[], N)
    Input: 陣列A含有N個可比較的元素
    Output:陣列A之元素以遞增完成排序
```

```
BEGIN
    var i, pos, key, first, last, mid
    for pos ←- 0 to N do
        key ← A[pos]
        first ← 0
        last ← pos - 1
        while first ≤ last do
            mid ← (first, last) / 2
            if key < A[mid] then
                last ← mid - 1
            else
                first ← mid + 1
        for i ← pos down to first do
            A[i] ← A[i -1]
            A[first] = key
END
```

　　數列「78、156、43、134、37、63、24、91」使用二元插入排序法
進行由小而大做遞增排序，它的運作以下列步驟來說明。

Step 1. 剛開始，把「78」插入到索引為「0」的位置；再插入「156」，
由於「156 > 78」，放在78後面。

Step 2. 得「mid = 0」；由於「43 < 78」，放在78前面；得「mid = 2」；由於「134 > 78」，放在78後面。

Step 3. 得「mid = 0」；由於「37 < 43」，放在43前面；得「mid = 1」；由於「63 > 43」，放在43後面。

Step 4. 得「mid = 0」；由於「24 < 37」，放在37前面；得「mid = 4」；由於「91 > 78」，放在78後面。

討論二元插入排序法

　　執行效率如何？得看陣列中資料所做比較與交換次數，因此執行N-1次插入的動作所得結果如下：

➤ 最壞狀況：要做「1 + 2 + 3 +⋯+(n-1)」次，經計算n(n-1)/2是O(n^2)。

➤ 平均狀況下，雖然每次插入只取用一半之資料，不必取用全部資料，但是對於時間複雜度來說，其計算結果依然為O(n^2)。

➤需要兩個額外的記錄空間，其中一個作爲虛擬記錄（dummy record），
另一個作爲交換時間的暫存空間。

9.3.4 謝耳排序法

謝耳排序法（Shell Sort）是D. L. Shell在1959年7月所發明的一種排序法，可以把它視爲插入排序法改良版，但它可以減少資料搬移的次數而加快排序動作，不受輸入資料順序的影響，任何狀況的時間複雜度都爲$O(n^{3/2})$。

排序的原則是將資料區分成特定間隔的幾個小區塊，以插入排序法排完區塊內的資料後再漸漸減少間隔的距離。謝耳排序演算法簡列如下：

```
// 實作範例「CH0906.csproj」
Algorithm ShellSort(A[], N)
    Input: 陣列A含有N個可比較的元素
    Output:陣列A之元素以遞增完成排序
BEGIN
    SET j ← 0, i ← 0, gap ← N / 2
    while gap ≠ 0
       for i ← gap to N do
          item ← A[i]
          j ← i
          while j ≥ gap and item < A[j - gap]
             A[j] ← A[j - gap]
             j ← j - gap
          A[j] ← item
       gap ← gap / 2
END
```

◈ 先求出初始間隔值「gap」，並以此間隔值分割資料爲數個區塊。

◈ 以區塊爲主，藉由插入排序法進行排序。

◈ 最後，縮小間隔值範圍，重複執行，直到間隔值爲「1」即完成排序。

　　藉由數列「45、26、38、92、67、13、56、71」演示謝耳排序法進行遞增排序之過程。

Step 1. 由於陣列中有8個元素，則間隔值「8/2 = 4」，將陣列區分成四塊；依插入排序法的「左小右大」原則，得到第一回合的結果。

Step 2. 調小間隔值爲「4/2 = 2」，將陣列區分成兩塊：「45、38、67、56」排序後「38、45、56、67」，而「13、71、26、92」排序後「13、26、71、92」，完成第二回合的排序。

Step 3. 再把間隔值調小為「2/2 = 1」，再以插入排序法完成排序動作。

Tips

謝耳排序法，取得間隔值可以利用二維表格處理其排序，例如有8個元素的數列力間隔值為「4」，產生的表格如下：

- 把每一欄（垂直者）做排序，以列為主從左而右輸出結果。

- 利用前一回的排序作為下一回排序的來源。

PASS 3 完成排序

| 13 | 26 | 38 | 45 | 56 | 67 | 71 | 92 |

範例「CH0906.csproj」

```
01 static void Sorting(int[] ary, int num)
02 {
03    int j, k, offset, item;
04    offset = num / 2; //開始間隔值5, 10個元素分5組
05    while (offset != 0)
06    {
07       for (j = offset; j < num; j++)
08       {
09          item = ary[j]; //欲插入元素
10          k = j;
11          while (k >= offset && item < ary[k - offset])
12          {
13             ary[k] = ary[k - offset];
14             k -= offset;
15          }
16          ary[k] = item;   //插入元素
17       }
18       offset /= 2; //取得下一個間隔值
19    }
20 }
```

程式解說

◆ 定義靜態方法Sorting()依傳入的陣列長度，將陣列元素由小而大進行排序。

◆ 第5~19行：while迴圈在間隔值非零情形下，指標隨讀取陣列而移動位置。

◆ 第7~17行：for迴圈依據間隔值，讀取陣列內容並呼叫插入排序法進行排序
◆ 第11~15行：while迴圈依據「左大右小」原則，將經過比較大小的元素依
　　索引位置來變更，完成其排序。

　　將範例「CH0906.csproj」的數列「145、231、10、314、18、458、
77、63、39、276」使用謝耳排序法列出每合回的比較次數。

回合	145	231	10	314	17	452	78	63	39	276	說明
1	145					452					
		231					78				231、78交換
			10					63			
				314					39		314、39交換
					17					276	
	145	78	10	39	17	452	231	63	314	276	間隔值 = 5
2	145		10		17		231		314		
		78		39		452		63		276	
	10	39	17	63	145	78	231	276	314	452	間隔值 = 2
3	10	17	39	63	78	145	231	276	314	452	間隔值 = 1

9.4 有選擇權的排序法

　　選擇排序是什麼？簡單來講就是從數列裡挑出最小的那一個，然後把
它放到陣列的第一個位置，依序類推直到所有的元素皆就定位。它有作法
簡單的「選擇排序法」，也有運作較為複雜的「堆積排序法」。

9.4.1 選擇排序法

　　選擇排序法（Selection Sort）也是穩定排序的一環，它使用兩種方式

排序。將所有資料由大至小排序，則將最大值放入第一位置；若由小至大
排序時，則將最大值放入位置末端。例如N筆資料需要由大至小排序時：
首先從數列中找出最大值，然後跟第一個位置的資料比大小，依次找出次
值與第2、3、4 … N個位置的資料作比較。同樣地，每一回合中皆是選取
資料與交換動作一起進行，選擇排序演算法簡列如下：

```
// 實作範例「CH0907.csproj」
Algorithm SelectionSort(A[], N)
    Input: 陣列A含有N個可比較的元素
    Output:陣列A之元素以遞減完成排序
BEGIN
    var j, max, k
    for i ← 0 to N - 1 do
       max ← i
       for j <- i + 1 to N do
          if A[j] > A[max] then
              max ← j
          SWAP A[max] and A[i]
    return A
END
```

◆ 找出第i個至第N個鍵值中最大者，並將之與第i個鍵值交換（第一次i =
  1）。

◆ 重覆以上動作，直到「i = N - 1」為止。

9.4.2 選擇排序法的運作

　　將原始資料「45、21、10、18、65、33」以選擇排序法進行由小而
大的排序。

Step 1. 第一回合的範圍是「A[0]～A[N - 1]」；從陣列中找出最小值「10」，然後跟數列中的第一個元素「45」對調。

Step 2. 第二回合的範圍是「A[0]～A[N - 2]」；從剩下的5個項目中找出最小值「18」，然後與第二個元素「21」對調。

Step 3. 第三回合，從4個項目中找出最小值「21」，然後與第三項目「45」對調。

Step 4. 第四回合，從3個項目中找出最小值「33」，然後與第項目「45」對調。

Step 5. 第五回合，從2個項目中找出最小值「45」，然後與第項目「65」對調而完成排序的動作。

大家一定很好奇，選擇排序法如何找到最大值？其實過程很簡單，掃瞄範圍內數列時就順便記住最大值的位置，掃瞄結束自然而然就跑出最大值。

	位置	每回合比較後的鍵值（灰色網底為已完成排序）								
		[0]	[1]	[2]	[3]	[4]	[5]	[6]	[7]	[8]	[9]
回合		145	231	10	135	18	455	77	65	33	278
1	5	455	231	10	135	18	145	77	65	33	278
2	9	455	278	10	135	18	145	77	65	33	231
3	9	455	278	231	135	18	145	77	65	33	10
4	5	455	278	231	145	18	135	77	65	33	10
5	5	455	278	231	145	135	18	77	65	33	10
6	6	455	278	231	145	135	77	18	65	33	10
7	7	455	278	231	145	135	77	65	18	33	10
8	8	455	278	231	145	135	77	65	33	18	10

回合的計次同樣是以「10 – 1 = 9」（資料個數 – 1），在每一回合之後，至少會有一個元素可以就定位到正確位置，讓下一回合的能減少資料的比較次數。例如：第1回合會把資料比較8次，第2回合就只有7次比較，依此類推。

一般來說選擇排序法適用於資料量小或有部分資料已經過排序。其時間複雜度的最壞情況、最佳情況及平均情況比較情形如下：

> (n-1) + (n-2) + (n-3) +…+ 3 + 2 + 1 = (n (n-1))/2次

➢ 時間複雜度為$O(n^2)$。

➢ 由於選擇排序是以最大或最小值直接與最前方未排序的鍵值交換，資料
排列順序很有可能被改變，故不是穩定排序法。

➢ 只需一個額外的空間，所以空間複雜度為最佳。

9.4.3 認識堆積排序法

　　看過疊羅漢嗎？頗為有名的西班牙自治區加泰羅尼亞就是把「疊羅漢
大賽」（Tarragona Castells Competition）當作重要的民族體育活動，堆
積排序法（Heap Sort）有那樣的味道，就是把節點中數值最大或最小的
放在根節點。所以，堆積排序法的目的就是減少選擇排序法的比對次數，
它由John Williams所提出。

　　堆積樹以二元樹為基底，使每一筆資料的比對次數，不會大於「log
n」之值，所以它的時間複雜度和快速排序法相同皆為「O(n log(n))」，
而且它不需要多餘的記憶空間，也沒有使用遞迴函數。它利用堆積樹來
完成排序，而堆積樹是特殊的二元樹，可分為最大堆積樹及最小堆積樹兩
種。

　　最大堆積樹要滿足以下3個條件：

➢ 是一個完整二元樹。

➢ 父節點的值都大於或等於它左、右子節點的值。

➢ 樹根是堆積樹中最大的。

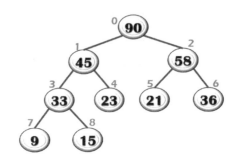

最小堆積樹也具備以下3個條件：

➤ 是一棵完整二元樹。

➤ 父節點的值都小於或等於它左右子節點的值。

➤ 樹根是堆積樹中最小的。

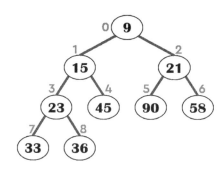

9.4.4 把二元樹轉為堆積樹

使用堆積排序法之前，第一道工法是把數列中所有資料排成一棵二元樹；然後再把這棵二元樹轉換為「堆積樹」（Heap Tree）。在開始談論堆積排序法前，必須先認識如何將二元樹轉換成「堆積樹」。執行程序：建立「完整二元樹」（Complete Binary Tree)、產生堆積樹（Heap Tree)、輸出樹根（並以最後樹葉取代）。

假設數列中有9筆資料「36、23、21、33、45、90、58、9、15」，先以陣列來儲存它們，表示如下：

索引	A[0]	A[1]	A[2]	A[3]	A[4]	A[5]	A[6]	A[7]	A[8]
數列	36	23	21	33	45	90	58	9	15

(1) 建立完整二元樹。

　　先溫習「完整二元樹」的定義「$2^h < n < 2^{h-1} - 1$」（h為樹高或階層，n為節點），若樹高為4，則一棵完整二元樹會在「8～15」之間。將這些數列依順序，以二元樹節點的配置，產生一棵「完整二元樹」。

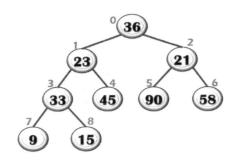

(2) 由下而上產生堆積樹。

　　如何將此二元樹轉換成最大堆積樹（Heap Tree）？依據數列的儲存順序，產生一棵二元樹；然後從含有子節點的最後一棵子樹，找出「大兒子」並向上調整其位置；利用下列步驟來說明。

Step 1. 首先，依陣列長度找出含有兒子的最後一個父節點位置。計算得到「9/2 - 1 = 3」；節點「A[3] = 33」，有兩個兒子9、15，它們皆小於父節點33，所以不交換。

Step 2. 繼續往上一層節點A[2]，由於大兒子90大於21，兩者要做對調。

Step 3. 繼續移向陣列的A[1]節點，由於23小於大兒子45，所以兩個互換。

Step 4. 繼續移向陣列A[0]節點，由於大兒子90大於根節點36，所以兩者做對調。

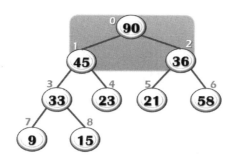

Step 5. 最後，節點「A[2] < A[6]」要做對調。

Step 6. 完成最大堆積樹。

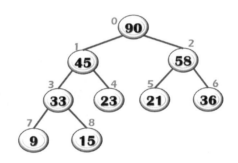

　　產生最大堆積樹的過程，可以把父節點設爲「p」，左側子點節的位置「L = 2 * p」，右側子節點的位置「R = L + 1」，然後比較左、右子節點的大小來找出大兒子，若大於父節點再跟父節點交換。

　　前項的程序中是由二元樹的樹根開始，由上往下依堆積樹的建立原則來改變各節點值，最終得到一最大堆積樹。如果您想由大到小排序，就必須建立最小堆積樹，作法和建立最大堆積樹類似，在此不另外說明。

Tips

產生最大堆積樹,除了「由下往上」之外,還能以空的二元樹「插入」節點方式堆積形成二元樹;同樣是以最大值為根節點並調整,操作過程如下:

- 新的資料成為堆積樹的最後節點。例如插入節點「36」。
- 第二個加入的元素為子節點,與父節點比較;若大於父節點則互換。例如子節點「33」大於父節點「23」,兩者就互換。
- 重覆加入子節點並與父節點比較並調整位置,直到所有元素都加入。

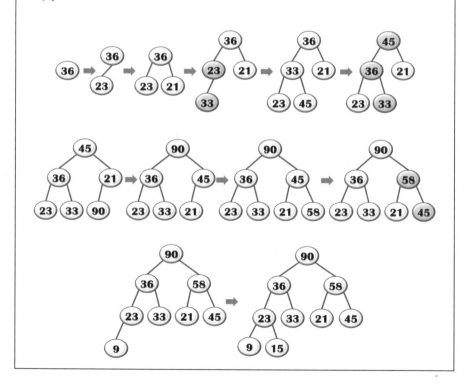

數列「58、46、72、23、130、35、12、95」產生了最大堆積樹,如何將堆積樹做遞增排序?作法就是每回合把堆積樹「最大值」(根節點)

移走，殘餘的「N - 1」個元素再重製為堆積樹。實際上是把根節點與堆積樹最後一個節點做交換，並假裝讓最後一個節點「消失不見」，再「由小到大」把陣列排好序，示範堆積排序法的過程如下：

Step 1. 依數列順序建立完整二元樹；產生最大堆積樹。

Step 2. 將根節點「130」與最後一個節點「23」互換並移除了節點「130」。

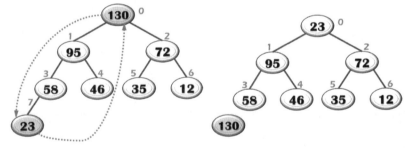

遞增排序	130	95	72	58	46	35	12	23
pass 1	23	95	72	58	46	35	12	130

Step 3. 調整堆積樹：將原本位於頂端的節點「23」向下一層，與節點「95」對調；由於不符合堆積樹的要求，節點「23」再下降一層，與節點「58」互換。

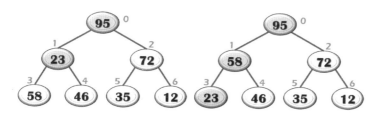

pass 1	23	95	72	58	46	35	12	130
pass 1	95	23	72	58	46	35	12	130
pass 1	95	58	72	23	46	35	12	130

Step 4. 繼續將根節點「95」與最後一個節點「12」互換並移除了節點「95」。

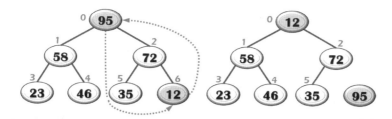

pass 2	12	58	72	23	46	35	95	130
pass 2	12	58	72	23	46	35	95	130

Step 5. 調整堆積樹：將原本位於頂端的節點「12」與節點「72」對調而下移一層，由於不符合堆積樹的要求，節點「12」、「35」再互換而再調降一層。

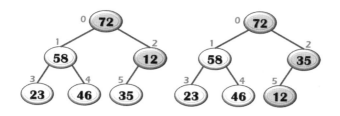

pass 2	72	58	12	23	46	35	95	130
pass 2	72	58	35	23	46	12	95	130

補結站

觀察堆積排序法，是否看出它的變化？要產生最大堆積，就是把數值小的節點由下往上，再由右到左，將每個「非終端節點」以根節點來處理，利用其子節點來調整爲最大堆積。

Step 6. 依照此模式，將節點「72」與最後一個節點「12」互換，本身自末端移除，再重新產生堆積樹。

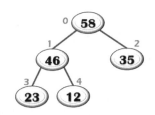

pass 3	58	46	35	23	12	72	95	130

Step 7. 依照此模式，將節點「58」與最後一個節點「12」互換後，本身自末端移除，再重新產生堆積樹。

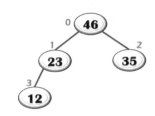

pass 4	46	23	35	12	58	72	95	130

Step 8. 依照此模式，將節點「46」與最後一個節點「12」互換，本身自
末端移除，重新產生G1堆積樹；將最後一個節點「35」與「12」
互換，然後自末端移除，再重新產生G2堆積樹，最後完成堆積排
序。

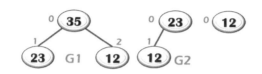

pass 5	35	23	12	46	58	72	95	130
pass 6	23	12	35	46	58	72	95	130
pass 7	12	23	35	46	58	72	95	130

9.4.5 實作堆積排序法

數列「58、46、72、23、130、35、12、95」以HeapDown()靜態方
法將二元樹轉為最大推積樹，再以堆積排序法進行遞增排序。

範例「CH0908.csproj」

```
01 static void Sorting(int[] ary)
02 {
03    int length, index, k;
04    length = ary.Length - 1;
05    index = length / 2;    //取得有子節點的父節點位置
06    for (k = index; k >= 0; k--)
07      HeapDown(ary, k, length);
08    for (k = length; k > 0; k--)
09    {
```

```
10        if (ary[0] > ary[k])
11        {
12            Swap(ref ary, 0, k);//呼叫靜態方法將兩個元素置換
13            HeapDown(ary, 0, k - 1);
14        }
15    }
16 }
17 static void HeapDown(int[] ary, int first, int last)
18 {
19    int large;
20    large = 2 * first + 1;     //從子樹找出最大值並記錄其位置
21    while (large <= last)      //找出大兒子並向上移一層
22    {
23       if (large < last && ary[large] < ary[large + 1])
24          large++;
25       //若大兒子大於父節點，兩者互換
26       if (ary[large] < ary[first])     //遞增
27          break;
28       else
29       {
30          Swap(ref ary, first, large);
31          first = large;
32          large = 2 * first + 1;
33       }
34    }
35 }
36 static void Swap(ref int[] ary, int item1, int item2)
```

```
37 {
38    int tmp = ary[item1];
39    ary[item1] = ary[item2];
40    ary[item2] = tmp;
41 }
```

程式解說

◆ 第1~16行：定義靜態Sorting()，將轉爲堆積樹的陣列，由小而大進行排序。

◆ 第6~7行：將目前待排序數列築成一個最大堆積，以for迴圈找到含有兒子的最後一個父節點，並呼叫函式heapDown()將數值最大者向上堆積。

◆ 第8~15行：以for迴圈走訪整個陣列，逐步把根節點（最大者）與最後一個節點互換來建立最大堆積樹。

◆ 第17~35行：定義函式HeapDown()依傳入陣列，先假定它就是兒子，再與其他的大兒子做比較，有找到大兒子，就上一移一層；目前沒有找到就下移一層。

◆ 第21~34：透過while迴圈先想法子找出兩個子節點的大兒子，再來就是找出子節點大於父節點就把兩者進行位置的互換。

◆ 第36~41行：定義靜態方法Swap()，將陣列中傳入的兩個元素予以互換。

9.5 合併排序法

　　什麼是合併排序法（Merge Sort）？焦點放在「合併」，它的基本作法就是針對兩個已完成排序的數列合併成一個數列。雖然我們把焦點放在內部排序，但合併排序法也支援外部排序，所以是重要的排序方法之一。

9.5.1 合併排序法的運作

　　「合併排序法」採分而治之（Divide and Conquer）方式進行排序；焦點先放在「分」而後轉為「併」。就像同年級的隊伍先以身高分為多列，再依同年級者變成一支隊伍。它的運作原理是先把原始數列分解成兩大陣營，不斷分割到無法分割為止；元素為「偶數」的話，例如8個元素可分成兩個各含4個元素的陣列。「奇數」時，可把陣列中11個元素分成一個有5個元素，而另一個含6個元素，一直分到不能再分為止。然後呢？依據合併排序的運作，將兩兩項目朝分割反方向合併，直到完成排序為止。

　　合併排序法最重要的一個用途是外部排序，當資料量大到無法全部讀入主記憶體裡進行排序時，可以先讀入部分資料，例如針對已排序好的二個或二個以上的檔案，經由合併的方式，將其組合成一個大的且已排序好的檔案。執行程序如下：

(1)將一組未排序含有N個項目的數列，以「N／2」方式分割其長度，所以數列會先分割成兩組，每一組繼續分割，直到不能分割為止。

(2)將分割後長度「1」的數列成對地合併並進行排序。

(3)將鍵值組成對地合併，直到合併成一組長度的鍵值為止。

茲將數列「197、226、514、413、128、372、311、645、270」以合併排序法進行由小而大的排序。

Step 1. 一開始採「Divide」作法，先將資料分割成左「197、226、514、413、128」、右「372、311、645、270」兩組。

Step 2. 把左邊的數列「197、226、514、413」先做分割，直到無法分割為止。

Step 3. 左半部數列再分割成「197、226」和「514、413」兩組。

Step 4. 數列「197、226」被分割爲「197」和「226」；由於是最小單位無法再做分割。

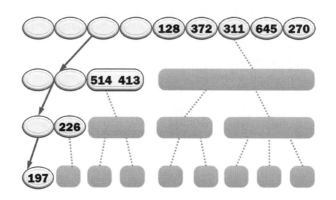

Step 5. 無法分割的197和226準備「Conquer」（合併），依據「左小右大」原則，而「197 < 226」兩個不互換。

Step 6. 將197、226向上合併為一組。

Step 7. 將另一組「514、413」分割為「514」和「413」兩組，無法再分
割。

Step 8. 將數列「514」、「413」依然以「左小右大」原則做兩兩交換。

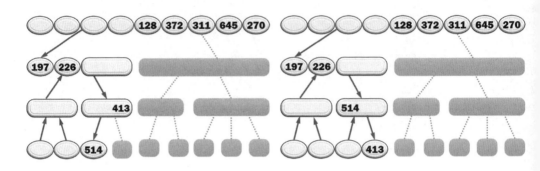

Step 9. 由於「514 > 413」兩個互換後向上合併成一組。

Step 10. 數列「413、514」再與另一組「197、226」合併為一組並完成
左半邊的排序。

Step 11. 以相同操作,將右半部的數列「128、372、311、645、70」分
割到最小單位,然後再進行合併。

Step 12. 最後,把相鄰的兩組比較大小,數值小在前,數值大在後面,然
後順序合併完成數列的排序。

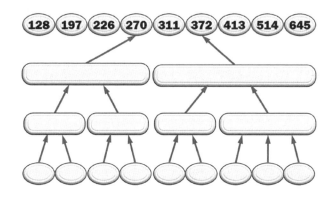

9.5.2 實作合併排序法

茲將數列「797、126、51、413、218、64、372、313、645、570」
以程式碼進行實作。

範例「CH0909.csproj」

```
01 static void Sorting(int[] ary, int first, int last)
02 {
03    int j, k, item, mid, count;
04    int len = ary.Length;
05    int[] data = new int[len]; //暫存合併的資料
06    if (first < last)
07    {
08      mid = (first + last) / 2;      //分割陣列
09      Sorting(ary, first, mid);      //以遞迴處理陣列的前半部
10      Sorting(ary, mid + 1, last); //以遞迴處理陣列的後半部
11      j = item = first;//j取前半部, item是陣列data第一個資料
12      k = mid + 1;                   //取得後半部的第一個資料
13      count = last - first + 1;   //合併的資料個數
14       while (j <= mid && k <= last)
15       {
16          if (ary[j] <= ary[k])
17              data[item++] = ary[j++];
18          else
19              data[item++] = ary[k++];
20       }
21      while (j <= mid)
22          data[item++] = ary[j++];
23      while (k <= last)
24          data[item++] = ary[k++];
25      //將陣列data內容複製到陣列ary
26      for (j = 0; j < count; j++, last--)
27          ary[last] = data[last];
28    }
29 }
```

程式解說

◆ 定義合併排序的靜態方法Sorting()，採取先分割後合併方式，利用迴圈來讀取陣列分割後的左、右半部並暫存於陣列data，合併時比較大小，數值小在前面，數值大在後面。

◆ 第14~20行：while迴圈中以if/else敘述判斷分割後的陣列，若左半部的索引小於陣列的右半部，就把左、右半部的數值依照大小合併後放入陣列data。

◆ 第21~22、23~24行：while迴圈分別讀取陣列左半部、右半部的元素並複製到陣列data。

那麼範例「CH0909.csproj」的數列是如何先分割後合併，下表說明之。

	797	126	51	413	218	64	372	313	645	570	說明
1	797	126	51	413	218	64	372	313	645	570	分成左、右2組
2	797	126	51	413	218	64	372	313	645	570	左邊分成2組
3	797	126	51	413	218	64	372	313	645	570	最左邊分成2組
4	126	797	51	413	218	64	372	313	645	570	合併最左邊2組
5	126	797	51	413	218	64	372	313	645	570	分割左中2組
6	126	797	51	218	413	64	372	313	645	570	合併左中2組
7	51	126	218	413	797	64	372	313	645	570	合併左邊2組
8	51	126	218	413	797	64	372	313	645	570	右邊分成2組

	797	126	51	413	218	64	372	313	645	570	說明
9	51	126	218	413	797	64	372	313	645	570	右中分2組
10	51	126	218	413	797	64	372	313	645	570	合併右中2組
11	51	126	218	413	797	64	372	313	645	570	最右邊分成2組
12	51	126	218	413	797	64	372	313	570	645	合併最右組2組
13	51	126	218	413	797	64	372	313	570	645	合併右邊2組
14	51	64	126	218	313	372	413	570	646	797	合併成一組

討論合併排序法：

由於合併排序法以遞迴來呼叫函數，需要額外的記憶體空間來堆疊，處理遞迴呼叫並配置記憶體空間儲存合併後的數列。屬合併時才會交換元素，但相同鍵值的元素並不會交換，屬於穩定性的排序法。

➤ 時間複雜度：合併排序法每次分割N筆資料時為N/2，其處理次數大約為（log n）次完成排序，所以合併排序法的最佳、最壞及平均情況的複雜度為O(n $\log_2(n)$)。

➤ 空間複雜度：合併排序法的執行效率分成「分割」、「合併」兩個部分。合併時和排序鍵值數成正比，其執行效率是O(n)。

9.6 基數排序法

基數排序法（Radix Sort）屬於「分配式排序」（Distribution Sort）；它的特別之處是不做任何比較。若使用連結資料結構，不需要移動元素，屬於一種分配模式排序方式。

9.6.1 基數排序法的運作

基數排序法也稱「多鍵排序」（Multi-Key Sort）或「箱子排序法」（Bucket Sort)、「Bin Sort」。它依據每個記錄的鍵值劃分爲若干單元，把相同的單元放置在同一箱子，常用於卡片或信件的分類。基數排序法依比較方向分爲LSD和MSD兩種，簡介如下：

➢ 最低位數優先（Least Significant Digit First, LSD）：從最右邊的低位數開始，只須採用分配（Distribution）和合併兩個步驟。

➢ 最高位數優先（Most Significant Digit First, MSD）：是從最左邊的高位數開始，採用分配、檢測、合併等三個步驟進行，檢測時可呼叫遞迴再做分配。

一般來說，基數排序「LSD」適用於位數較少的數列；以MSD處理位數較多的資料會有比較好的效率。要留意的地方是MSD是由高位數爲基底做爲分配的開始。合併資料時，其「遞增」是由左而右來收集桶子的資料；「遞減」恰好相反，它會由右而左來合併桶子的資料。

LSD（最低位數優先）的運作程序如下：

(1) 依十進制，表示得準備編號「0～9」的10個桶子（Bucket）。

(2) 找出最大數值的位數，例如「566」是三個位數，說明得進行3回合才能完成排序。

(3) 第一回合：從最低位數（個位數）開始；先將資料「分配」到對應的桶子；再「合併」10個桶子的資料。

(4) 第二回合：依據中間位數（十位數）來進行；同樣把資料「分配」到對應的桶子；再「合併」10個桶子的資料。

(5) 第三回合：以最高位數（百位數）執行；資料「分配」到對應的桶子；再「合併」10個桶子的資料。

那麼，LSD究竟如何運作？下述簡例說分明。未排序的原始數列如下：

```
59, 93, 17, 24, 70, 8, 185, 264, 566, 1155, 86, 1351
```

Step 1. 依十進制準備10個桶子（編號0～9），最大數「1351」是三位數，表示以3回合才能完成排序。

Step 2. 第1回合從「個位數」開始；把每個整數依其個位數字「分配」到10個桶子裡；例如數字「70」，個數位是「0」就放入「0」號桶子。

桶子	0	1	2	3	4	5	6	7	8	9
資料	70	1351		93	24 264	185 1155	566 86	17	8	59

Step 3. 把桶子內的資料由左而右「合併」如下：

70	1351	93	24	264	185	1155	566	86	17	8	59

Step 4. 第2回合依據「十位數」，依序把資料「分配」到10個桶子；例如數字「264」，其十位數是「6」就存放「6」號桶。

桶子	0	1	2	3	4	5	6	7	8	9
資料	8	17	24			1351 1155 59	264 566	70	185 86	93

Step 5. 把桶子內的資料「合併」如下：

8	17	24	1351	1155	59	264	566	70	185	86	93

Step 6. 第3回合以「百位數」，依序把資料「分配」到10個桶子內；例如數字「185」，其百位數是「1」就存放「1」號桶，小於百位數就放到「0」號桶。

桶子	0	1	2	3	4	5	6	7	8	9
資料	8	1155	264	1351		566				
	17	185								
	24									
	59									
	70									
	86									
	93									

Step 7. 繼續由左而右「合併」資料，結果如下：

8	17	24	59	70	86	93	1155	185	264	1351	566

Step 8. 第4回合以「千位數」，依序把資料「分配」到10個桶子內；例如數字「1351」，其千位數是「1」就存放「1」號桶，小於千位數就放到「0」號桶。

桶子	0	1	2	3	4	5	6	7	8	9
資料	8	1155								
	17	1351								
	24									
	59									
	70									
	86									
	93									
	185									
	264									
	566									

CHAPTER

9

Step 9. 由左而右合併（遞增），完成由小而大的排序如下：

8	17	24	59	70	86	93	185	264	566	1155	1351

9.6.2 以MSD進行排序

　　MSD以分配、檢測和分配來完成排序動作。繼續了解MSD的運作，未排序的原始數列如下。

59	93	17	24	70	156	185	264	566	55	86	123

Step 1. 把每個數值依其百位數分配到10個桶子裡，未達百位數的數值就歸到索引為「0」的位置。

桶子	0	1	2	3	4	5	6	7	8	9
資料	59	156	264			566				
	93	185								
	17	123								
	24									
	70									
	55									
	86									

Step 2. 與LSD不同，要針對每個桶子進行檢測，項目大於「1」還得進一步「分配」；例如百位數的「1」號桶子，須依「拾位」再做分配。

桶子	0	1	2	3	4	5	6	7	8	9
1號			123			156			185	

Step 3. 繼續針對百位數的「0」號桶子，依「拾位」進行排序。

桶子	0	1	2	3	4	5	6	7	8	9
0號		17	24			59		70	86	93
						55				

Step 4. 每個桶子同樣要進行檢測，只有「5」桶子項目大於「1」，還依「個位」進行「分配」。

桶子	0	1	2	3	4	5	6	7	8	9
5號						55				59

Step 5. 這些經過分配的資料要放回原來的桶子，將步驟4的「5」號桶子（以十位為主）放回步驟1的「0」號桶子，準備資料的「合併」。

桶子	0	1	2	3	4	5	6	7	8	9
收集資料		17	24			55		70	86	93
						59				

Step 6. 再進一步把步驟2的「1」號桶子，繼續資料的「合併」

桶子	0	1	2	3	4	5	6	7	8	9
準備資料合併	17	123	264			566				
	24	156								
	55	185								
	59									
	70									
	86									
	93									

Step 7. 由右而左合併（遞減），完成由大而小的排序如下：

566	264	185	156	123	93	86	70	59	55	24	17

　　將基數排序法以MSD做資料排序時，利用下方示意圖了解各個位數「桶子」的分配狀況；當桶子內的項目大於「1」就會繼續往低位數再做「分配」。

　　當MSD完成分配時，各個位數的桶子只會有1個項目，它會繼續「合併」來回到上一層桶子，直到完成排序。

9.6.3 實作基數排序法

數列「59、93、17、24、70、8、185、264、566、1155、86、1351」以LSD方式，由個位、十位、百位、仟位產生遞增排序。

範例「CH0910.csproj」

```
01 static void Sorting(int[] ary, int len)
02 {
03    int j, num, amass, bucket, max, round;
04    //產生桶子data, count存放鍵值出現的次數
05    int[,] data = new int[BASE, len];
06    int[] count = new int[len];
07    int efn = 0, figure = 1;
08    max = BigValue(ary, len); //呼叫靜態方法取得最大值
09    while(max > 0) //取得最大位數
10    {
11       efn++;
12       max /= BASE;
13    }
14    for(round = 0; round < efn; round++) //初始化桶子
15    {
16       for(j = 0; j < BASE; j++)    //清空桶子
17          count[j] = 0;
18       for(j = 0; j<len; j++)//依據個、十、百、千位數分配
19       {
20          bucket = (ary[j] / figure) % BASE;
21          data[bucket, count[bucket]] = ary[j];
```

```
22              count[bucket] += 1;  //統計累計的元素
23         }
24         j = 0;
25         for(num = 0; num<BASE; num++)  //依位數做合併
26         {
27             for(amass = 0; amass<count[num]; amass++)
28             {
29                 ary[j] = data[num, amass];
30                 //查看個、拾、百、仟合併結果
31                 Write($"ary[{j, 2}] = {ary[j], 5}");
32                 j++;
33                 WriteLine($" data[{num}, " +
34                     $"{amass}] = {data[num, amass], 5}");
35             }
36         }
37         figure *= BASE;   //取得位數
38     }
39 }
```

程式解說

◆ 定義靜態方法Sorting()，以LSD法做基數排序。

◆ 第14~38行：外層for迴圈將桶子初始化，當變數「round = 0」表示進入
　LSD方式的第一回合，處理個位數；而「round = 1（代表十位數）」依此
　累推。

◆ 第18~23行：for迴圈依序讀取陣列，陣列count統計累積的元素；依LSD
　方式將元素依個、十、百、千位數，將計算所得餘數分別放入0~9的桶子，
　例如「count[3] = 2」表示3號桶子有2個元素。

◆ 第20行：同樣以個、十、百、千位數，配合十進制（BASE）計算取得之餘數，把陣列元素分配到0~9桶子中。例如：十位數時，元素17，計算「(17 /10)％10」得到餘數為「1」就是分配到「1」號桶子。

◆ 第25~36行：for迴圈讀取桶子的元素，由左而右進行合併，其中「ary[9] = 17，data[7][0]」表示元素17分配在[7]號桶子第[0]個位置，目前只累積1個項目。

討論基數排序法：

基數排序法是屬於穩定排序，基數排序法的執行效率和快速排序法相同，以n個鍵值來說，在二層巢狀迴圈的內層是O(n)，外層最多執行log n位數次，所以執行效率是O(n log n)。

➤ 空間複雜度：基數排序法需要額外記憶體空間「p」來記錄基數，所需時間是「O(n*p)」。

➤ 時間複雜度：在所有情況下，均為$O(n \log_p(k))$，k是原始資料最大值。

課後習作

一、選擇題

1. 對於氣泡排序法的描述，何者有誤？
   (A) 由第一個元素開始比較
   (B) 時間複雜度的最佳狀況為$O(n^2)$
   (C) 適用於資料量較小的排序
   (D) 屬於不穩定排序演算法

2. 下列哪一種排序法是改良後的氣泡排序法？
   (A) 基數排序法
   (B) Shaker排序法
   (C) 快速排序法
   (D) 插入排序法

3. 下列排序中，多數資料的鍵值都相同，或多數資料已完成排序的檔案來說，排序速度最快是什麼排序法？
   (A) 氣泡排序法
   (B) 快速排序法
   (C) 選擇排序法
   (D) 謝耳排序法

4. 排序時將資料分成「已排序」和「未排序」的排序法是哪一種？
   (A) 氣泡排序法
   (B) Shaker排序法
   (C) 快速排序法
   (D) 插入排序法

5. 哪一種排序法可視為插入排序法的改良版？
   (A) 雙向氣泡排序法

(B) 謝耳排序法

(C) 堆積排序法

(D) 選擇排序法

6. 下列排序法中，有哪幾種使用切割征服（Divide-and-Conquer）策略？

(A) 氣泡排序法

(B) 合併排序法

(C) 快速排序法

(D) 插入排序法

(E) 以上皆是。

7. 下列哪一種排序可以在數列設一個虛擬的中間值，把陣列分割成兩部分，再呼叫遞迴來分別處理？

(A) 合併排序法

(B) 氣泡排序法

(C) 快速排序法

(D) 選擇排序法

8. 將數列「80、66、55、77、43、36」由小而大進行排序，在第二回合之後可能的順序為「55、66、80、77、42、36」，請問哪一種排序法最有可能？

(A) 插入排序法

(B) 氣泡排序法

(C) 謝耳排序法

(D) 選擇排序法

9. 下列哪一種排序法可以依據數列的長度設定間隔值，進行排序？

(A) 選擇排序法

(B) 氣泡排序法

(C) 插入排序法

(D) 謝耳排序法

10.數列「112、75、136、91、57、84、328、53、621、49、33、166、23、17」在第2回合得「33、57、23、53、75、49、84、91、166、127、112、621、136、328」，最有可能是哪一種排序法？

    (A) 謝耳排序法

    (B) 選擇排序法

    (C) 氣泡排序法

    (D) 插入排序法

11.將數列「39、8、64、51、32、17」依快速排序法，以第一個元素「39」為基準點k，依左小右大方式，最有可能把資料分成的情形？

    (A)「32、39、8、17、51、64」

    (B)「32、8、17、51、39、64」

    (C)「32、8、17、39、51、64」

    (D)「32、8、39、17、51、64」

12.對於合併排序法的描述，何者不正確？

    (A) 排序時先將數列分割成左、右兩半部，分割到無法分割為止

    (B) 無法支援外部排序

    (C) 為穩定的排序演算法

    (D) 時間複雜度為（n log (n)）。

13.對於基數排序法的描述，何者正確？

    (A) 最有效優先MSD表示排序方向由右邊開始

    (B) 排序時需要額外的記憶體空間

    (C) 最無有效優先LSD表示排序方向由左邊開始

    (D) 排序時，資料間不做任何比較，也不做任何移動。

二、實作與問答

1.請參考範例「CH0901.csproj」，完成排序後提早結束，程式碼如何修改？

2. 數列「55、234、78、37、165、23、81、46、69、37」繪製出氣泡排序法每一回合由大而小的交換過程，利用程式碼輸出並完成排序。

3. 數列「185、625、134、47、731、125、42、416」以插入排序法做遞減排序並程式碼完成，進一步手工繪製插入排序法每回合的排序結果。

4. 將下列資料「185、625、134、47、731、125、42、416」以選擇排序法做遞減排序並繪製出排序過程，此外第幾回合就完成排序？

5. 試將下列數列「185、625、134、47、731、125、42、416、84、67」由二元樹轉為最小堆積樹，請填寫下圖空白圓圈中各節點的值。

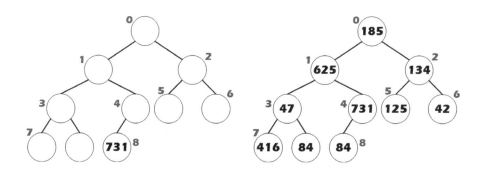

6. 將數列「519、286、93、1285、1651、34、527、71、156、264、578、4123、55」以基數排序法的MSD完成遞減排序。

第十章

眾裡找它談搜尋

➢ 從常見的搜尋開始,認識循序搜尋、二元搜尋到內插搜尋法

➢ 費氏搜尋法以費氏數列來分割,配合費氏樹能加快搜尋

➢ 雜湊搜尋法要有雜湊函數來產生雜湊表,過程中要避免碰撞和溢位

CHAPTER

10

10.1 常見搜尋法

　　搜尋這件事可大可小。例如從自己的手機上找出同學的電話號碼，或者從資料庫裡找出某個指定的資料（可能需要一些技巧）。或者更簡單地說，只要開啟電腦，搜尋就無處不在；以視窗作業系統來說，檔案總管配有搜尋窗格，方便我們搜尋電腦中的檔案。

　　使用瀏覽器輸入「關鍵字」（Key）擊點搜尋按鈕後，類似蜘蛛網的搜尋會把網路上「登錄有案」的伺服器，配合網頁技術檢索相關資料再以搜尋熱度進行排序，最後以網頁呈現在我們面前。輸入「資料結構」關鍵字後，谷歌大神會告訴我們，它只花「0.32」秒就給了我們搜尋結果。

這樣的過程可稱它為「資料搜尋」；搜尋時要有「關鍵字」（Key）或稱「鍵值」，利用它來識別某個資料項目的值，而搜尋所取得的集合可能儲存以資料表、網頁形式呈現。不過我們要探討的重點是以某個特定資料為對象，一窺搜尋的運作方式。

　　搜尋和排序的運作有些相像，若依據搜尋資料量的大小，可以把搜尋概分兩類：

➤ 內部搜尋法：查找這些資料時，可以把它們一一放入記憶體中，再依據鍵值做搜尋。

➤ 外部搜尋法：當欲搜尋的資料量太大而主記憶體無法處理時，就得藉助輔助記憶體（例如硬碟空間）來分擔工作，將資料做分批處理；所以稱為外部搜尋法。

　　如果搜尋過程是以被搜尋表格或資料是否有異動來分類，同樣也有兩類：

➤ 靜態搜尋（Static Search）：查訪某項特定的資料是否存在，或者取得

它的相關屬性。例如去氣象局網站取得明天的預報資料。

➢動態搜尋（Dynamic Search）：所搜尋的資料，搜尋過程中會經常性地增加、刪除、或更新。例如B-Tree搜尋就屬於一種動態搜尋。

10.1.1 循序搜尋法

生活中，翻箱倒櫃找一件東西的經驗一定是有的；例如找一本不知放在牆旮旯兒的書，可能從書架上一一查找，或者從抽屜逐層翻動。這種簡易的搜尋方式就是「循序搜尋法」（Sequential search），也稱爲線性搜尋（Linear Searching）。一般而言，會把欲搜尋的值設成「Key」，欲搜尋的對象是事先未按鍵值排序的數列；所以，欲尋找的Key若是存放在第一個位置（索引爲零），第一次就會找到；若Key是存放在數列的最後一個位置，就得依照資料儲存的順序從第一個項目逐一比對到最後一個項目，從頭到尾走訪過一次。

循序搜尋法的優點是資料在搜尋前不需要作任何的處理與排序，缺點是搜尋速度較慢。假設已存在數列「117、325、54、19、63、749、41、213」，若欲搜尋63需要比較5次；搜尋117僅需比較1次；搜尋749則需搜尋6次。

當資料量很大時，就不適合用循序搜尋法，但可估計每一筆資料所要搜尋的機率，將機率高的放在檔案的前端，以減少搜尋的時間。如果資料沒有重覆，找到資料就可中止搜尋的話，最差狀況是未找到資料，需作n次比較，最好狀況則是一次就找到，只需1次比較。

```
//參考範例「CH1001.csproj」
public static int SearchSeq(int key, int[] ary)
{
  int index;
  for (index = 0; index < ary.Length; index++)
  {
    if (ary[index] == key)   //比對陣列元素是否等於欲搜尋的鍵值
      return index;          //回傳索引
  }
  return -1;                 //沒有找到以0回傳
}
```

◆ 定義靜態方法SearchSeq()從ary陣列中搜尋指定的值；for迴圈讀取陣列，參數Key若與陣列中某個元素相等則回傳此元素的索引。

10.1.2 改善循序搜尋

　　循序搜尋法不需經過任何處理與排序，適合於各種情況；更好的狀況是欲搜尋資料若落在數列前端則能減少搜尋的時間。不過，使用循序搜尋時還是可能發生欲搜尋的鍵值並沒有在數列裡，例如下列數列中找不到 Key「28」但依然要把資料項查找一遍。

　　當然可以進一步循序搜尋加以改善；例如：搜尋key為「117」的資料；將數列由小而大排序，查找時若比較值已大於目標值就停止查找。

```
// 參考範例「CH1002.csproj」
static int LinearSearch(int[] ary, int key)
{
    int index;
    for (index = 0; index < 12; index++)//讀取陣列查找鍵值key
    {
        if (ary[index] == key) //若陣列元素的值等於key, 回傳其位置
            return index;
        else if (ary[index] > key)
            return -1;
    }
    return -1;
}
```

CHAPTER

10

那麼循序搜尋法的效率如何？以N筆資料為來說，利用循序搜尋法來找尋資料，有可能在第1筆就找到，如果資料在第2筆、第3筆…第n筆，則其需要的比較次數分別為2、3、4…n次的比較動作。平均狀況下，假設資料出現的機率相等，則需(n + 1)/2次比較，例如有10萬個鍵值，則需要做50000次的比較。

從時間複雜度的角度來看：如果資料沒有重覆，找到資料就可中止搜尋的話，在最差狀況是未找到資料，逐一比對後沒有找到資料，則必須花費n次，其最壞狀況（Worst Case）的時間複雜度為O(n)。

10.1.3 二元搜尋法

換個作法，假如這一串資料已完成排序，搜尋時把資料分成一分為二，能否加快搜尋動作？這種從資料的一半展開搜尋的方法叫做「二元搜尋」（Binary search）或稱「折半搜尋」法。二元搜尋法的原理是將欲進行搜尋的Key，與所有資料的中間值做比對，利用二等分法則，將資料分割成兩等份，再比較鍵值、中間值兩者何者為大。如果鍵值小於中間值，要找的鍵值就屬於前半段的資料項，反過來鍵值就在後半部裡。

可別忘了！二元搜尋法所查找對象必須是一個依照鍵值完成排序的資料，搜尋時由中間開始查找，不斷地把資料分割直到找到或確定不存在為止。可以把搜尋範圍的前端設為「low」，末端是「high」，中間項為「mid」（Middle），中間項的計算公式如下：

$$mid = \frac{low + high}{2}$$

既然是利用鍵值「K」與中間項「Km」做比對，會有三種比較結果可得：

當鍵值「K」不等於中間項「Km」就得把數列再做分割,依比對後情形繼續搜尋。

當鍵值「K」大於中間項「Km」,繼續搜尋數列的後半部(向右移動),則前端「low = mid + 1」。當鍵值「K」小於中間項「Km」,繼續搜尋數列的前半部(向左移動),則後端「high = mid - 1」。

例如:從下列已排序數列中搜尋鍵值「101」,要如何做?

```
5、13、18、24、35、56、89、101、118、123、157
```

Step 1. 首先利用公式「mid = (low + high) / 2」求得數列的中間項為「(0 + 10) // 2 = 5」(取得整數商),也就是串列的第6筆記錄「Ary[5] = 56」;由於搜尋值101大於56,因此向數列的右邊繼續搜尋。

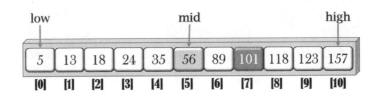

Step 2. 繼續把數列右邊做分割；同樣算出「mid = (6 + 10) // 2 = 8」，
為「Ary[8] = 118」；由於搜尋值101小於118，「high = 8 − 1 =
7」，繼續往數列的左邊查找。

Step 3. 第三次搜尋，算出中間項「(6 + 7) // 2 = 6」，得到「Ary[6] =
89」，中間項等於「low」；搜尋值101大於89，繼續向右查找。

Step 4. 「low = 6 + 1 = 7」，中間項「(7 + 7) // 2 = 7」，中間項等於
「low」也等於「high」，表示找到搜尋值101了。

二元搜尋法的搜尋過程把它轉換為二元搜尋樹會更清楚。

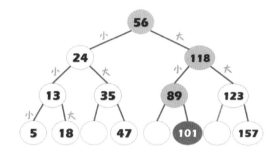

範例「CH1003.csproj」

```
01 static void Main(string[] args)    //主程式
02 {
03     int target, find;
04     int[] number = {
05        5, 13, 18, 24, 35, 56, 89, 101, 118, 123, 157};
06     Write("輸入欲搜尋的值->");
07     find = Convert.ToInt32(ReadLine());
08     target = Searching(number, find, 0, 10);
09     if (target != -1)
10         WriteLine($"找到鍵值，索引: {target}");
11     else
12         WriteLine("無此鍵值");
13     int item = Array.BinarySearch(number, find);
14     WriteLine($"搜尋值索引: {item}");
15 }
```

```
16 static int Searching(int[] ary, int key, int low, int high)
17 {
18    int mid;
19    if (low <= high)
20    {
21       mid = (low + high) / 2;   //取得陣列中間項mid
22       if (key == ary[mid])    //中間項有符合者就回傳其值
23          return mid;
24       else if (key > ary[mid]) //欲查找的key大於中間項，向右繼續
25       {
26          low = mid + 1;
27          return Searching(ary, key, low, high); //遞迴呼叫自身
28       }
29       else //K < Km 欲查找的key大於中間項，向左繼續
30          high = mid - 1;
31       return Searching(ary, key, low, high);
32    }
33    return -1;
34 }
```

執行結果

```
■ D:\DS ...   —   □   ×
輸入欲搜尋的值->101
找到鍵值，索引: 7
搜尋值索引: 7
```

程式解說

◆ 主程式中，呼叫Array類別的BinarySearch()方法做搜尋，它會依據變數find取得的鍵值做搜尋。

◆ 第16~34行：定義函式Searching()，傳入4個參數：搜尋值（target）、列（Ary）、設定搜尋的開頭（low）和結尾（high），並以遞迴呼叫本身來繼續搜尋。

◆ 第19~32行：第一層if敘述確認變數low小於high，依據計算所得中間項（變數mid）之值往第二層if/else if/else敘述繼續搜尋。當中間項等於欲搜尋Key，表示找到了；第二種情形「key > 中間項」，搜尋的值大於中間項，向右邊移動，以遞迴呼叫本身函式；第三種情形「key < 中間項」，搜尋的值小於中間項，向左邊移動，繼續以遞迴呼叫本身函式。

　　使用二元搜尋法必須事先經過排序，且資料量必須能直接在記憶體中執行，此法較適合不會再進行插入與刪除動作的靜態資料。

　　若從時間複雜度來看，二分搜尋法每次搜尋時都會將搜尋區間分為一半。若有N筆資料，最差情況下，下一次搜尋範圍就可以縮減為前一次搜尋範圍的一半，二分搜尋法總共需要比較「$[\log_2 n] + 1$」或「$[\log_2(n + 1)]$」次，時間複雜度為「$O(\log_2 n)$」。

10.1.4 內插搜尋法

　　使用二元搜尋法能把數列一分為二來加快搜尋的速度，那麼可不可把數列一分為二，再二分為四或者切割更多讓搜尋的效率更好些？因此，「內插搜尋法」（Interpolation Search）又叫做插補搜尋法，視為二元搜尋法的改版。它是依照資料位置的分佈，利用公式預測資料的所在位置，再以二分法的方式漸漸逼近。例如字典裡找「telephone」，通常先翻到「t」部字頭，再逐步往前或往後找，特別是在均勻分布，且n值愈大時，

插補搜尋法甚至比二元法更好。使用二元搜尋法的能預測key的落點，如下圖所示，它能在數列中快速找到資料。

$$\text{Middle} = (\text{low} + \text{high})//2$$

由於內插法中無法以單純以「1/2」來預測；將原來的公式改良如下：

$$\text{mid} = \frac{\text{low} + \text{high}}{2} = \text{low} + \frac{1}{2}(\text{high} - \text{low})$$

想要以公式來預預其落點，要改善的是「1/2」，假設數列中的鍵值平均分布在可能範圍，則「1/2」改善後可得X預測落點的公式如下：

$$\chi = \frac{\text{key} - \text{data[low]}}{\text{data[high]} - \text{data[low]}}$$

◈ key是要尋找的鍵。

◈ data[high]、data[low]是數列中的要查找的最大值及最小值。

依據X的預測落點，得到內插法公式：

$$\text{mid} = \text{low} + \frac{\text{key} - \text{data[low]}}{\text{data[high]} - \text{data[low]}} * (\text{high} - \text{low})$$

為什麼要把「1/2」做改善？例一：如果有一個數列data如下。

$$x = \frac{101-5}{157-5} \approx 0.632$$

low ... high

$$mid = 0 + 0.632*10 \fallingdotseq 6$$

　　要查找鍵值「101」，使用二元搜尋法的話要第四次才會找到；所以使用內插法只需搜索兩次就能找到。

次數	low	high	mid	key與A[mid]比較	範圍
1	0	10	6	101 > 89	向右
2	6 + 1 = 7	10	$7 + \frac{101-101}{157-101} * 10 = 7$	101 = 101	找到

例二：有一數列如下，欲搜尋鍵值為「74」的位置。

49	54	69	74	91	113	135	147	155	163
[0]	[1]	[2]	[3]	[4]	[5]	[6]	[7]	[8]	[9]

　　使用「內插法」的搜尋過程如下：

次數	low	high	mid	key與A[mid]比較	範圍
1	0	9	$0 + \frac{74-49}{163-49} * 9 = 1$	74 > 54	向右
2	1 + 1 = 2	9	$2 + \frac{74-69}{163-69} * 7 = 2$	74 > 49	向右
3	2 + 1 = 3	9	$3 + \frac{74-74}{163-74} * 6 = 0$	mid = low = 74	找到

範例「CH1004.csproj」

```
01 static int SearchInter(int[] ary, int key,
02     int low, int high)
03 {
04   int point, mid;
05   while (low <= high)
06   {
07     if ((ary[high] - ary[low]) != 0)
08       point = (key - ary[low]) / (ary[high] - ary[low]);
09     else
10       point = 0;
11     mid = low + (point * (high - low)); //求取中間項
12     if (key == ary[mid])        //情形一：兩者相等表示找到
13       return mid;
14     else if (key > ary[mid])        //情形二：向右繼續找
15       low = mid + 1;
16     else                       //情形三：向左繼續找
17       high = mid - 1;
18   }
19   return -1;
20 }
```

程式解說

◆ 定義靜態方法SearchInter ()並傳入4個參數，分別是傳入的數列、搜尋值
key、儲存數列的開始和結束範圍。

◆ 第8行：使用公式來預測搜尋值key的位置落點。

◆ 第12~13行：key與中間項做比較的第一種情形：兩者相等，表示找到key。

◆ 第14~15行：key與中間項做比較的第二種情形：搜尋值大於中間項，向右移動繼續比對。

◆ 第16~17行：key與中間項做比較的第三種情形：搜尋值小於中間項，向左邊移動繼續比對。

　　一般而言，內插搜尋法優於循序搜尋法，此法的時間複雜度取決於資料分佈的情況而定。平均而言，N筆資料的情況下，內插搜尋法只需要進行log(log(n))次比對就可以找到資料。

　　使用內插搜尋法資料需先經過排序。如果資料的分布愈平均，則搜尋速度愈快，甚至可能第一次就找到資料。但是，在資料並非分布均勻的最差情況下，內插搜尋法則是需要進行N次比對才能夠找到資料。這種情況，內插法的搜尋效率就比二分搜尋法差很多。

10.2 費氏搜尋法

　　費氏搜尋法（Fibonacci Search）又稱費伯那搜尋法，和二元搜尋法十分類似，都是以切割範圍來進行搜尋；只是將二元搜尋的中分方式，改變成費氏級數來切割。這樣的切割方式在搜尋過程中，只需用到加減法而不必用到除法，如果以電腦運算的過程來看，會比循序搜尋法、二元搜尋法有更大的效率。

10.2.1 定義費氏級數

　　費氏搜尋法是以「費氏級數」為比較對象進行分割。費氏級數F(n)定義如下：

$$F_n=\begin{cases} F_0 = 0, & \text{if } n = 0 \\ F_2 = 1, & \text{if } n = 1 \\ F_n = F_{n-1} + F_{n-2}, & \text{if } n \geq 2 \end{cases}$$

費氏級數中除了第0及1個外，每個值都是前兩個值的加總；數列如下：

數列	1	1	2	3	5	8	13	21	34	55	89	144	233	⋯
K值	1	2	3	4	5	6	7	8	9	10	11	12	13	⋯

程式碼如何撰寫費氏級數？簡例如下：這樣的查找過程，必須依據數列的長度來產生費氏級數。

```
// 參考範例「CH1005.csproj」
int fiboNums(int num)    //產生費氏級數
{
  if(num == 1 || num == 0)
     return num;
  return fiboNums(num - 1) + fiboNums(num - 2);
}
```

◆ 定義函式fiboNums()，依據參數num來產生費氏級數。

◆ 以if敘述配合邏輯運算子「||」排除數值「0」或「1」之後，並以遞迴運算回傳費氏級數。

10.2.2 產生費氏搜尋樹

要以費氏搜尋法查找資料，必須依據費氏級數來建立費氏搜尋樹。費氏搜尋樹以二元樹為基底，若將其節點視為鍵值，它也是一棵二元搜尋

樹；也就是某一個節點的左子樹鍵值都比它小，由右子樹鍵值都大於或等於它。每一對兄弟節點與其父親節點之差均相等，而其差值亦是一個費氏數；它可分成根節點、左子樹及右子樹三部分，具有下列特徵：

➤ 費氏樹含有N個節點，要決定費氏樹的階層k值，得找到一個最小的k值，得費氏級數「Fib(k) = n + 1」。

➤ 若「k >= 2」，費氏樹的根節點「Fib(k)」，左子樹根為「Fib(k – 2)」，右子樹根為「Fib(k – 1) + Fib(k – 3)」。

➤ 費式搜尋樹的左、右子樹也必須是費氏樹；左子樹的節點數為「Fib(k – 1) – 1」，而右子樹的節點數為「Fib(k – 2) – 1」，而且各子樹仍為「n – 1」級和「n – 2」級的費氏樹。

例一：產生一個「N = 7」（節點數）的費氏樹。

```
Fib(k) = 7 + 1, Fib(k) = 8, 得k = 6
根節點    Fib(k-1) = Fib(5), 得費氏級數5
左子樹根 Fib(k-2) = Fib(4), 得費氏級數3
右子樹根 Fib(k-1) + Fib(k-3) = Fib(5) + Fib(3),
費氏級數5 + 2 = 7
```

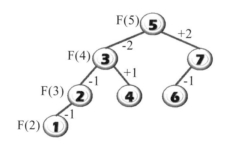

例二：產生一個「N = 20」（節點數）的費氏樹。

```
Fib(k) = 20 + 1, Fib(k) = 21, k = 8
根節點    Fib(k-1) = Fib(7)，得費氏級數13
左子樹根 Fib(k-2) = Fib(6)，得費氏級數8
右子樹根 Fib(k-1) + Fib(k-3) = Fib(7) + Fib(5)，
費氏級數13 + 5 = 18
```

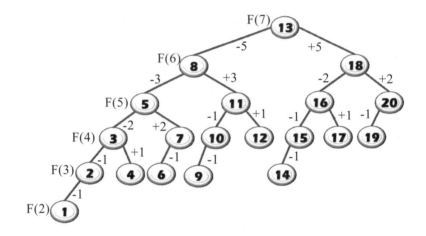

10.2.3 以費氏樹做搜尋

費氏搜尋法是以費氏搜尋樹來找尋資料；例一：經過排序的數列如下。

數列	25	49	54	69	74	118	130	141	152	163	186	432
位置	[1]	[2]	[3]	[4]	[5]	[6]	[7]	[8]	[9]	[10]	[11]	[12]

此費氏樹含有的節點為「N = 12」，所以「Fib(k) = 12 + 1, Fib(k) = 13」，得「k = 7」，所以取得的根節點、左子樹和右子樹如下：

```
根節點    Fib(k-1) = Fib(6)，得費氏級數8
左子樹根  Fib(k-2) = Fib(5)，得費氏級數5
右子樹根  Fib(k-1) + Fib(k-3) = Fib(7) + Fib(5)，得費氏級數11
```

以費氏搜尋樹查找key「130」的過程如下：

次數	樹根（r）	子樹（s）	差值（d）	比較	範圍
開始	Fib(7 - 1) = 8	Fib(7-2) = F(5) = 5	Fib(7 - 3) = F(3) = 3	130 < 141	向左
2	r - d = 8 - 3 = 5	s = d = 3	s - d = 5 - 3 = 2	130 > 74	向右
3	r + d = 5 + 2 = 7	s - d = 3 - 2 = 1	s - d = 2 - 1 = 1	130 = 130	找到

將數列轉化為費氏樹，能更清楚它的搜尋過程。

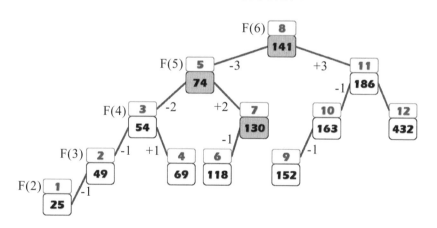

從數列中尋找key的方式，還可以再簡化；依據費氏級數的特性，從樹根開始找起，將key和費氏樹的樹根做比較後，此時可以有下列三種比較情況：

➤ key值小於第一個搜尋值，費氏樹降一級向左子樹查找。

➤ key值大於第一個搜尋值，費氏樹加一級向右子樹查找。

➤ 如果鍵值與陣列索引Fib(k)的值相等，表示成功搜尋到所要的資料。

範例「CH1005.csproj」

```
01 static int FiboSearch(int[] ary, int key, int len)
02 {
03    int root, rtLeft, fn2, tmp;
04    int index = RootNode(2, len); //回傳費氏樹根節點
05    root = fiboNums(index);
06    rtLeft = fiboNums(index - 1);
07    fn2 = root - rtLeft;
08    root--;    //配合陣列索引從零開始儲存資料
09    while(true) //依據鍵值開始查找
10    {
11       if (key == ary[root])
12          return root;
13       else
14       {
15          if (index == 2)
16             return len;
17          if (key < ary[root]) //向左子樹繼續查找
18          {
19             root -= fn2;
20             tmp = rtLeft;
21             rtLeft = fn2;
22             fn2 = tmp - fn2;
23             index -= 1;
24          }
25          else    //向右子樹繼續查找
```

```
26            {
27                if (index == 3) return len;
28                root += fn2;     //右子樹根節點
29                rtLeft -= fn2;   //右子樹右子節點
30                fn2 -= rtLeft;   //右子樹右右子節點
31                index -= 2;
32            }
33        }
34    }
35 }
```

執行結果

```
■ D:\DS for Visua...    —    □    ×
輸入欲搜尋的值，按-1結束->49
鍵值49的位置[1]
輸入欲搜尋的值，按-1結束->74
鍵值74的位置[4]
輸入欲搜尋的值，按-1結束->
```

程式解說

◆ 定義靜態方法FiboSearch()依傳入陣列來搜尋其鍵值。

◆ 第4行：呼叫函式RootNode()，讓費氏級數從「2」開始來取得建立費氏搜尋樹的根節點並回傳。

◆ 第5~7行：呼叫函式fiboNums()，回傳費氏樹左子樹的根節點和左子樹的左子節點，且進一步取得右子樹根節點。

◆ 第9~34行：while迴圈依輸入鍵值查找其位置。

◆ 第11~12行：若是根節點被找到就回傳其位置。

◆ 第17~24行：若鍵值不是根節點就繼續往左子樹查找。

CHAPTER

10

10.3 雜湊搜尋法

雜湊法又稱「赫序法」或「散置法」，任何透過雜湊搜尋的檔案皆不須經過事先的排序，也就是說這種搜尋可以直接且快速的找到鍵值所放的地址。要判斷一個搜尋法的好壞，由比較次數及搜尋時間來決定；透過搜尋技巧的比較方式來取得所要的資料項目。由於雜湊法直接以數學函數來取得對應的位址，因此可以快速找到所要的資料。也就是說，未發生任何碰撞的情況下，其比較時間只需O(1)的時間複雜度，在有限的記憶體中，使用雜湊函數可快速的建檔、插入、搜尋及更新。

10.3.1 認識雜湊技術

認識「雜湊法搜尋法」（Hashing Search）之前，先認識一下雜湊技術。如果去拜訪某個城市，想要品嘗某家美食店，如何尋得？通常會取得兩項基本訊息：「名稱」和「位置」，有了名稱才能利用地址找到它。當然美食店並非只一家，隨著我們移動的腳步，增添的記錄就會愈來愈多加。

所謂的雜湊表就是把上述的美食店記錄依據名稱和所在位置來產生一張對應表。只要輸入名稱就能獲取所在位置；也就是搜尋時，利用「鍵」（Key）從對應表中取得符合訊息的「值」（Value，也就是儲存位置）。所謂的「雜湊技術」就是把儲存的值（位置）和鍵（名稱）之間產生對應關係，每一個鍵只能對應一個值，以數學公式表達如下：

```
儲存的值 = f(鍵)
```

公式中的「f」為「雜湊函數」（Hash function）；依據雜湊函數將「鍵」、「值」產生對應的表格稱為「雜湊表」（Hash table）；先探索雜湊技術的基本用法。

10.3.2 雜湊相關名詞

使用雜湊函數之前，先對雜湊函數有關的名詞做一番認識。

相關名詞	說明
桶（Bucket）	雜湊表中儲存資料的立置，每一個位置對應到唯一的位址，稱爲bucket address 一個bucket（桶）就好比是一筆記錄
槽（Slot）	每個桶子能有多個儲存區，儲存區就是slot 每個槽代表記錄中的某個欄位
碰撞（Collision）	兩筆不同資料，經過雜湊函數運算後，桶子對應到相同位址所發生
溢位（Overflow）	資料經由雜湊函數運算後，所對應的桶子已經滿了，無法再存入其他的資料
同義字（Synonym）	當兩個識別字I及J的雜湊函數值經過運算後是相同的，則稱I及J爲同義字
載入密度（Loading Factor）	雜湊空間的載入密度是指識別字的使用數目除以雜湊表內槽的總數

雜湊法是利用雜湊函數來計算一個鍵值所對應的位址，進而建立雜湊表格，且依賴雜湊函數來搜尋找到各鍵值存放在表格中的位址。此外，搜尋速度與資料多少無關，在沒有碰撞和溢位下，一次讀取即可，更包括保密性高，不事先知道雜湊函數就無法搜尋的優點。選擇雜湊函數時，要特別注意不宜過於複雜，設計原則上至少必須符合計算速度快與碰撞頻率儘量小兩項特點。設計雜湊函數應該遵循底下幾個原則：

➤ 降低碰撞及溢位的產生。

➤ 雜湊函數不宜過於複雜，以容易計算爲佳。

➤ 儘量把文字的鍵值轉換成數字的鍵值，以利雜湊函數的運算。

➤ 所設計的雜湊函數計算而得的值，儘量能均勻地分布在每一桶中，不要太過於集中在某些桶內，這樣就可以降低碰撞。

10.3.3 雜湊函數-除法、中間平方法

　　正式進入主題，介紹雜湊函數所用的四個方法：除法、中間平方法、折疊法和數位分析法、簡單來說，選擇雜湊函數時，要特別注意不宜過於複雜，以縮短找尋位址的時間。同時，也要注意所選擇的雜湊函數是否會經常發生碰撞，因為每發生一次碰撞，都必須浪費時間成本去進行溢位處理。常見的雜湊法有除法、中間平方法、折疊法及數位分析法。

　　「除法」（Division）是最簡單的雜湊函數。它將資料除以某一個常數後，取得餘數來當索引。C#語言，可以利用「%」運算子將資料項X除以某數M，取其餘數當做X的位址，它應介於「0～M - 1」之間，計算公式如下：

```
hash(X) = X % M
```

◆ 運算子「%」取得「X / M」所得的餘數。

◆ X代表某一鍵值；M代表某個長度的儲存空間，以質數較佳。

　　使用除法產生雜湊函數時，應避免某些數值的M，例如2的次方；一般建議質數會有較佳的效果。

例一：將數值63除以儲存空間為11所得餘數為存放位置。

```
hash(63) = 63 % 11, hash(63) = 8, 索引值 = 8
```

範例說明

　　有一個陣列「4、13、21、34、42、63」，它佔用到6個位址，把它放入有11個位置的雜湊表中。把陣列元素除以11，並以餘數當做索引，計算如下：

陣列元素	除法	餘數	陣列元素	除法	餘數
4	4 % 11	4	13	13 % 11	2
21	21 % 11	10	34	34 % 11	1
42	42 % 11	9	63	63 % 11	8

範例「CH1006.csproj」

```
01 static void Main(string[] args)
02 {
03    int[] number = { 4, 13, 21, 34, 42, 63 };
04    runHash(number);
05 }
06
07 static void runHash(int[] ary)     //定義靜態方法
08 {
09    const int PRIME = 11;
10    int pos, j;
11    int[] hash = new int[PRIME];
12    Write("取得餘數：");
13    for (j = 0; j < 6; j++)     //讀取陣列並以除法取得餘數
14    {
15      pos = ary[j] % PRIME;
16      Write($"{pos, -3}");
17      hash[pos] = ary[j];     //餘數為索引，存入雜湊函數
18    }
19    WriteLine();
20    for (pos = 0; pos < PRIME; pos++)     //讀取雜湊函數
21      Write($"Hash[{pos, 2}] = {hash[pos], 3}\n");
22    WriteLine();
23 }
```

執行結果

索引	0	1	2	3	4	5	6	7	8	9	10
陣列元素		34	13		4				63	42	21

程式解說

◆ 第7~23行：定義靜態方法runHash()將傳入的陣列元素依除法計算其餘數，所得結果存入另一個陣列hash（雜湊表）。

◆ 第13~18行：for迴圈讀取陣列ary的元素並取得餘數存入另一個變數「pos」（索引或位置），再放入雜湊表hash。

　　再來認識產生雜湊函數的第二個方法「中間平方法」（Mid-square）。它和除法相當類似，它是把資料平方後，取中間的某段數字為索引。

例一：將下列數值以中間平方法來處理，並放在100位址空間。

Step 1. 資料先做平方。

```
33, 87, 65, 38, 72平方得1089, 7569, 4225, 1444, 5184
```

Step 2. 取佰位數及十位數作為鍵值。

```
08、56、22、44、18
```

Step 3. 步驟2的鍵值與步驟1形成對應後如下：

```
f(08) = 33
f(56) = 87
f(22) = 65
f(44) = 38
f(18) = 72
```

10.3.4 雜湊函數 ─── 折疊、數位分析法

使用「折疊法」（Folding）有兩種作法：移動折疊法（Shift Folding）和邊界折疊法。移動折疊法是將資料轉換成一串數字後，再把這串數字拆成數個，最後把它們加起來，計算出鍵值的「儲存位址」（Bucket Address）。

例一：資料轉換成數字，若每4個數字為一個部份，得如下拆解。

1234290325013215	1234	2903	2501	3215

將四組數字相加所得的值即為「儲存位址」。

```
         1234
         2903
         2501
   +     3215
   ──────────────
         9853      bucket address
```

雜湊法的設計原則之一就是降低碰撞，還可以進一步將上述簡例採用的「移動折疊法」予以改善；每一份部的數字中的奇數位段或偶數位段反轉，相加後才取得儲存位址，這種改良式作法稱為「邊界折疊法」（Folding at the boundaries）。

➤ 第一種狀況：將偶數位段反轉。

```
      1234      第1位段屬於奇數位段，所以不反轉
      3092      第2位段屬於偶數位段要反轉
      2051      第3位段屬於奇數位段，所以不反轉
   +  5123      第4位段屬於偶數位段要反轉
   ──────────────
     11950      bucket address
```

➤ 將奇數位段反轉。

	4321	第1位段屬於奇數位段，反轉
	2903	第2位段屬於偶數位段，不反轉
	1052	第3位段屬於奇數位段，反轉
+	3215	第4位段屬於偶數位段，不反轉
	11491	bucket address

　　雜湊函數第四個方法是「數位分析法」（Digit Analysis）。它適用於資料不會更改，且為數值型別的靜態表，主要用於十進位制的各個鍵值之位數比較。採用分布較均勻的若干個位數值做為每一個鍵值的雜湊函數值。在決定雜湊函數時先逐一檢查資料的相對位置及分布情形，將重複性高的部分刪除。

例一：下列電話表具有其規則性，除了區碼全部是06外，在中間三個數字的變化也不大：假設位址空間大小m=999，必須從下列數字擷取適當的數字，即數字比較不集中，分佈範圍較為平均（或稱亂度高），最後決定取最後那四個數字的末三碼。故最後可得雜湊表為：

電話
06-554-9876
06-554-4321
06-553-4222
06-554-5781
06-554-6666
06-553-8888
06-553-8123
06-554-4768

索引	電話
876	06-554-9876
321	06-554-4321
222	06-553-4222
781	06-554-5781
666	06-554-6666
888	06-553-8888
123	06-553-8123
768	06-554-4768

10.4 雜湊法的碰撞問題

相信看完上面幾種雜湊函數之後，可以發現雜湊函數並沒有一定規則可尋，可能是其中的某一種方法，也可能同時使用好幾種方法，所以雜湊時常被用來處理資料的加密及壓縮。但是雜湊法常會遇到「碰撞」及「溢位」的情況。

雜湊法中，當資料要放入某個「桶子」（Bucket），若該桶子已經滿了，會發生「溢位」（Overflow）；另一方面雜湊法的理想狀況是所有資料經過雜湊函數運算後都得到不同的值，但現實情況是即使所有關鍵欄位的值都不相同，還是可能得到相同的位址，於是就發生了「碰撞」（Collision）問題。因此，如何在碰撞後處理溢位的問題就顯得相當的重要。

10.4.1 線性探測法

處理雜湊法的「碰撞」最簡單的作法就是以「開放循序定址法」（Linear Open Addressing）來處理，更通俗的說法就是產生碰撞時就去找下一個空的位置，它的公式如下：

```
h(key) = (h(key) + dᵢ % M, dᵢ = 1, 2, 3, …, M − 1
```

這種解決碰撞的開放位址法也稱為「線性探測」（Linear Probing），它能將表格的空間加大並以環狀方式來使用。也就是發生碰撞時，若該索引已有資料，則以線性方式往後找尋空的儲存位置，一旦找到位置就把資料放進去。

例一：雜湊表格的大小為13（M = 13，即位址空間），鍵值如下：

```
126, 432, 597, 459, 685, 106, 534, 659, 343, 680, 308, 372
```

依其雜湊函數「h(key) = key mod m」，將這些鍵值依照計算所得的位址存放於雜湊表中，並以線性探測方式來解決碰撞。

Step 1. 加入126，「h(126) = 126 % 13 = 9」。

索引	0	1	2	3	4	5	6	7	8	9	10	11	12
鍵值										126			

Step 2. 加入432，「h(432) = 432 % 13 = 3」。

索引	0	1	2	3	4	5	6	7	8	9	10	11	12
鍵值				432						126			

Step 3. 加入597，「h(597) = 597 % 13 = 12」。

索引	0	1	2	3	4	5	6	7	8	9	10	11	12
鍵值				432						126			597

Step 4. 加入459，「h(459) = 459 % 13 = 4」。

索引	0	1	2	3	4	5	6	7	8	9	10	11	12
鍵值				432	459					126			597

Step 5. 加入685，「h(685) = 685 % 13 = 9」，由於位置9已有元素，移向位置「10」。

索引	0	1	2	3	4	5	6	7	8	9	10	11	12
鍵值				432	459					126	685		597

Step 6. 加入106，「h(106) = 106 % 13 = 2」。

索引	0	1	2	3	4	5	6	7	8	9	10	11	12
鍵值			**106**	432	459					126	685		597

Step 7. 加入534，「h(534) = 534 % 13 = 1」。

索引	0	1	2	3	4	5	6	7	8	9	10	11	12
鍵值		**534**	106	432	459					126	685		597

Step 8. 加入659，「h(659) = 659 % 13 = 9」，由於位置9、10已有資料，移到位置「11」。

索引	0	1	2	3	4	5	6	7	8	9	10	11	12
鍵值		534	106	432	459					126	685	**659**	597

Step 9. 加入343，「h(343) = 343 % 13 = 5」。

索引	0	1	2	3	4	5	6	7	8	9	10	11	12
鍵值		534	106	432	459	343				126	685	659	597

Step 10. 加入680，「h(680) = 680 % 13 = 4」，由於位置4、5已有資料，移向位置「6」。

索引	0	1	2	3	4	5	6	7	8	9	10	11	12
鍵值		534	106	432	459	343	**680**			126	685	659	597

Step 11. 加入308，「h(308) = 308 % 13 = 9」，由於位置9 ~ 12已有資料，移向位置「0」。

索引	0	1	2	3	4	5	6	7	8	9	10	11	12
鍵值	**308**	534	106	432	459	343	680			126	685	659	597

Step 12. 加入372，「h(372) = 372 % 13 = 8」。

索引	0	1	2	3	4	5	6	7	8	9	10	11	12
鍵值	308	534	106	432	459	343	680		372	126	685	659	597

範例「CH1007.csproj」

```
01 class Chapter10
02 {
03    const int PRIME = 13; //設定質數
04    static readonly int[] hash = new int[PRIME];
05    static void Main(string[] args)    //主程式
06    {
07      int[] number = {126, 432, 597, 459, 685, 106, 534,
08                659, 343, 680, 308, 372};
09      int j, item, target;
10      WriteLine("--雜湊表--");
11      for (j = 0; j < number.Length; j++)
12        LinearProb(hash, number[j]);
13      for (j = 0; j < PRIME; j++)    //輸出雜湊表
14      {
15        if (hash[j] != -1)
16          WriteLine($"[{j, 2}] = {hash[j], 4}");
17        else
18          WriteLine($"{j}");
19      }
20      while(true)
```

```
21          {
22              Write("輸入欲搜尋的值，按-1結束->");
23              item = Convert.ToInt32(ReadLine());
24              if (item != -1)
25              {
26                  target = searchHash(item);
27                  if (target != -1)
28                      WriteLine($"鍵值{item}的索引{target}");
29                  else
30                      WriteLine($"無此鍵值 {item} !");
31              }
32              else
33                  break;
34          }
35      }
36      //建立雜湊函數-採用運算式主體
37      static int runHash(int num) => num % PRIME;
38      static int searchHash(int key)    //定義靜態方法查找鍵值
39      {
40          int pos = runHash(key);    //產生雜湊函數
41          //查找雜湊表的元素，有找到的話就回傳位置pos
42          while (hash[pos] != key)
43          {
44              pos = (pos + 1) % PRIME;
45              if (hash[pos] == 0 || pos == runHash(key))
46                  return -1;    //沒有找到就回傳-1
47          }
```

CHAPTER

10

```
48        return pos;
49    }
50    static void LinearProb(int[] hash, int key)
51    {
52        int pos = runHash(key);    //產生雜湊函數
53        //讀取陣列求得餘數，碰撞時以線性探測處理
54        while (hash[pos] != 0)
55        {
56            pos = (pos + 1) % PRIME;
57        }
58        hash[pos] = key; //存入雜湊表
59    }
60    }
```

執行結果

```
■ D:\DS for Visual C...   —   □   ×
輸入欲搜尋的值，按-1結束->432
鍵值432的索引3
輸入欲搜尋的值，按-1結束->126
鍵值126的索引9
輸入欲搜尋的值，按-1結束->-1
```

程式解說

◆ 範例先以「線性探測法」產生雜湊表之後，再加入鍵值的搜尋動作。

◆ 第4行：在類別Chapter之下宣告一個儲存雜湊值的雜湊表。

◆ 第11~12行：呼叫方法LinearProb()來讀取陣列number產生雜湊表。

◆ 第20~34行：主程式中，使用while迴圈來查找鍵值

◆ 第38~49行：定義靜態方法searchHash()，依據傳入鍵值配合雜湊函數來查找它是否存在。

◆ 第50~60行：定義函式LinearProb()配合線性探測法來產生雜湊表：以while迴圈來處理撞碰，找出下一個空位。

10.4.2 平方探測

　　使用線性探測法的缺失，就是相近似的鍵值會聚集在一起，因此可以考慮使用「平方探測法」（Quadratic Probe）來獲得改善。在平方探測中，發生溢位時，下一次搜尋的位址是「$(f(x) + i^2) \bmod M$」或「$(f(x) - i^2) \bmod M$」，即讓資料值加或減i的平方，例如資料值key，雜湊函數f：

第一次尋找：$f(key)$

第二次尋找：$(f(key)+1^2)$ ％ M

第三次尋找：$(f(key)-1^2)$ ％ M

第四次尋找：$(f(key)+2^2)$ ％ M

第五次尋找：$(f(key)-2^2)$ ％ M

第n次尋找：$(f(key)\pm((M-1)/2)^2)$％ M

◆ M必須為4j+3型的質數，且$1\leqq i\leqq(B-1)/2$。

例一：雜湊表格的大小「m = 13」（即位址空間），鍵值如下：

765, 431, 96, 142, 579, 226, 903, 388

Step 1. 依其雜湊函數「h(key) = key ％ m」，所得雜湊位址如下：

索引	0	1	2	3	4	5	6	7	8	9	10	11	12
鍵值			431			96		579				765	142

Step 2. 加入226，「h(226) = 226 ％ 13 = 5」，發生第一次碰撞，依平方測探公式處理「$(5 + 1^2)$ ％ 13 = 6」。

索引	0	1	2	3	4	5	6	7	8	9	10	11	12
鍵值			431			96	226	579				765	142

Step 3. 加入903，「h(903) = 903 % 13 = 6」，發生第一次碰撞，依平方測探公式處理「$(6 + 1^2)$ % 13 = 7」，第二次碰撞，依公式「$(6 + 2^2)$ % 13 = 10」。

索引	0	1	2	3	4	5	6	7	8	9	10	11	12
鍵值			431			96	226	579			903	765	142

Step 4. 加入338，「h(338) = 388 % 13 = 11」，發生第一次碰撞，依平方測探公式處理「$(11 + 1^2)$ % 13 = 12」，第二次碰撞，依公式「$(11 + 2^2)$ % 13 = 2」，第三次碰撞，依公式「$(11 + 3^2)$ % 13 = 7」，第四次碰撞，依公式「$(11 + 4^2)$ % 13 = 1」。

索引	0	1	2	3	4	5	6	7	8	9	10	11	12
鍵值		338	431			96	226	579			903	765	142

10.4.3 再雜湊

再雜湊（Rehashing）就是一開始就先設置一系列的雜湊函數，如果使用第一種雜湊函數出現溢位時就改用第二種，如果第二種也出現溢位則改用第三種，直到沒有發生溢位為止。

例一：請利用再雜湊處理下列資料碰撞的問題（m = 13）。

```
681, 467, 633, 511, 100, 164, 472, 438, 445, 366, 118
f1 = h(key) = key % m
f2 = h(key) = (key + 2) % m
f3 = h(key) = (key + 4) % m
```

Step 1. 所得的雜湊表如下：

索引	0	1	2	3	4	5	6	7	8	9	10	11	12
鍵值	438	118	366	445	511	681	472		164	633		100	467

Step 2. 其中100，472，438皆發生碰撞，利用「再雜湊」函數h(key) = (key + 2) % 13，進行資料的位址安排。

```
f1 = h(100) = 100 % 13 = 9
f2 = h(100 + 2) = 102 % 13 = 11
```

```
f1 = h(472) = 472 % 13 = 4
f2 = h(472 + 2) = 474 % 13 = 6
```

```
f1 = h(438) = 438 % 13 = 9
f2 = h(438 + 2) % 13 = 11
f3 = h(438 + 4) % 13 = 0
```

10.4.4 分隔鏈結法

分隔鏈結（Separate Chaining）是將所有的雜湊表空間建立n個串列，一開始只有n個首串列，當碰撞發生時，就將資料儲存到鏈結串列中，直到所有的空間全部用完為止。此方法的優點是不需要因為碰撞而需要重新計算資料的儲存位置，而其缺點是當碰撞次數較多時，使用鏈結串列來儲存這些鍵值發生碰撞的資料會較無效率。

例一：利用「分隔鏈結」處理下列資料碰撞的問題（m = 13）。

```
156, 681, 467, 633, 511, 100, 57, 164, 472, 438, 445, 366, 118
```

產生的鏈結串列，其鏈結指標會指向null，如下圖所示。

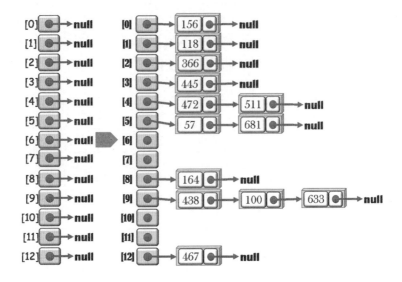

依據數列的讀入順序，依公式「f = h(key) = key % m」計算「f = h(156) = 156 % 13 = 0」，由於餘數為「0」，所以數列「156」放到鏈結串列索引[0]的位置，所得結果參考上圖。

範例「CH1008.csproj/Chaining.cs」

```
01 class Chaining
02 {
03    public Chaining()    //預設建構函式
04    {
05       for (int j = 0; j < PRIME; j++)
06          hash[j] = null;
07    }
08    public void CreateHT(int key)//建立雜湊表
```

```
09    {
10        Node ptr = new Node();
11        Node newNode = new Node    //初始化start節點
12        {
13            Item = key, Next = null
14        };
15        int pos = RunHash(key);    //呼叫雜湊函數取得位置
16        ptr = hash[pos];
17        if (ptr != null)
18        {
19            newNode.Next = ptr;    //目前節點參考ptr指向下一個節點
20            hash[pos] = newNode;   //新節點資料存入hash陣列
21        }
22        else
23            hash[pos] = newNode;
24    }
25    public int SearchHash(int key)//搜尋節點回傳位置
26    {
27        Node ptr;
28        int pos = RunHash(key);
29        ptr = hash[pos];
30        if (ptr == null) return -1;    //沒有找到就回傳-1
31        while (ptr.Next != null && ptr.Item != key)
32            ptr = ptr.Next;
33        return pos;
34    }
35 }
```

執行結果

```
■ D:\DS for Visual C#...    —    □    ×
──── 雜湊表 ────
[ 0] -> |156|
[ 1] -> |118|
[ 2] -> |366|
[ 3] -> |445|
[ 4] -> |472| |511|
[ 5] -> | 57| |681|
[ 6] ->
[ 7] ->
[ 8] -> |164|
[ 9] -> |438| |100| |633|
[10] ->
[11] ->
[12] -> |467|

輸入欲搜尋的值，按<-1>結束-> 681
鍵值[681]在串列[5]
```

程式解說

◆ 定義類別Chaining，以鏈結串列來解決雜湊表碰撞問題。

◆ 第3~7行：以預設建構函式清空雜湊表，將串列的節點初始化為null。

◆ 第8~24行：定義成員方法CreateHT()依傳入鍵值key產生雜湊表。設定兩個參考ptr、start，分別指向雜湊表的起始位置和鏈結串列的第一個節點。

◆ 第17~23行：if/else敘述判斷鏈結串列產生的雜湊表，節點參考ptr是否指向空節點？如果串列已有節點，移動ptr指向向下一個節點來存入資料，如果節點沒有資料就直接以新節點為首節點。

◆ 第25~34行：定義成員方法SearchHash()依傳入鍵值查找其位置。以while迴圈搜尋整個雜湊壞，配合參考ptr移向下一個節點；沒有找到的話回傳「-1」，有找到的話就以變數pos回傳其位置。

課後習作

一、選擇題

1. 循序搜尋法的另一個名稱是什麼？

    (A) 雜湊搜尋法

    (B) 線性搜尋法

    (C) 費氏搜尋法

    (D) 二元搜尋法

2. 對於循序搜尋法的描述，何者有誤？

    (A) 適用於資料量較大

    (B) 資料本身未經過排序

    (C) 欲搜尋的項目若不在數列裡，還是從頭到尾走訪一次

    (D) 時間複雜度「O(n)」

3. 使用二元搜尋法查找鍵值時，從哪裡開始進行資料的搜尋？

    (A) 最後一個項目

    (B) 第一個項目

    (C) 任何位置皆可以

    (D) 從中間的項目開始

4. 對於二元搜尋法的描述，何者正確？

    (A) 資料事先不用排序

    (B) 搜尋時將資料一分為四

    (C) 搜尋時，若「K」大於「Km」表示要往資料的後半部繼續查找

    (D) 時間複雜度「$O(\log_2 n)$」

5. 使用字典查詢英文單字時，以漸近方式來逼近資料，較接近下列哪一個搜尋法？

    (A) 內插搜尋法

(B) 費氏搜尋法

(C) 二元搜尋法

(D) 循序搜尋法

6. 對於內插搜尋法的描述，何者有誤？

　　(A) 如果資料的分布愈平均，則搜尋速度愈快

　　(B) 內插搜尋法的資料要事先經過排序

　　(C) 可以把它視爲循序搜尋法的改良版

　　(D) 資料分布不均匀的情況下，搜尋效率就會變差

7. 使用費氏級數來產生切割範圍進行資料的搜尋，是哪一種搜尋法？

　　(A) 二元搜尋法

　　(B) 費氏搜尋法

　　(C) 循序搜尋法

　　(D) 內插搜尋法

8. 對於費氏搜尋樹的描述，何者正確？

　　(A) 非二元搜尋樹

　　(B) 資料N爲7，得費氏數列的K值爲7

　　(C) 搜尋時若鍵值大於第一個搜尋值，費氏樹降一級向左子樹查找

　　(D) 以二元樹爲基底

9. 對於雜湊函數中的名詞「bucket address」，哪一個解釋才正確？

　　(A) 槽的總數

　　(B) 雜湊表中儲存資料的立置，每一個位置對應到唯一的位址

　　(C) 每個資料的儲存區

　　(D) 雜湊空間的載入密度

10. 下列方法中哪一個才是處理雜湊函數的方法？

　　(A) 折疊平方法

　　(B) 線性探測法

　　(C) 平方測探法

　　(D) 再雜湊法

二、實作與問答

1. 利用循序搜尋的作法，撰寫未排序數列中找出最小值的程式碼。

2. 將數列以非遞迴方式撰寫二元搜尋法程式碼來找出Key「325」，搜尋的過程請以二元樹繪製並簡單說明查找過程的中間項、最低、最高值的變化。

```
117, 325, 513, 119, 89, 163, 749, 41, 213, 833
```

3. 找出數列中Key「513」，以「內插法」配合公式說明查找過程。

```
41, 92, 117, 125, 223, 264, 325, 478, 513, 692, 787
```

4. 找出數列中Key「223」，以「費氏搜尋法」繪製費氏樹並以樹根、子樹和差值來說明查找過程。

```
92, 108, 154, 223, 264, 335, 428, 513, 581, 692, 707, 765
```

5. 以除法作為雜湊函數，將下列數字儲存於11個空間：345、348,80、119、83、89、297，以11為質數值，請問其雜湊表外觀為何？

6. 如果有一鍵值為743280321，利用折疊法將它分成三個區塊「743、280、321」，算出它的儲存位址？

7. 雜湊表格的大小「m = 11」（即位址空間），鍵值如下，請以平方測探來改善碰撞情形：

```
365, 431, 597, 459, 128, 534, 583, 343, 680, 385
```

國家圖書館出版品預行編目資料

資料結構：使用Visual C#／數位新知著.
——初版.——臺北市：五南圖書出版股份
有限公司, 2024.02
面；　公分
ISBN 978-626-393-007-0（平裝）

1.CST: 資料結構　2.CST: C#(電腦程式語言)

312.73　　　　　　　　113000629

5R51

資料結構：使用Visual C#

作　　者 — 數位新知（526）

發 行 人 — 楊榮川

總 經 理 — 楊士清

總 編 輯 — 楊秀麗

副總編輯 — 王正華

責任編輯 — 張維文

封面設計 — 封怡彤

出 版 者 — 五南圖書出版股份有限公司

地　　址：106台北市大安區和平東路二段339號4樓

電　　話：(02)2705-5066　　傳　　真：(02)2706-6100

網　　址：https://www.wunan.com.tw

電子郵件：wunan@wunan.com.tw

劃撥帳號：01068953

戶　　名：五南圖書出版股份有限公司

法律顧問　林勝安律師

出版日期　2024年2月初版一刷

定　　價　新臺幣650元

經典永恆・名著常在

五十週年的獻禮——經典名著文庫

五南，五十年了，半個世紀，人生旅程的一大半，走過來了。

思索著，邁向百年的未來歷程，能為知識界、文化學術界作些什麼？

在速食文化的生態下，有什麼值得讓人雋永品味的？

歷代經典・當今名著，經過時間的洗禮，千錘百鍊，流傳至今，光芒耀人；

不僅使我們能領悟前人的智慧，同時也增深加廣我們思考的深度與視野。

我們決心投入巨資，有計畫的系統梳選，成立「經典名著文庫」，

希望收入古今中外思想性的、充滿睿智與獨見的經典、名著。

這是一項理想性的、永續性的巨大出版工程。

不在意讀者的眾寡，只考慮它的學術價值，力求完整展現先哲思想的軌跡；

為知識界開啟一片智慧之窗，營造一座百花綻放的世界文明公園，

任君遨遊、取菁吸蜜、嘉惠學子！